高等职业教育系列教材

PLC应用技术项目式教程

（西门子S7-200和欧姆龙CPM1A/CPM2A）

主　编　赵　安　马彬彬

副主编　杨六顺　尹余琴　黄淑琴

参　编　谢忠志　王　荣

机械工业出版社

本书以 SIEMENS S7-200 PLC 和 OMRON CPM1A/CPM2A PLC 技术为基础，以项目任务驱动教学，从项目任务的提出开始，引出需要的知识点，设定训练内容，突出操作技能的培养。本书采用“项目式教学”结构，共 6 个单元 29 个项目。每个项目主题鲜明，重点突出，以其良好的弹性和便于综合的特点适应实践教学环节需求。

本书安排总课时量为 48～90 学时，可用于机电一体化技术、数控技术、模具设计与制造、应用电子技术、光伏发电技术等专业 PLC 项目化教学。各专业可根据教学需要酌情删减部分项目内容。本书还可供工程技术人员参考。

为配合教学，本书配有电子课件，读者可以登录机械工业出版社教材服务网 www.cmpedu.com 免费注册后下载，或联系编辑索取（QQ：2850823889，电话（010）88379739）。

图书在版编目（CIP）数据

PLC 应用技术项目式教程：西门子 S7-200 和欧姆龙 CPM1A/CPM2A / 赵安，马彬彬主编. —北京：机械工业出版社，2015.8（2022.8 重印）
高等职业教育系列教材
ISBN 978-7-111-51301-8

Ⅰ. ①P… Ⅱ. ①赵… ②马… Ⅲ. ①plc 技术—高等职业教育—教材
Ⅳ. ①TM571.6

中国版本图书馆 CIP 数据核字（2015）第 191408 号

机械工业出版社（北京市百万庄大街 22 号 邮政编码 100037）
责任编辑：李文轶 责任校对：张艳霞
责任印制：郜 敏

北京富资园科技发展有限公司印刷

2022 年 8 月第 1 版 • 第 3 次印刷
184mm×260mm • 13.25 印张 • 326 千字
标准书号：ISBN 978-7-111-51301-8
定价：45.00 元

电话服务
客服电话：010-88361066
010-88379833
010-68326294

网络服务
机 工 官 网：www.cmpbook.com
机 工 官 博：weibo.com/cmp1952
金 书 网：www.golden-book.com
机工教育服务网：www.cmpedu.com

封底无防伪标均为盗版

高等职业教育系列教材机电专业编委会成员名单

主　　任　吴家礼

副 主 任　任建伟　张　华　陈剑鹤　韩全立
　　　　　盛靖琪　谭胜富

委　　员　（按姓氏笔画排序）
　　　　　王启洋　王国玉　王建明　王晓东
　　　　　代礼前　史新民　田林红　龙光涛
　　　　　任艳君　刘靖华　刘　震　吕　汀
　　　　　纪静波　何　伟　吴元凯　陆春元
　　　　　张　伟　李长胜　李　宏　李柏青
　　　　　李晓宏　李益民　杨士伟　杨华明
　　　　　杨　欣　杨显宏　陈文杰　陈志刚
　　　　　陈黎敏　苑喜军　金卫国　奚小网
　　　　　徐　宁　陶亦亦　曹　凤　盛定高
　　　　　覃　岭　程时甘　韩满林

秘 书 长　胡毓坚

副秘书长　郝秀凯

出 版 说 明

《国家职业教育改革实施方案》（又称“职教20条”）指出：到2022年，职业院校教学条件基本达标，一大批普通本科高等学校向应用型转变，建设50所高水平高等职业学校和150个骨干专业（群）；建成覆盖大部分行业领域、具有国际先进水平的中国职业教育标准体系；从2019年开始，在职业院校、应用型本科高校启动“学历证书+若干职业技能等级证书”制度试点（即1+X证书制度试点）工作。在此背景下，机械工业出版社组织国内80余所职业院校（其中大部分院校入选“双高”计划）的院校领导和骨干教师展开专业和课程建设研讨，以适应新时代职业教育发展要求和教学需求为目标，规划并出版了“高等职业教育系列教材”丛书。

该系列教材以岗位需求为导向，涵盖计算机、电子、自动化和机电等专业，由院校和企业合作开发，多由具有丰富教学经验和实践经验的“双师型”教师编写，并邀请专家审定大纲和审读书稿，致力于打造充分适应新时代职业教育教学模式、满足职业院校教学改革和专业建设需求、体现工学结合特点的精品化教材。

归纳起来，本系列教材具有以下特点：

1）充分体现规划性和系统性。系列教材由机械工业出版社发起，定期组织相关领域专家、院校领导、骨干教师和企业代表召开编委会年会和专业研讨会，在研究专业和课程建设的基础上，规划教材选题，审定教材大纲，组织人员编写，并经专家审核后出版。整个教材开发过程以质量为先，严谨高效，为建立高质量、高水平的专业教材体系奠定了基础。

2）工学结合，围绕学生职业技能设计教材内容和编写形式。基础课程教材在保持扎实理论基础的同时，增加实训、习题、知识拓展以及立体化配套资源；专业课程教材突出理论和实践相统一，注重以企业真实生产项目、典型工作任务、案例等为载体组织教学单元，采用项目导向、任务驱动等编写模式，强调实践性。

3）教材内容科学先进，教材编排展现力强。系列教材紧随技术和经济的发展而更新，及时将新知识、新技术、新工艺和新案例等引入教材；同时注重吸收最新的教学理念，并积极支持新专业的教材建设。教材编排注重图、文、表并茂，生动活泼，形式新颖；名称、名词、术语等均符合国家标准和规范。

4）注重立体化资源建设。系列教材针对部分课程特点，力求通过随书二维码等形式，将教学视频、仿真动画、案例拓展、习题试卷及解答等教学资源融入到教材中，使学生的学习课上课下相结合，为高素质技能型人才的培养提供更多的教学手段。

由于我国高等职业教育改革和发展的速度很快，加之我们的水平和经验有限，因此在教材的编写和出版过程中难免出现疏漏。恳请使用本系列教材的师生及时向我们反馈相关信息，以利于我们今后不断提高教材的出版质量，为广大师生提供更多、更适用的教材。

机械工业出版社

前　言

根据国家对高等职业教育发展的要求，为落实“十二五”期间完善高技能型人才培养体系建设，加快培养出一大批结构合理、素质优良的技术技能型、复合技能型和知识技能型人才这一建设目标，结合高等职业院校的教学要求和办学特点，针对以往教材通用性及适用范围不足这一现状，我们编写了本书。本书主要特点如下：

1．以 SIEMENS S7-200 PLC 和 OMRON CPM1A/CPM2A PLC 技术为基础，以项目驱动教学，从项目的提出开始，引出所需知识点，设定训练内容，突出操作技能的培养。

2．采用“项目式教学”结构，全书共 6 个单元 29 个项目。每个项目主题鲜明，重点突出，具有良好的弹性和便于综合的特点，能够适应实践教学环节的需求。

3．在项目的“知识链接”部分，将对项目实施过程中涉及的理论知识进行梳理，努力使实训不再完全依赖理论教材。

4．将每个实训项目的训练效果进行量化，在“完成项目报告”中列出，考查学生掌握的知识，技能及灵活运用的能力。

本书是机械工业出版社组织出版的“高等职业教育系列教材”之一，由泰州职业技术学院赵安老师、马彬彬任主编，泰州职业技术学院杨六顺、黄淑琴，江苏农牧科技职业学院尹余琴任副主编，泰州职业技术学院谢忠志、王荣任参编。其中赵安编写了单元 2～单元 5 S7-200 PLC 及变频器实训，马彬彬编写了单元 2～单元 5 OMRON PLC 实训；杨六顺和黄淑琴共同编写了单元 6，尹余琴编写了单元 1 实训内容；谢忠志、王荣共同编写了附录；全书由赵安统稿。编写中根据多年实训教学经验，对内容进行了总结提炼。相关专业教师也对本书的编写提出了宝贵意见，在此表示衷心感谢！

在本书的编写过程中，参考了有关资料和文献，在此也一并向作者表示感谢！

由于编者水平有限，且时间仓促，书中难免有疏漏之处，恳请广大读者批评指正。

编　者

目　录

单元1 三相笼型异步电动机的控制

项目1.1 三相笼型异步电动机的正、反转控制

项目引入

三相笼型异步电动机作为动力部件具有结构简单、价格便宜、坚固耐用、维修方便等优点，因而获得了广泛的应用。在生产加工过程中，生产机械的运动部件往往要求实现正、反两个方向运动，这就要求拖动电动机能正、反向旋转，例如机床主轴的正转与反转或工作台的前进与后退，起重机吊钩的升与降等。从三相笼型异步电动机的结构原理可知，只要将通入电动机定子绕组的三相电源进线的任意两相对调，就可以改变电动机的转动方向。因此正、反转控制电路实质上是两个方向相反的单向运行电路，为避免误动作引起电源相线间短路，必须在这两个相反方向的单向运行电路中加设必要的互锁，如图 1-1 所示。其控制功能若用 PLC 实现，则其控制梯形图程序是什么样的？跟传统的控制电路有何相似之处？

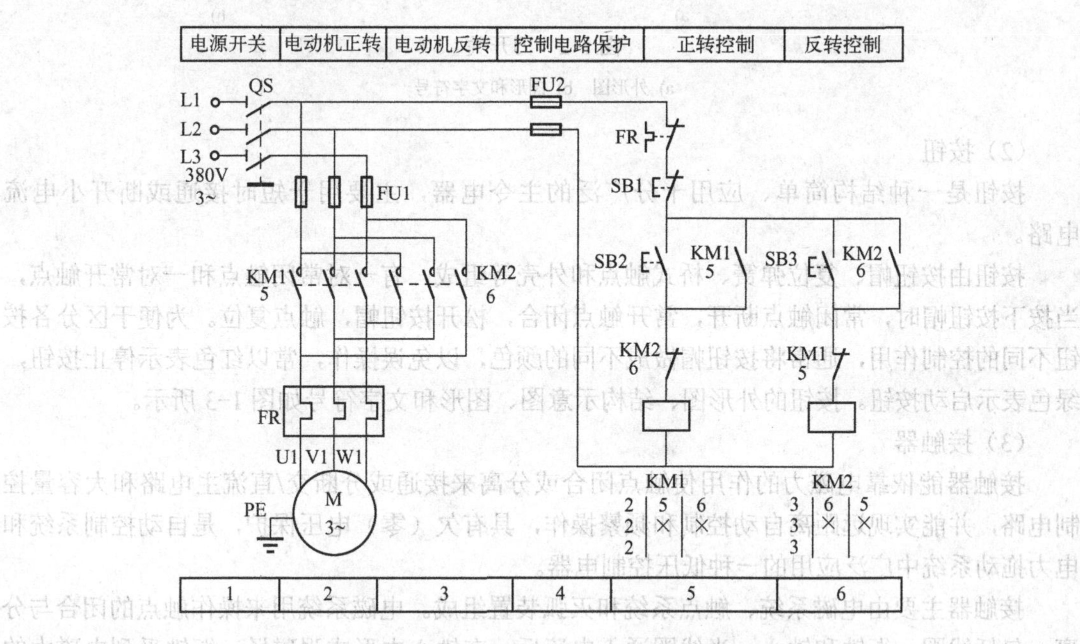

图 1-1 三相笼型异步电动机正、反转控制电气原理图

知识链接

1.1.1 常用低压电器

凡是能根据外界特定信号自动或手动地接通或分断电路，从而实现对电路或非电对象控制的电工设备称为电器。

工作在交流电压 1200V 或直流电压 1500V 及以下的电路中，起到通断、保护、控制或调节作用的电器称为低压电器。

（1）刀开关

刀开关是一种结构最简单、应用最广泛的手动电器，主要用作不频繁接通和分断电路，也可用作电源隔离开关。

刀开关由操作手柄、动触刀、静插座和绝缘底板组成，依靠手动来实现动触刀与静插座的接通或分离控制。常用刀开关的外形图、图形和文字符号如图 1-2 所示。

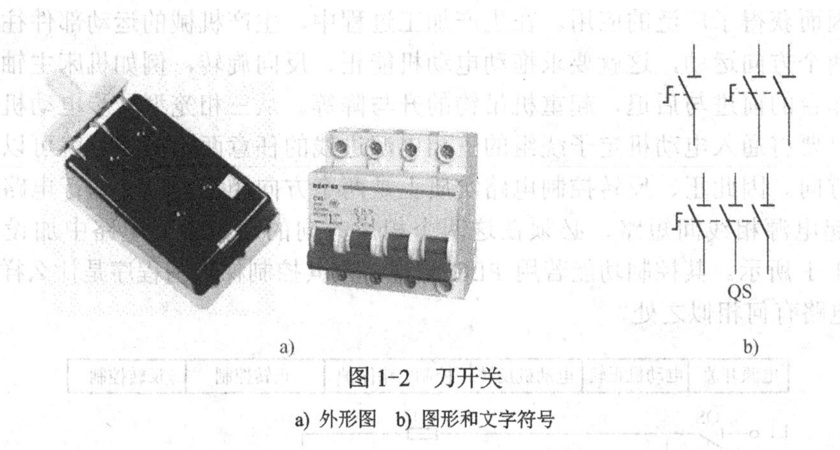

图 1-2　刀开关

a) 外形图　b) 图形和文字符号

（2）按钮

按钮是一种结构简单、应用十分广泛的主令电器，主要用于短时接通或断开小电流电路。

按钮由按钮帽、复位弹簧、桥式触点和外壳等组成，有一对常闭触点和一对常开触点，当按下按钮帽时，常闭触点断开，常开触点闭合，松开按钮帽，触点复位。为便于区分各按钮不同的控制作用，通常将按钮帽做成不同的颜色，以免误操作，常以红色表示停止按钮，绿色表示启动按钮。按钮的外形图、结构示意图、图形和文字符号如图 1-3 所示。

（3）接触器

接触器能依靠电磁力的作用使触点闭合或分离来接通或分断交/直流主电路和大容量控制电路，并能实现远距离自动控制和频繁操作，具有欠（零）电压保护，是自动控制系统和电力拖动系统中广泛应用的一种低压控制电器。

接触器主要由电磁系统、触点系统和灭弧装置组成。电磁系统用来操作触点的闭合与分离，包括线圈、衔铁和铁心。当线圈通入电流后，在铁心中形成强磁场，衔铁受到电磁力的作用，便吸向铁心。但衔铁的运动受到弹簧反作用力的阻碍，故只有当电磁力大于弹簧反作用力时，衔铁才能被铁心吸住。衔铁被吸合时，带动动触点与静触点的接触，从而使被控电路接通。当线圈断电后，衔铁在弹簧反作用力的作用下迅速离开铁心，从而使动、静触点分离，断开被控电路。接触器的外形图、结构示意图、图形和文字符号如图1-4所示。

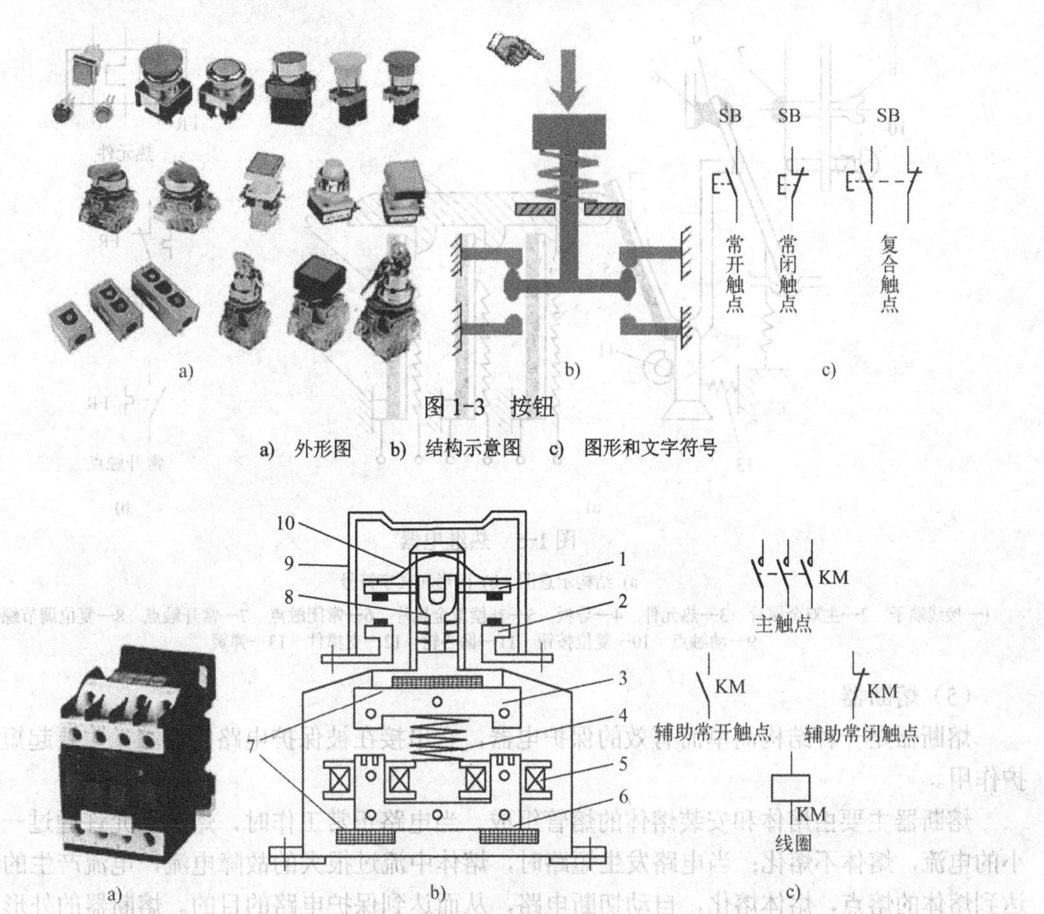

图1-4 接触器

a) 外形图 b) 结构示意图 c) 图形和文字符号

1—动触点 2—静触点 3—衔铁 4—缓冲弹簧 5—电磁线圈

6—铁芯 7—垫毡 8—触点弹簧 9—灭弧罩 10—触点压力簧片

（4）热继电器

热继电器主要用作电动机的过载保护。热继电器有多种结构形式，最常用的是双金属片结构，即由两种不同膨胀系数的金属片用机械碾压而成，一端固定，另一端为自由端。热继电器通常有一对常开和常闭触点，常闭触点接入控制电路，常开触点接入信号电路。

热继电器主要利用电流的热效应来工作。图1-5中，主双金属片2与热元件3串接在电动机电源端的主电路中，当电动机过载时，主双金属片受热膨胀弯曲推动导板4，并通过补偿双金属片5与推杆的动作，使触点9和6分开，从而切断电路，保护电动机。

调节旋钮11是一个偏心轮，它与支撑件12构成一杠杆，转动偏心轮，改变它的半径即可改变补偿双金属片5与导板4的接触距离，从而达到调节整定动作电流值的目的。此外，靠复位调节螺钉8来改变静触点7的位置，使热继电器能工作在自动复位和手动复位两种状态。调成手动复位时，在故障排除后要按下复位按钮 10 才能使动触点 9 恢复与静触点 6 相接触。热继电器的结构示意图、图形和文字符号如图 1-5 所示。

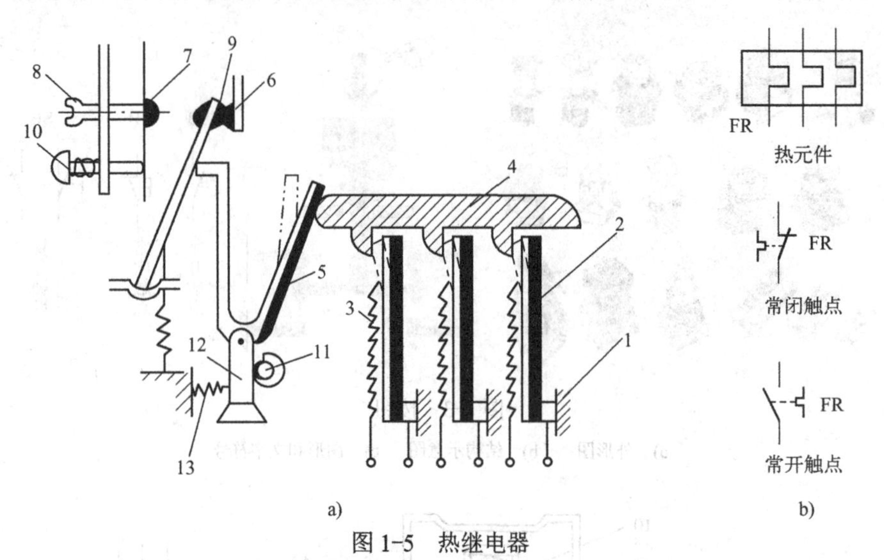

图 1-5　热继电器

a) 结构示意图　b) 图形和文字符号

1—接线端子　2—主双金属片　3—热元件　4—导板　5—补偿双金属片　6—常闭触点　7—常开触点　8—复位调节螺钉　9—动触点　10—复位按钮　11—偏心轮　12—支撑件　13—弹簧

（5）熔断器

熔断器是一种结构简单而有效的保护电器，它串接在被保护电路的首端，主要起短路保护作用。

熔断器主要由熔体和安装熔体的熔管组成。当电路正常工作时，熔断器允许通过一定大小的电流，熔体不熔化；当电路发生短路时，熔体中流过很大的故障电流，电流产生的热量达到熔体的熔点，熔体熔化，自动切断电路，从而达到保护电路的目的。熔断器的外形图、图形和文字符号如图 1-6 所示。

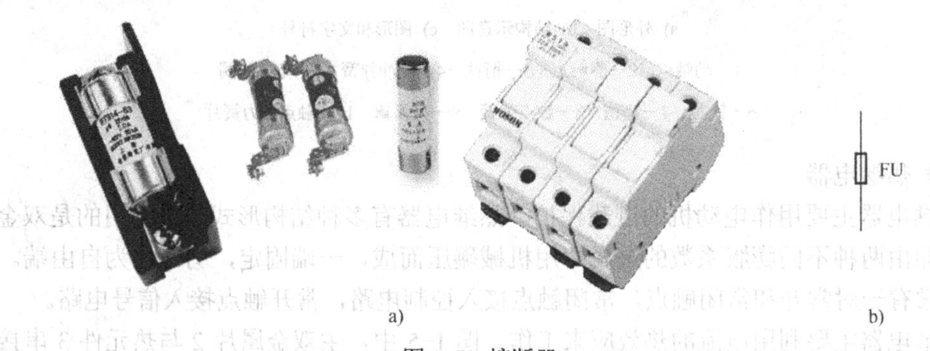

图 1-6　熔断器

a) 外形图　b) 图形和文字符号

1.1.2　电气控制系统图的绘制

电气控制系统图是指根据国家电气制图标准，由许多电气设备及电器元件用其规定的图形符号、文字符号及绘制原则绘制而成，包括电气原理图、安装接线图和元件布置图。

图形符号是用来表示一台设备或概念的图形、标记或字符。例如，“～”表示交流，“-□-”表示电阻等。工业机械电气图用图形符号标准 GB/T 24340—2009 规定了电气简图中图形符号的画法

文字符号是用来表示电气设备、装置、元器件的名称、功能、状态和特征的字符代码。例如，FR 表示热继电器。

电气原理图也称为电路图，表示电流从电源到负载的传送情况和各电器元件的动作原理及相互关系，而不考虑各电器元件实际安装的位置和实际连线情况。绘制电气原理图应遵循以下原则。

1）主电路用粗线条画在左边；控制电路用细线条画在右边。

2）电器元件采用国家标准规定的图形符号和文字符号表示。

3）需要测试和拆、接外部引线的端子，应用图形符号“○”表示。电路的连接点用“●”表示。

4）同一电器元件的各部件可不画在一起，但文字符号要相同。若有多个同一种类的电器元件，可在文字符号后加上数字符号，如 KM1、KM2 等。

5）所有按钮、触点均按没有外力作用和没有通电时的原始状态画出。

6）控制电路的分支电路，原则上按动作顺序和信号流自上而下或自左至右的原则绘制。

7）电路图应按主电路、控制电路、照明电路、信号电路分开绘制。直流和单相电源电路用水平线画出，一般画在图样上方，相序自上而下排列。中性线（N）和保护接地线（PE）放在相线之下。主电路与电源电路垂直画出。控制电路与信号电路垂直画在两条水平电源线之间。耗电元件（如电器的线圈、电磁铁、信号灯等）直接与下方水平线连接。控制触点连接在上方水平线与耗电元件之间。

8）当图形垂直放置时，各元器件触点图形符号以“左开右闭”绘制。当图形为水平放置时以“上闭下开”绘制。

图区的划分：在图样的下方沿横坐标方向划分图区，并用数字编号。同时在图样的上方沿横坐标方向划区，分别标明该区电路的功能。

元件的相关触点位置的索引用图号、页次和区号组合表示。接触器和继电器的触点位置可采用附图的方式表示，如图 1-7 所示。

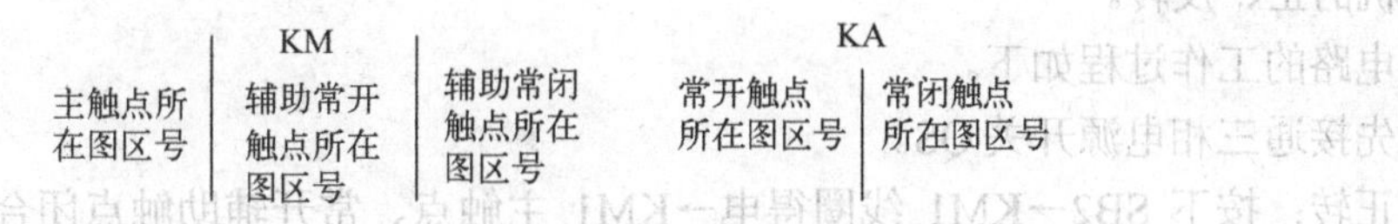

图 1-7　接触器和继电器触点位置索引图

电器元件布置图详细地绘制出电气设备、零件的安装位置。图中各电器代号应与有关电路和电器清单上所有元器件代号相同。图 1-8 为 CW6132 型普通车床的电器元件布置图。

安装接线图是电气原理图具体实现的表现形式，用来表明电器设备各项目之间的安装位置和实际配线方式。在实际应用中，接线图往往要跟原理图和布置图一起使用。图 1-9 为 CW6132 型车床的部分接线图。

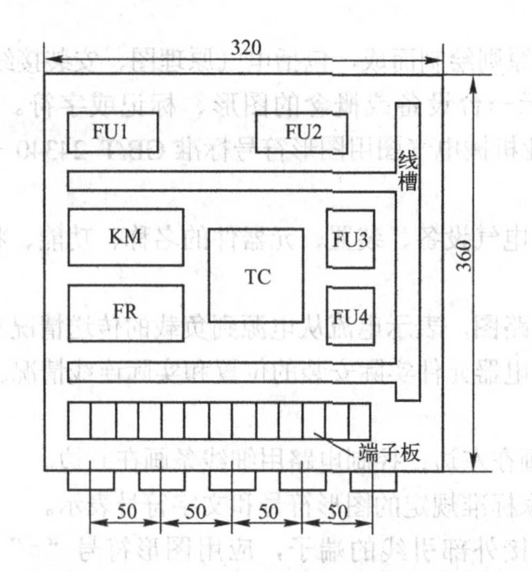

图 1-8　CW6132 型普通车床的电器元件布置图

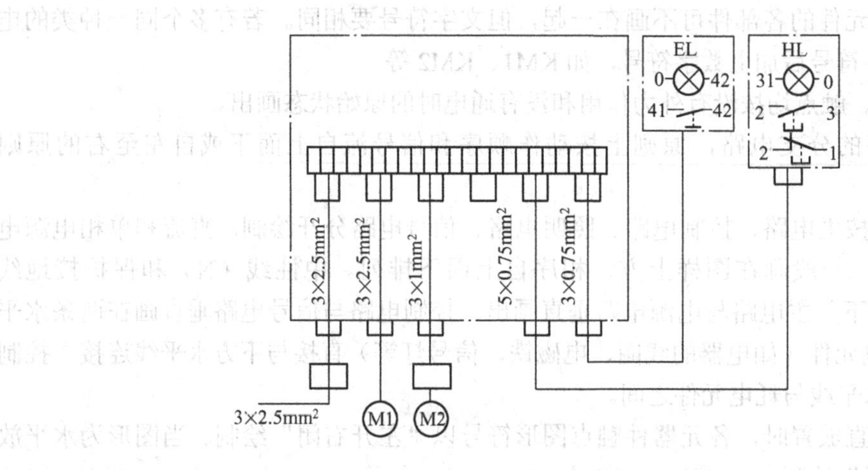

图 1-9　CW6132 型普通车床的部分接线图

项目分析

图 1-10 中主电路由正、反转接触器 KM1、KM2 的主触点来改变电源的相序，以实现电动机的正、反转。

电路的工作过程如下。

先接通三相电源开关 QS。

正转：按下 SB2→KM1 线圈得电→KM1 主触点、常开辅助触点闭合，常闭辅助触点断开→电动机 M1 通电正转。

停止：按下 SB1→KM1 线圈失电→KM1 主触点、常开辅助触点断开，常闭辅助触点闭合→电动机 M1 断电停转。

反转时原理同上。

图中将 KM1、KM2 的常闭触点分别串接在对方的线圈电路中，实现互锁控制，即一个接触器通电时，利用其常闭触点的断开来锁住对方线圈的电路，这种利用两个接触器的常闭触点相互控制的方法称为电气互锁。在互锁电路中，要实现电动机由正向到反向或由反向到正向的运转，都需先按下停止按钮 SB1，这就构成了“正→停→反”或“反→停→正”的操作顺序。

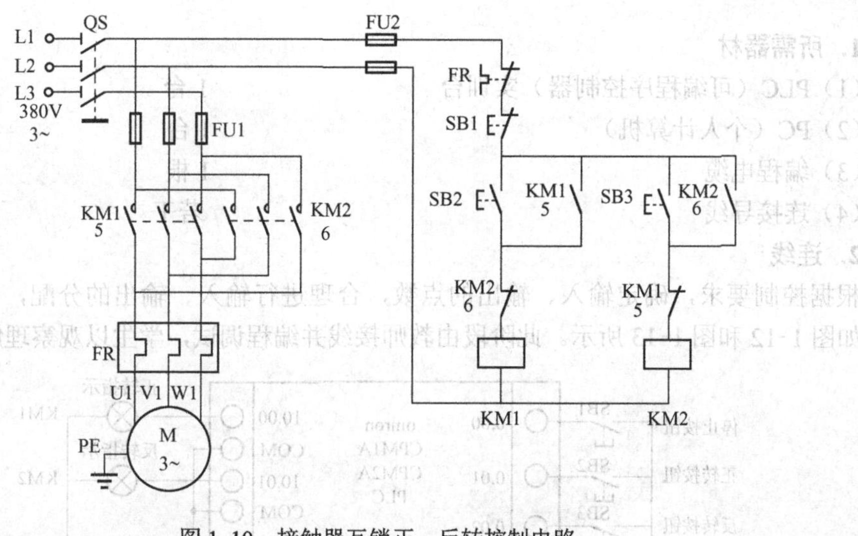

图 1-10　接触器互锁正、反转控制电路

若要实现电动机直接由正转到反转或由反转到正转，就需对图 1-10 进行改进。增加起动按钮 SB2、SB3 的常闭触点构成按钮的机械互锁，这样在控制电路中既有按钮的机械互锁，又有接触器的电气互锁，工作安全可靠，如图 1-11 所示。操作时无需再按停止按钮，直接按下反向起动按钮 SB3 可使电动机由正转变为反转，或可直接按下正向起动按钮 SB2 可使电动机由反转变为正转，实现“正→反→停”或“反→正→停”的操作。

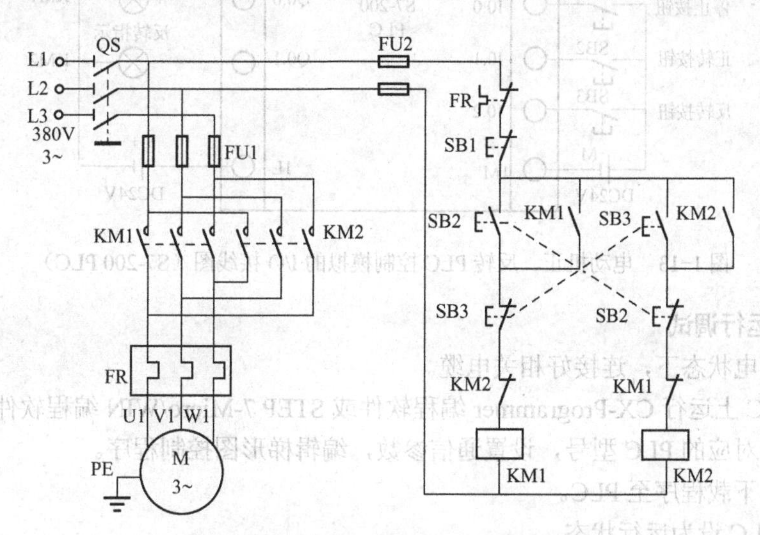

图 1-11　具有双重互锁的正、反转控制电路

现将以上电动机正、反转控制改为用 PLC 实现。最初阶段，由教师接线编程实现 PLC 控制三相笼型异步电动机正、反转，让学生对 PLC 控制有一个直观的感性认识。

学生可根据自己的理解，初步动手操作，关键在于实际动手的过程以及对 PLC 控制的理解。

项目实施

1. 所需器材

（1）PLC（可编程序控制器）实训台	1 台
（2）PC（个人计算机）	1 台
（3）编程电缆	1 根
（4）连接导线	若干

2. 连线

根据控制要求，确定输入、输出的点数，合理进行输入、输出的分配，并进行实训连线，如图 1-12 和图 1-13 所示。此阶段由教师接线并编程调试，学生以观察理解为主。

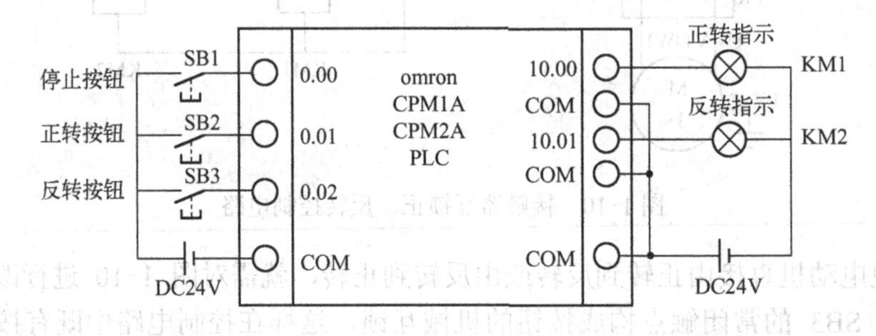

图 1-12 电动机正、反转 PLC 控制模拟的 I/O 接线图（CPM1A/CPM2A PLC）

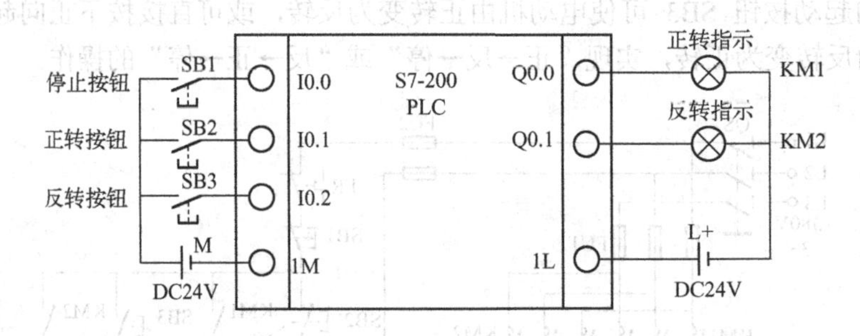

图 1-13 电动机正、反转 PLC 控制模拟的 I/O 接线图（S7-200 PLC）

3. 程序运行调试

（1）在断电状态下，连接好相关电缆。

（2）在 PC 上运行 CX-Programmer 编程软件或 STEP 7-Micro/WIN 编程软件。

（3）选择对应的 PLC 型号，设置通信参数，编辑梯形图控制程序。

（4）编译下载程序至 PLC。

（5）将 PLC 设为运行状态。

（6）调试程序，找出程序的不足与错误并修改，直至程序调试正确为止。

具有双重互锁的电动机正、反转 PLC 控制梯形图程序如图 1-14 及图 1-15 所示。

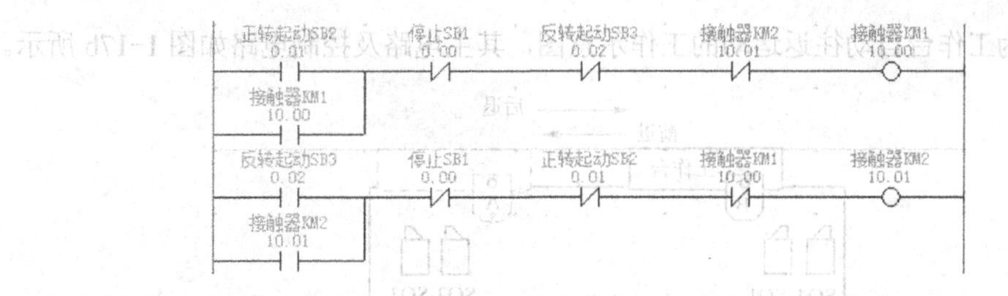

图1-14　双重互锁的电动机正、反转PLC控制（CPM1A/CPM2A PLC）

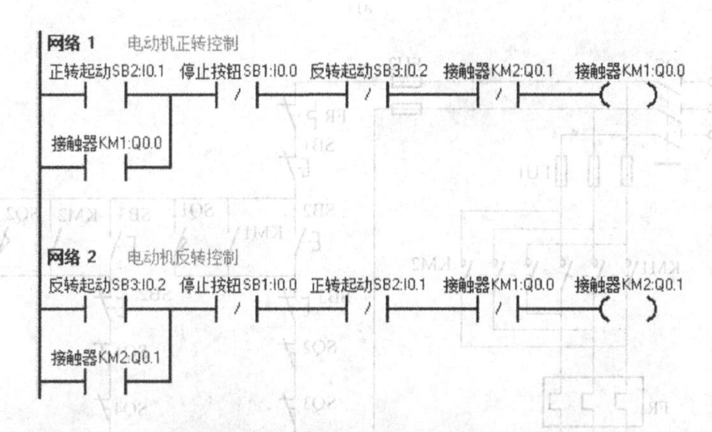

图1-15　双重互锁的电动机正、反转PLC控制（S7-200 PLC）

4．完成项目报告

（1）根据项目引入控制要求，确定输入、输出数量。

（2）熟悉I/O接线示意图，理解控制梯形图。

1.1.3　项目拓展——行程开关控制自动往返运动

在实际生产中，生产机械的运动部件往往需要作自动往返运动，如龙门刨床的工作台自动进退，为此常用行程开关来进行自动往返运动的控制。

行程开关也称为位置开关或限位开关，它的作用与按钮相同，但不靠手按，而是利用生产机械某些运动部件的碰撞使触点动作，发出控制指令。它是将机械位移转变为电信号来控制机械运动的方向、行程大小和位置保护。行程开关主要由操作机构、触点系统和外壳组成。行程开关的结构示意图、图形和文字符号如图1-16所示。

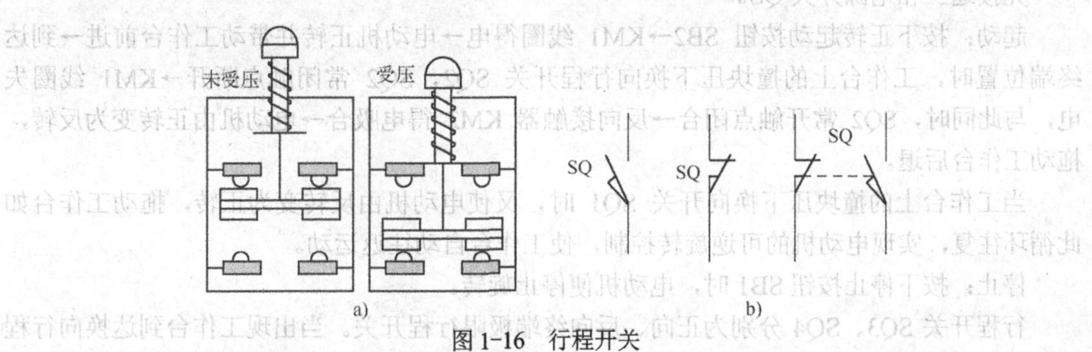

图1-16　行程开关

a) 结构示意图　b) 图形和文字符号

图 1-17a 为工作台自动往返运动的工作示意图，其主电路及控制电路如图 1-17b 所示。

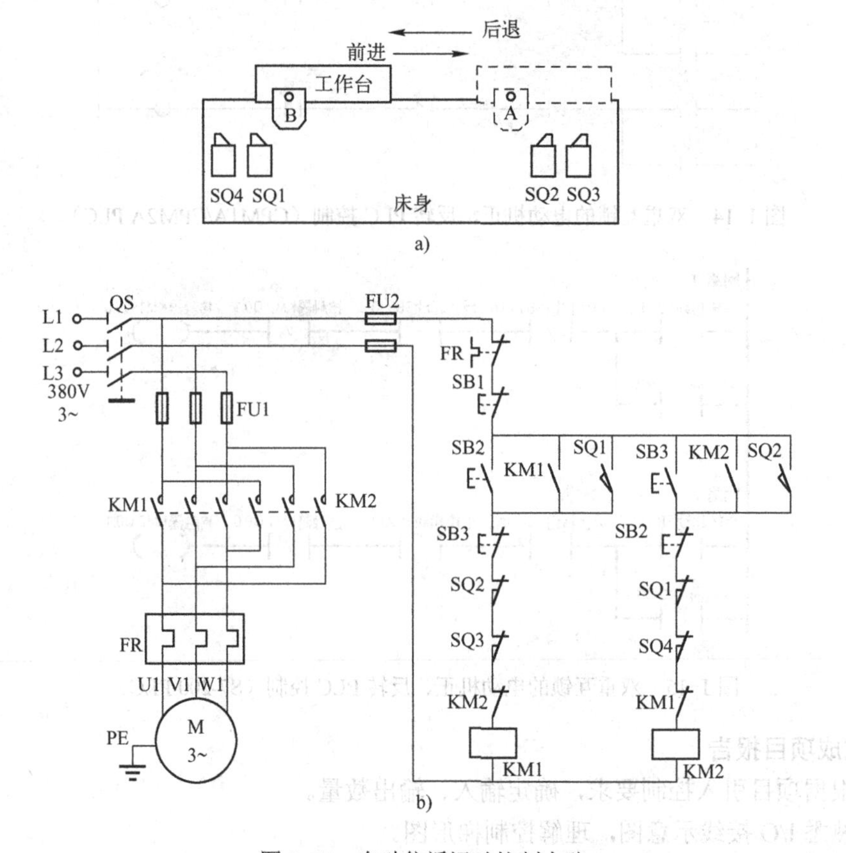

图 1-17　自动往返运动控制电路

图 1-17 实质就是在图 1-11 的基础上增加了由行程开关的常开触点与起动按钮并联的一条自锁电路，以及由行程开关的常闭触点与接触器线圈串联的一条互锁电路，并考虑了运动部件的运动极限位置保护。图中 SQ1 为电动机反转到正转的行程开关，SQ2 为电动机正转到反转的行程开关，SQ3 为正向运动极限位置保护的行程开关，SQ4 为反向运动极限位置保护的行程开关。

电路的工作过程如下。

先接通三相电源开关 QS。

起动：按下正转起动按钮 SB2→KM1 线圈得电→电动机正转并带动工作台前进→到达终端位置时，工作台上的撞块压下换向行程开关 SQ2，SQ2 常闭触点断开→KM1 线圈失电，与此同时，SQ2 常开触点闭合→反向接触器 KM2 得电吸合→电动机由正转变为反转，拖动工作台后退。

当工作台上的撞块压下换向开关 SQ1 时，又使电动机由反转变为正转，拖动工作台如此循环往复，实现电动机的可逆旋转控制，使工作台自动往返运动。

停止：按下停止按钮 SB1 时，电动机便停止旋转。

行程开关 SQ3、SQ4 分别为正向、反向终端极限行程开关。当出现工作台到达换向行程开关位置而未能切断 KM1 或 KM2 的故障时，工作台继续运动，撞块压下行程开关 SQ3 或

SQ4，使 KM1 或 KM2 失电释放，电动机停转，从而避免运动部件越出允许位置导致事故的发生。因此，SQ3、SQ4 起极限位置保护作用。

若用 PLC 调试，其接线图如图 1-18、图 1-19 所示。

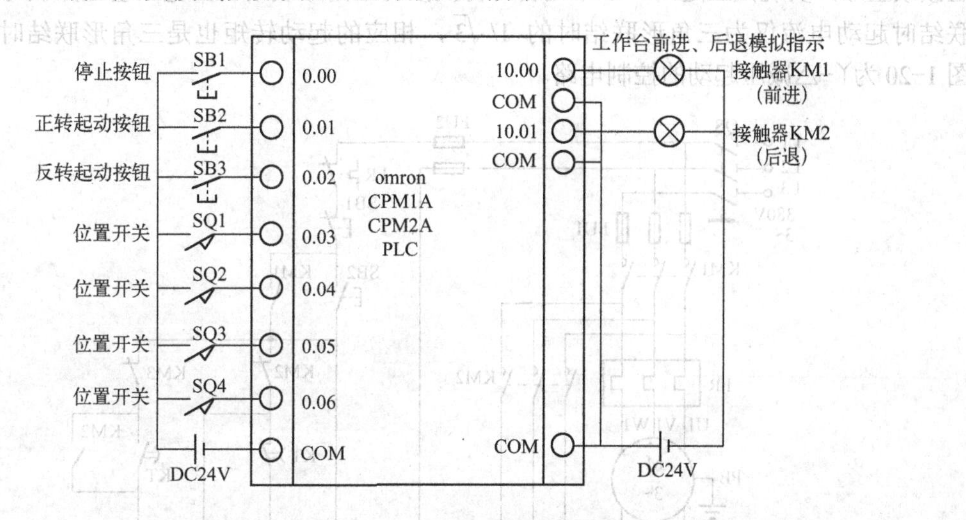

图 1-18　工作台自动循环往复 PLC 控制模拟的 I/O 接线图（CPM1A/CPM2A PLC）

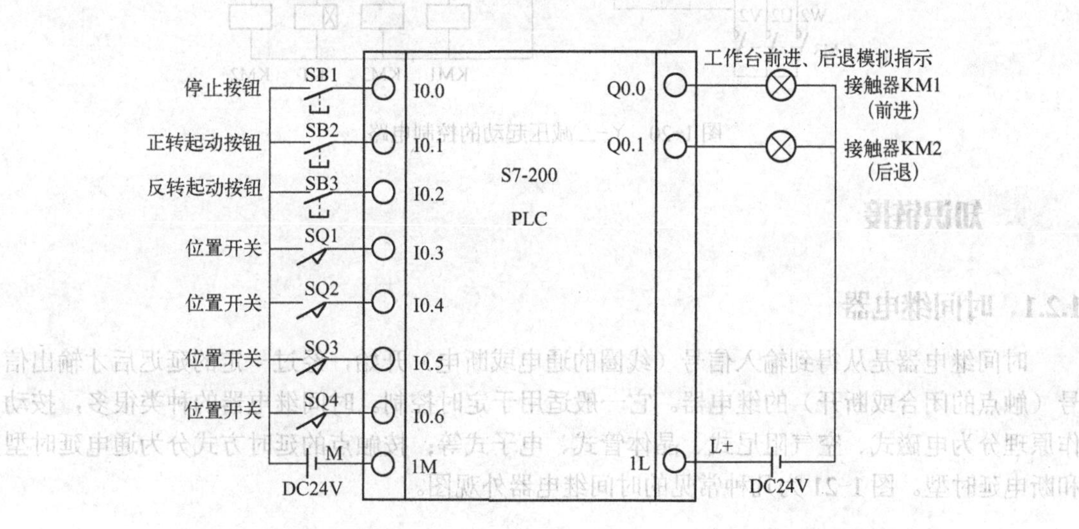

图 1-19　工作台自动循环往复 PLC 控制模拟的 I/O 接线图（S7-200 PLC）

项目 1.2　三相笼型异步电动机的减压起动控制

项目引入

三相异步电动机采用全压起动，控制电路简单，但对于容量较大的电动机而言，其起动电流较大，一般都采用减压起动。减压起动是利用某些设备或采用电动机定子绕组换接的方法，降低起动时加在定子绕组上的电压，起动后再将电压恢复到额定值，使之在正常电压下运行。因为电枢电流和电压成正比，所以降低电压可以减小起动电流。

Y-△减压起动用于定子绕组在正常运行时为三角形联结的电动机，在起动时将定子绕组接成星形，实现减压起动，正常运转时再换接为三角形联结。由电工基础知识可知，星形联结时起动电流仅为三角形联结时的 $1/\sqrt{3}$，相应的起动转矩也是三角形联结时的 1/3。图 1-20 为Y-△减压起动的控制电路。

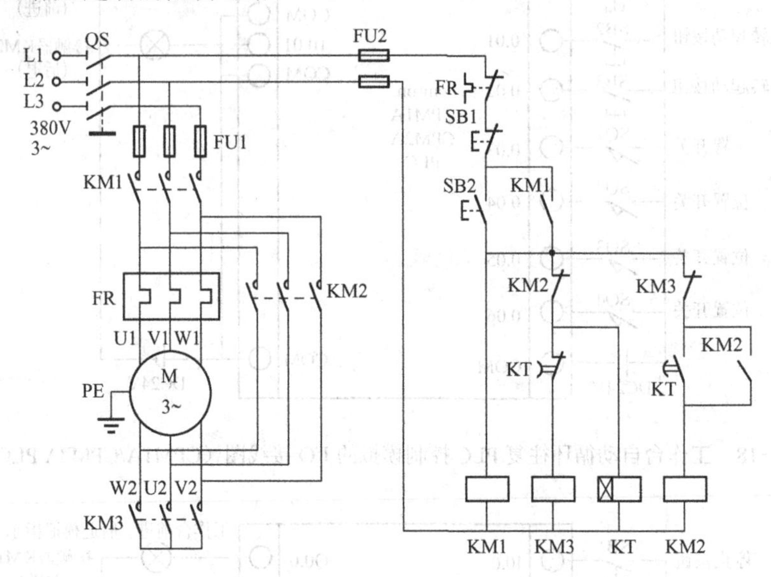

图 1-20 Y-△减压起动的控制电路

1.2.1 时间继电器

时间继电器是从得到输入信号（线圈的通电或断电）开始，经过一定的延迟后才输出信号（触点的闭合或断开）的继电器。它一般适用于定时控制。时间继电器的种类很多，按动作原理分为电磁式、空气阻尼式、晶体管式、电子式等；按触点的延时方式分为通电延时型和断电延时型。图 1-21 为几种常见的时间继电器外观图。

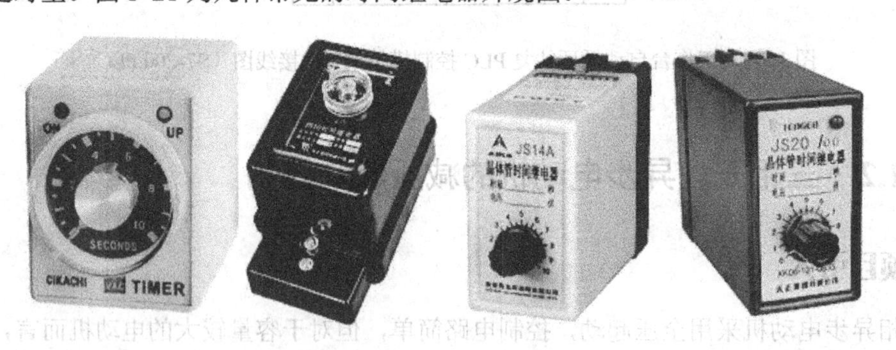

图 1-21 几种常见的时间继电器

图 1-22 为时间继电器的图形和文字符号。

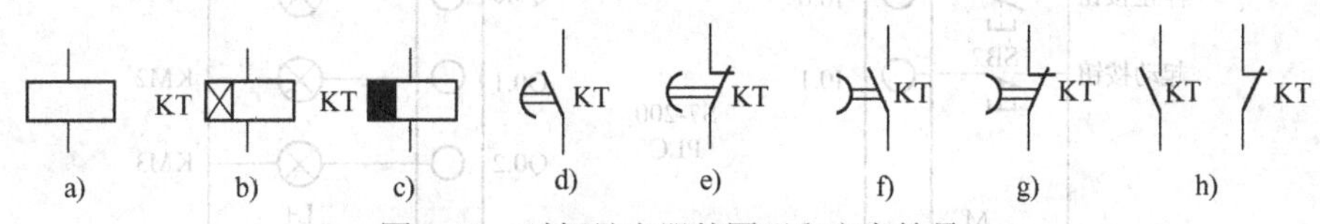

图 1-22　时间继电器的图形和文字符号

a) 线圈一般符号　b) 通电延时线圈　c) 断电延时线圈　d) 通电延时闭合常开触点

e) 通电延时断开常闭触点　f) 断电延时断开常开触点　g) 断电延时闭合常闭触点　h) 瞬动触点

项目分析

在图 1-20 中，主电路通过三组接触器主触点将电动机的定子绕组接成星形或三角形，KM1、KM3 主触点闭合时，绕组接成星形，KM1、KM2 主触点闭合时，绕组接成三角形。两种接线方式的切换要在很短的时间内完成，在控制电路中采用时间继电器定时自动切换。

电路的工作过程如下。

先接通三相电源开关 QS。

起动：按下起动按钮 SB2，KM1、KM3、KT 线圈同时得电，电动机三相定子绕组接成星形接入三相交流电源进行减压起动，当电动机转速接近额定转速时，时间继电器 KT 的常闭触点断开，常开触点闭合，前者使 KM3 线圈失电，后者使 KM2 线圈得电，电动机进入三角形联结正常运行。与此同时，KM2 常闭触点断开使 KT 线圈失电释放。

停止：按下 SB1，KM1、KM2 线圈失电，电动机停止运转。

项目实施

1. 所需器材

（1）PLC（可编程序逻辑控制器）实训台　　1 台

（2）PC（个人计算机）　　1 台

（3）编程电缆　　1 根

（4）连接导线　　若干

2. 连线

根据控制要求，确定输入、输出的点数，合理进行输入、输出的分配，并进行实训连线，如图 1-23 和图 1-24 所示。此阶段由教师接线并编程调试，学生以观察理解为主。

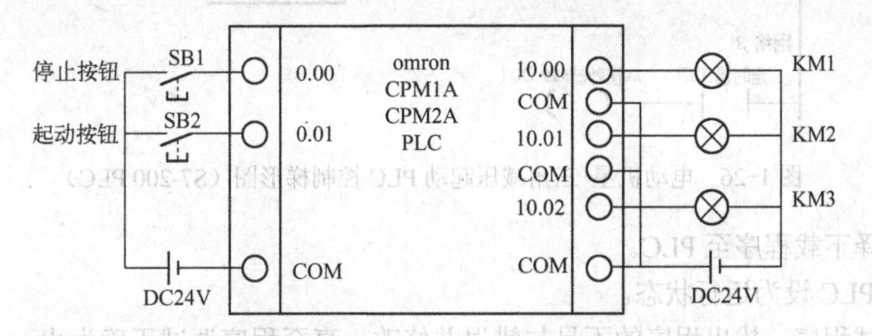

图 1-23　电动机星-三角减压起动 PLC 控制模拟的 I/O 接线图（CPM1A/CPM2A PLC）

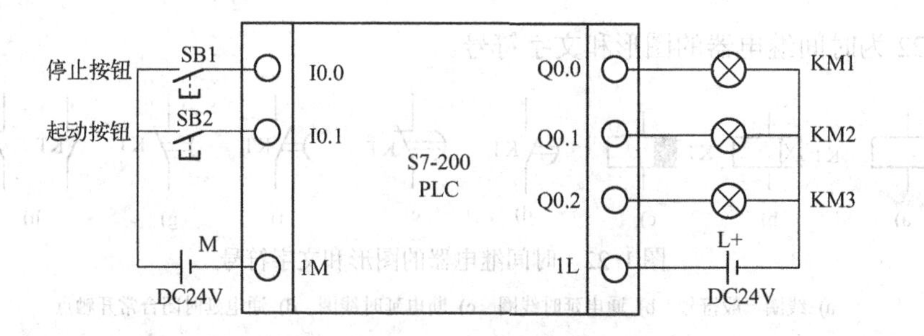

图 1-24　电动机星-三角减压起动 PLC 控制模拟的 I/O 接线图（S7-200 PLC）

3．程序运行调试

（1）在断电状态下，连接好相关电缆。

（2）在 PC 上运行 CX-Programmer 编程软件或 STEP 7-Micro/WIN 编程软件。

（3）选择对应的 PLC 型号，设置通信参数，编辑如图 1-25 图 1-26 所示梯形图控制程序。

图 1-25　电动机星-三角减压起动 PLC 控制梯形图（CPM1A/CPM2A PLC）

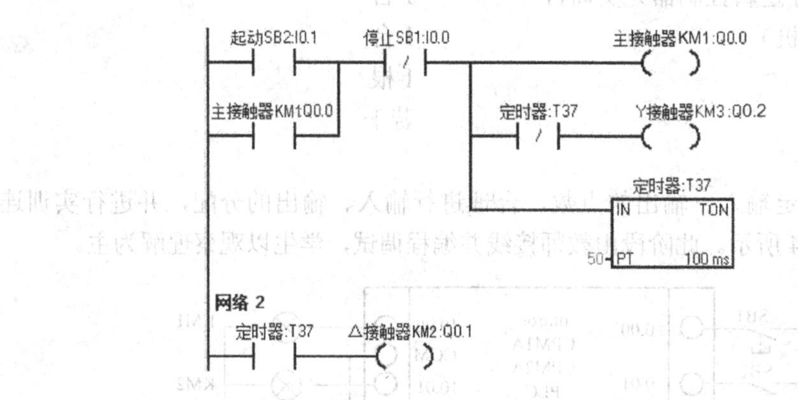

图 1-26　电动机星-三角减压起动 PLC 控制梯形图（S7-200 PLC）

（4）编译下载程序至 PLC。

（5）将 PLC 设为运行状态。

（6）调试程序，找出程序的不足与错误并修改，直至程序调试正确为止。

4. 完成项目报告

（1）根据项目引入控制要求，确定输入、输出数量。

（2）熟悉 I/O 接线示意图，理解控制梯形图。

1.2.2 项目拓展——两台电动机的顺序控制

1）若把图 1-20 中时间继电器的延时常开、常闭触点错接成瞬时常开、常闭触点，电路的工作状态如何变化？如果在图中用断电延时时间继电器进行控制，电路又该如何设计？

2）在生产实践中，在多台电动机拖动的设备上，常需要电动机按先后顺序工作。例如机床中要求润滑电动机起动后，主轴电动机才能起动。

图 1-27 为两台电动机顺序起动控制电路。图 1-27a 为顺序起动（M2 必须在 M1 工作后才能起动），同时停车；图 1-27b 为顺序起动，逆序停车（M1 必须在 M2 停车后才能停）。

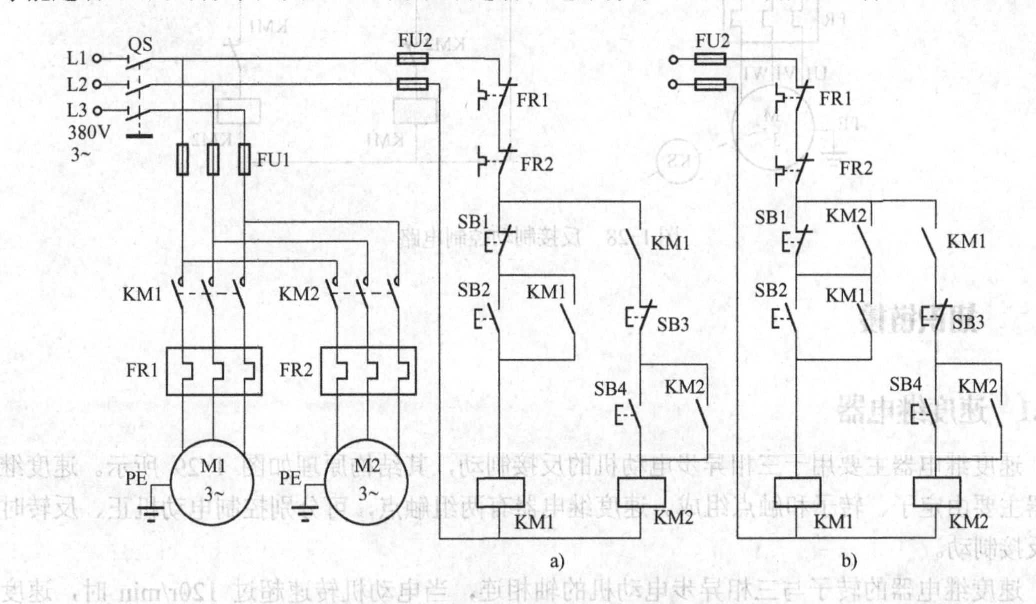

图 1-27　两台电动机顺序起动控制电路

试分析电路的工作过程，并讨论如果用时间继电器应如何实现顺序工作的联锁控制。

3）将以上控制改为用 PLC 实现，试画出 PLC 的 I/O 接线图，并编程调试。

项目 1.3　三相笼型异步电动机的制动控制

项目引入

在生产过程中，有些设备电动机断电后由于惯性，停机时间拖得很长，影响生产率，还会造成停机位置不准确，工作不安全。为缩短辅助工作时间、提高生产率和获得准确的停机位置，必须对电动机采取有效的制动措施。停机制动有两种类型：一是通过电磁操纵机械进行制动的电磁机械制动；二是电气制动，即电动机产生一个与转子原来转动方向相反的转矩来制动。常用的电气制动有反接制动和能耗制动。

反接制动的关键在于将电动机三相电源的相序进行切换，且当转速下降接近于零时，能自动将电源切断。图 1-28 为反接制动控制电路。

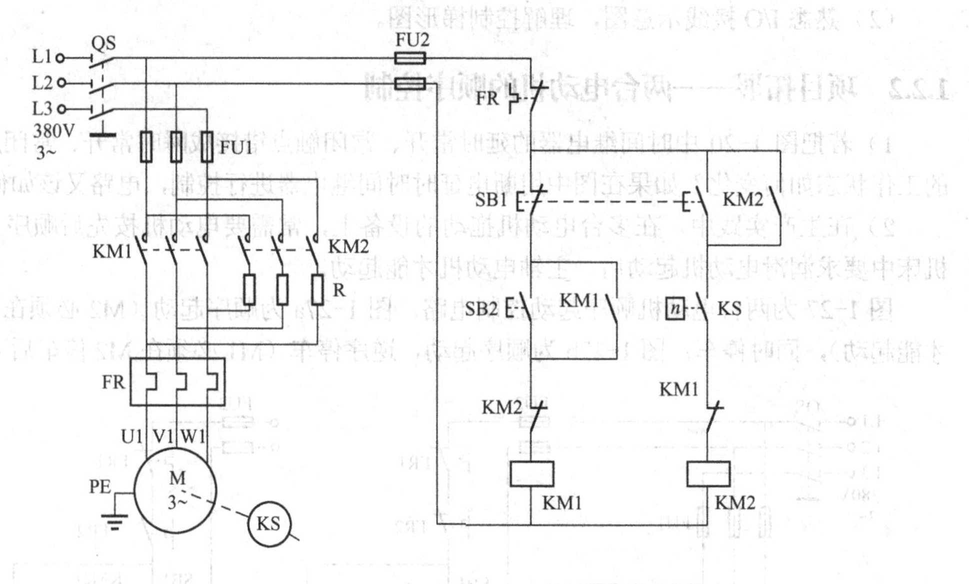

图 1-28 反接制动控制电路

知识链接

1.3.1 速度继电器

速度继电器主要用于三相异步电动机的反接制动，其结构原理如图 1-29 所示。速度继电器主要由定子、转子和触点组成。速度继电器有两组触点，可分别控制电动机正、反转时的反接制动。

速度继电器的转子与三相异步电动机的轴相连，当电动机转速超过 120r/min 时，速度继电器的转子随之转动，绕组切割磁场产生感应电动势和电流，此电流和磁场相互作用产生转矩，定子向轴的转动方向偏转，通过定子柄拨动触点，使常闭触点断开，常开触点闭合。当电动机转速下降到低于 100r/min 时，转矩减小，定子柄在弹簧力的作用下原位，触点也复原。

1.3.2 中间继电器

中间继电器和接触器的结构和工作原理大致相同。其主要区别是：接触器的主触点可以通过大电流，带有灭弧装置；中间继电器的体积和触点容量小，触点数目多，且只能通过小电流，没有灭弧装置。所以，中间继电器一般用于机床的控制电路中。需要说明的是，在 PLC 控制系统中，由于控制电路被 PLC 控制程序所取代，所以中间继电器在 PLC 控制系统中可省略。在 PLC 控制程序中，用 PLC 内部编程元件编程实现相应的控制逻辑。中间继电器如图 1-30 所示。

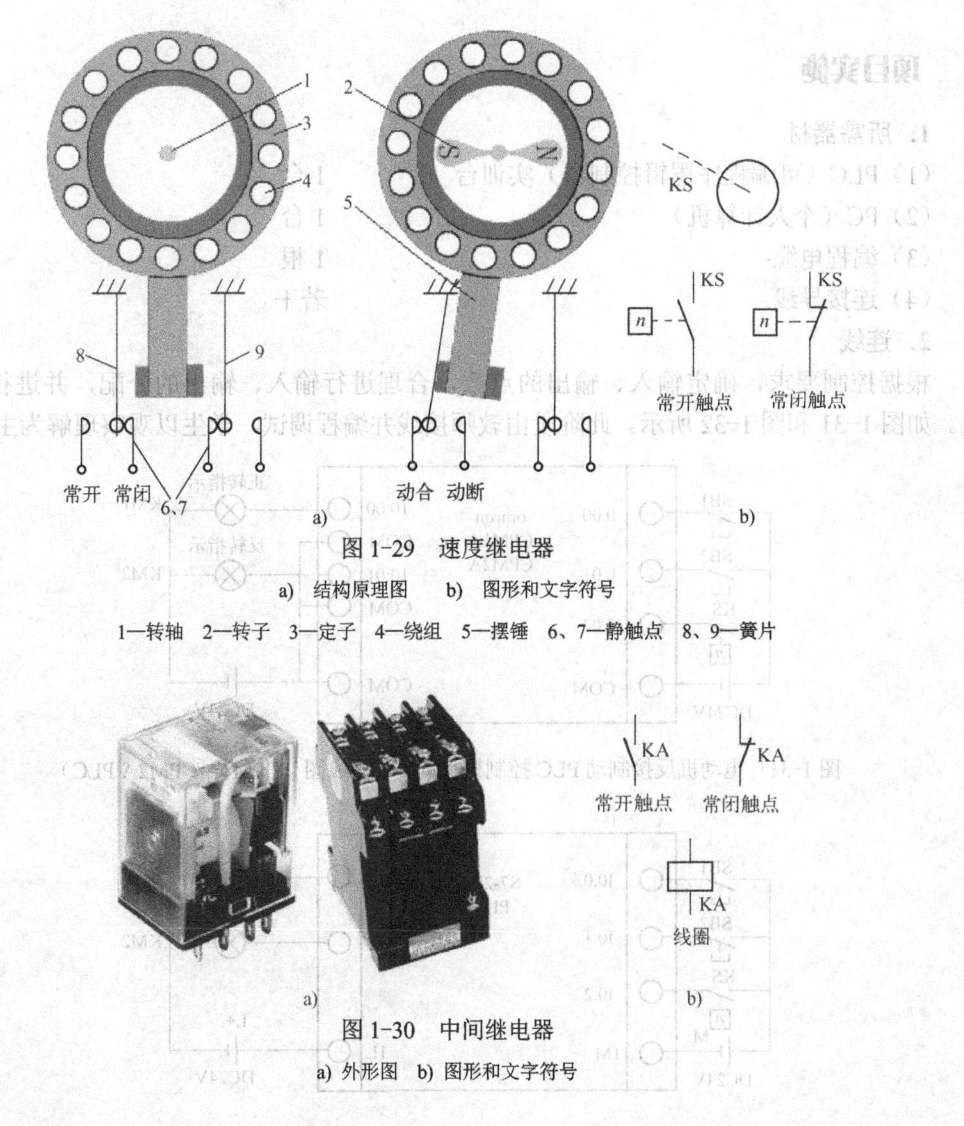

图 1-29　速度继电器

a) 结构原理图　b) 图形和文字符号

1—转轴　2—转子　3—定子　4—绕组　5—摆锤　6、7—静触点　8、9—簧片

图 1-30　中间继电器

a) 外形图　b) 图形和文字符号

项目分析

在图 1-28 中，主电路通过接触器 KM1、KM2 实现电动机三相电源进线中的两相换接，因为电动机反接制动电流很大，所以在制动电路中串接了减压电阻 R，以限制反接制动电流。控制电路采用速度继电器来判断电动机的零速点并及时切断电源。

电路的工作过程如下。

先接通三相电源开关 QS。

起动：按下起动按钮 SB2→KM1 线圈得电→M 开始转动，同时 KM1 常开触点闭合实现自锁，常闭触点打开，进行互锁。M 处于正常运转时，KS 的常开触点闭合，为反接制动作准备。

制动：按下复合按钮 SB1→KM1 线圈失电，KM2 线圈得电并自锁，电动机进入反接制动；当电动机转速接近零时，KS 的触点复位断开→KM2 线圈失电→制动结束，停机。

项目实施

1. 所需器材

（1）PLC（可编程序逻辑控制器）实训台	1 台
（2）PC（个人计算机）	1 台
（3）编程电缆	1 根
（4）连接导线	若干

2. 连线

根据控制要求，确定输入、输出的点数，合理进行输入、输出的分配，并进行实训连线。如图 1-31 和图 1-32 所示。此阶段由教师接线并编程调试，学生以观察理解为主。

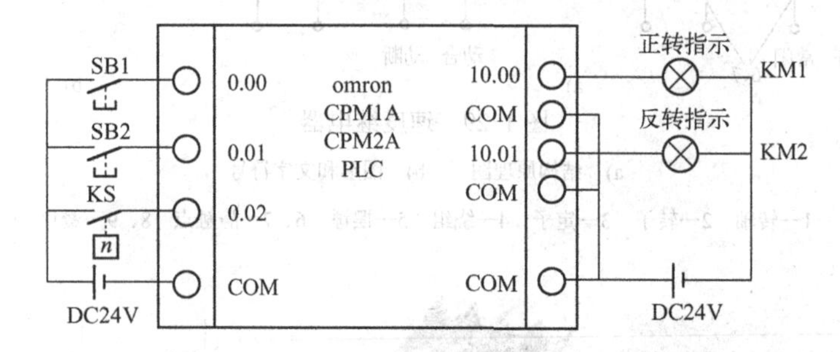

图 1-31 电动机反接制动 PLC 控制模拟的 I/O 接线图（CPM1A/CPM2A PLC）

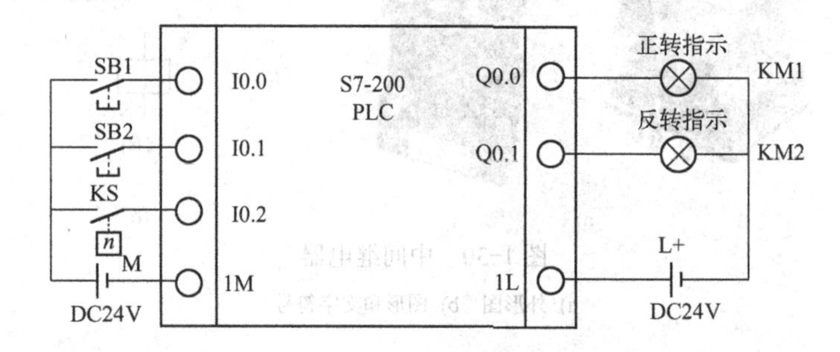

图 1-32 电动机反接制动 PLC 控制模拟的 I/O 接线图（S7-200 PLC）

3. 程序运行调试

（1）在断电状态下，连接好相关电缆。

（2）在 PC 上运行 CX-Programmer 编程软件或 STEP 7-Micro/WIN 编程软件。

（3）选择对应的 PLC 型号，设置通信参数，编辑如图 1-33 和图 1-34 所示相应梯形图控制程序。

（4）编译下载程序至 PLC。

（5）将 PLC 设为运行状态。

（6）调试程序，找出程序的不足与错误并修改，直至程序调试正确为止。

4. 完成项目报告

（1）根据项目引入控制要求，确定输入、输出数量。

（2）看懂 I/O 接线示意图，理解 PLC 控制梯形图。

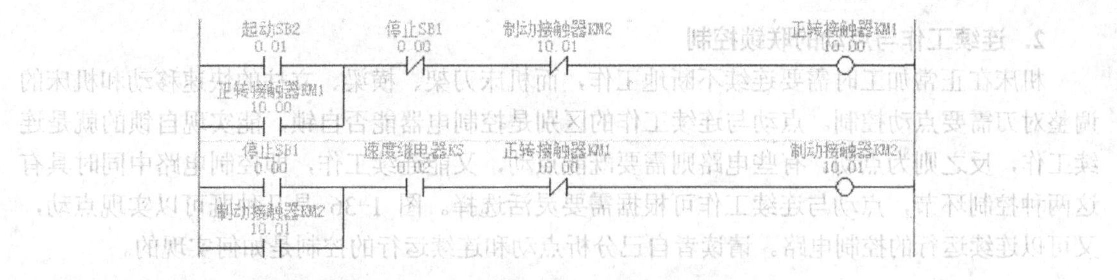

图 1-33　电动机反接制动 PLC 控制梯形图（CPM1A/CPM2A PLC）

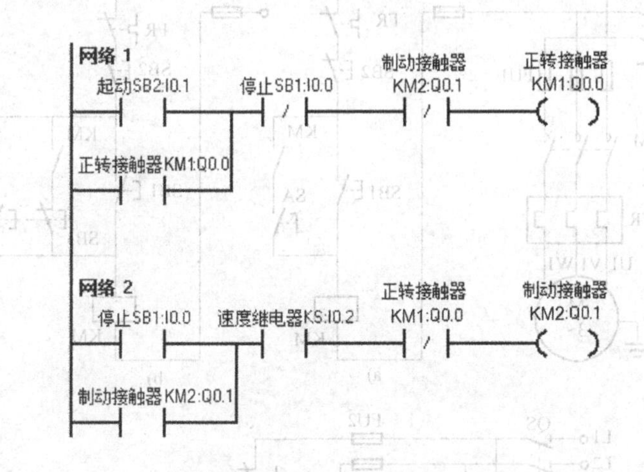

图 1-34　电动机反接制动 PLC 控制梯形图（S7-200 PLC）

1.3.3　项目拓展——多地点起动和停止的联锁控制与连续工作和点动的联锁控制

1. 多地点起、停的联锁控制

大型设备中，为操作方便，常要求能在多地点对同一台电动机进行控制。图 1-35 为电动机的三地点控制电路，把起动按钮 SB2、SB4、SB6 并联，停止按钮 SB1、SB3、SB5 串联，并将这三组起、停按钮分别放置于三个不同的地点，就可以在三个地点控制同一台电动机。

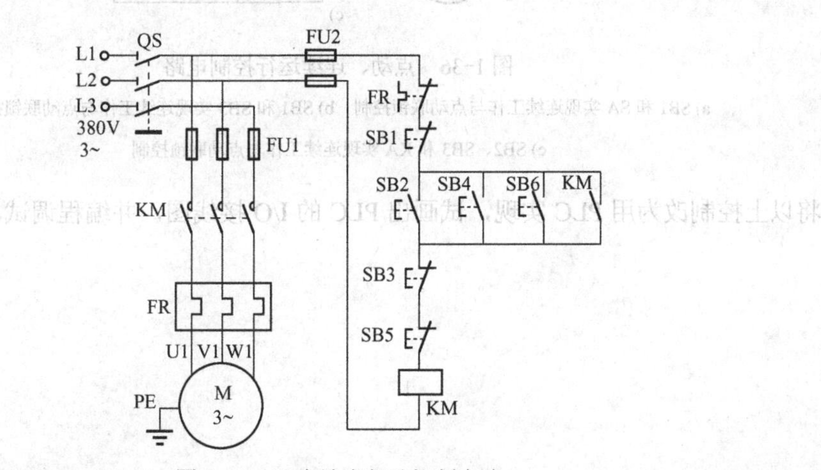

图 1-35　三个地点起动控制电路

2．连续工作与点动的联锁控制

机床在正常加工时需要连续不断地工作，而机床刀架、横梁、立柱的快速移动和机床的调整对刀需要点动控制。点动与连续工作的区别是控制电器能否自锁，能实现自锁的就是连续工作，反之则为点动。有些电路则需要既能点动，又能连续工作，即控制电路中同时具有这两种控制环节，点动与连续工作可根据需要灵活选择。图 1-36 是几种既可以实现点动，又可以连续运行的控制电路。请读者自己分析点动和连续运行的控制是如何实现的。

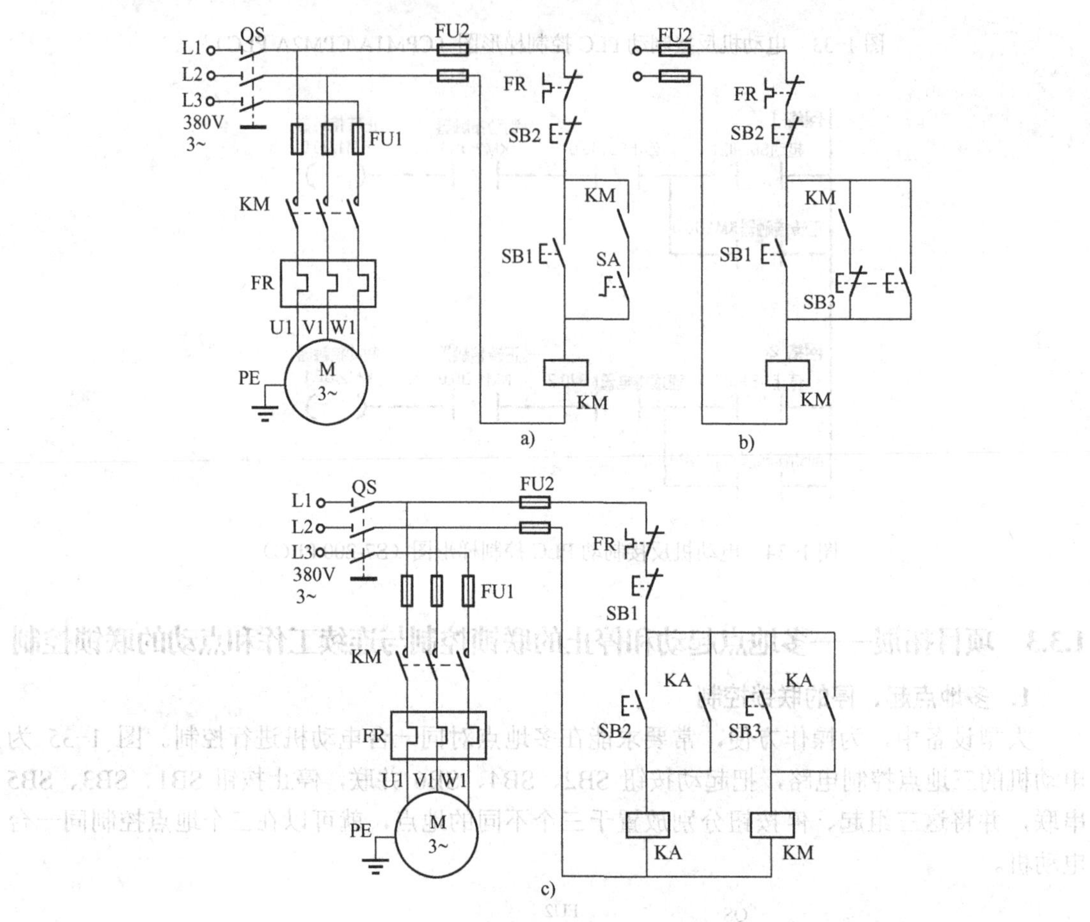

图 1-36　点动、连续运行控制电路

a) SB1 和 SA 实现连续工作与点动联锁控制　b) SB1 和 SB3 实现连续工作与点动联锁控制

c) SB2、SB3 和 KA 实现连续工作与点动联锁控制

将以上控制改为用 PLC 实现，试画出 PLC 的 I/O 接线图，并编程调试。

单元 2　PLC 硬件接线及编程软件的使用

项目 2.1　PLC 实训台硬件接线

项目引入

SIEMENS S7-200 PLC 及 OMRON SYSMAC CPM1A/CPM2A PLC 的结构是什么样的，有何异同？SIEMENS 实训台和 OMRON 实训台应如何进行相应的硬件接线？

1．PLC 功能简介

图 2-1 所示为 SIEMENS S7-200 PLC 及 OMRON SYSMAC CPM1A/CPM2A PLC 主机单元（CPU 单元）的外观，S7-200 及 CPM1A/CPM2A 都是先进的、小型化的 PLC。例如对于仅 10 点的 CPM1A 来说，其大小仅相当于一个 PC 卡，非常便于安装，控制柜安装体积大为减小；可连接可编程终端进行高速通信；CPU 单元与扩展 I/O 并用，可完成 10～120 点的输入、输出要求；汇集了各种先进的功能，如高速响应功能、高速计数功能、中断功能，还备有两个模拟量设定；具有充足的程序容量，可满足较复杂的程序编制。

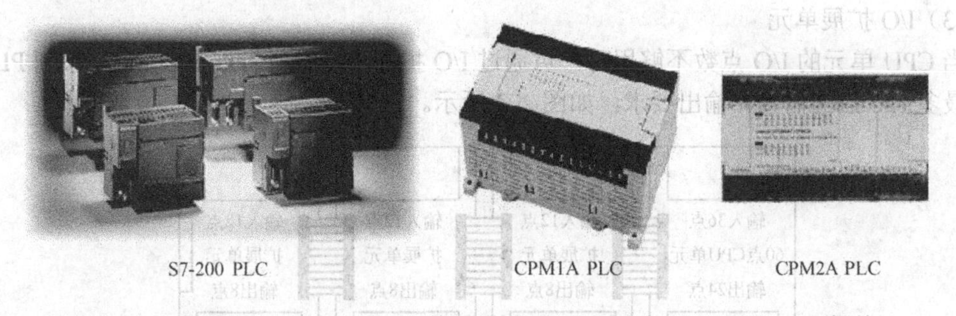

图 2-1　SIEMENS S7-200 PLC 主机单元及 OMRON CPM1A/CPM2A PLC 主机单元

2．OMRON SYSMAC CPM2A PLC 结构

（1）CPM2A 的 CPU 单元的组成（CPM1A 与 CPM2A 类似，不再赘述）

CPU 单元的组成：CPU、内存、I/O 及电源等。

如图 2-2 所示，从外部连接看，CPM2A 是由功能接地端子（仅 AC 电源型）、电源输入端子、输出端子、保护接地端子、模拟量调节电位器、外围端口、PLC 状态指示灯、电池舱、外部电源端子（仅 AC 电源型）、输出端子、输入指示灯、RS-232 端口、扩展连接器、通信开关、输出指示灯等组成。

（2）CPM2A 的 CPU 单元种类

CPM2A 按 I/O 点数划分有 20 点、30 点、40 点和 60 点 4 种；按使用（输入）电源的类型划分，有 AC 型（220V）和 DC 型（24V）两种；按输出方式划分，有继电器输出型（AC/DC）和晶体管输出型（DC）两种，晶体管输出又有汇流型（NPN）和源流型（PNP）。因此，组合之后共有 16 种机型可供用户选择。

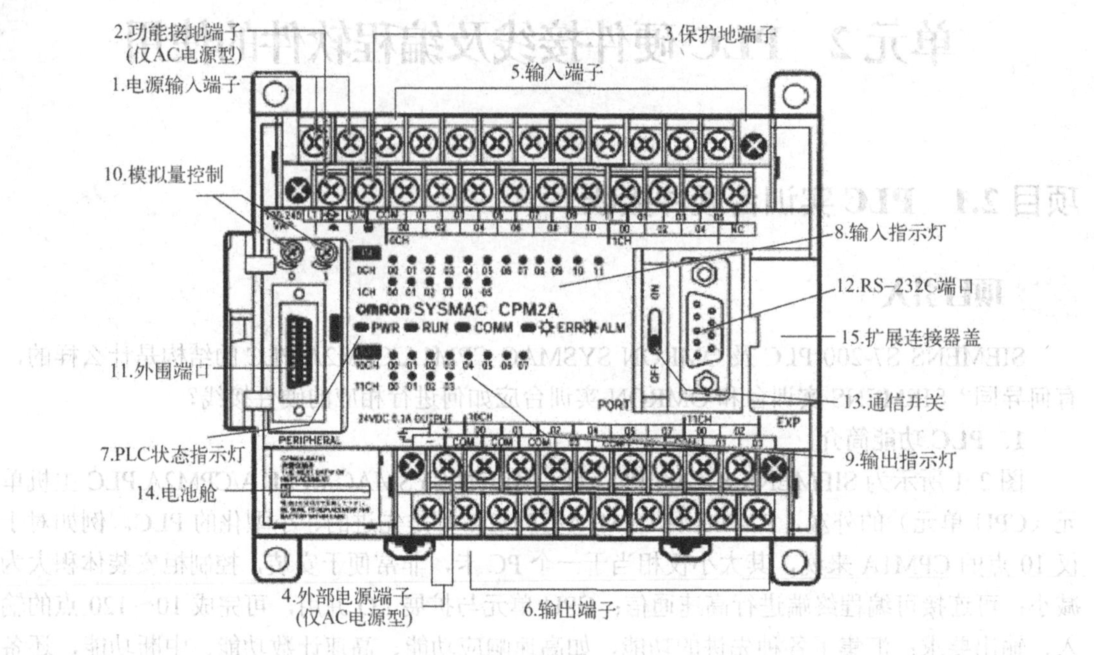

图 2-2　CPM2A 的 CPU 单元

（3）I/O 扩展单元

当 CPU 单元的 I/O 点数不够用时，可通过 I/O 扩展单元进行扩展。CPM2A 系列 PLC 可完成最多 120 点的输入、输出要求，如图 2-3 所示。

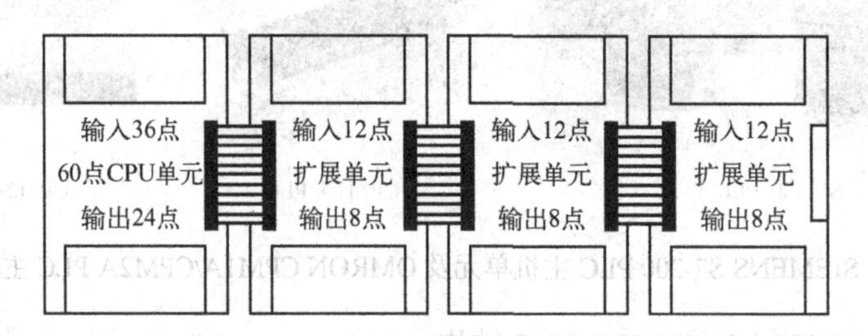

图 2-3　CPM2A 的 CPU 单元及扩展 I/O 单元连接示意图

3．SIEMENS SIMATIC S7-200 PLC 结构

SIEMENS SIMATIC S7-200 小型 PLC 系统由主机（CPU）模块、I/O 扩展模块、文本和图形显示器、编程器等组成（现显示器及编程器已经被个人计算机所取代）。主机模块及扩展模块结构如图 2-4 所示。

SIEMENS SIMATIC S7-200 小型 PLC 的中央处理单元（CPU）有：CPU221、CPU222、CPU224、CPU226；数字量扩展模块有：EM221、EM222、EM223；模拟量扩展模块有：EM231、EM232、EM235；PROFIBUS-DP 模块 EM277；AS-i 接口模块 CP243-2 等。

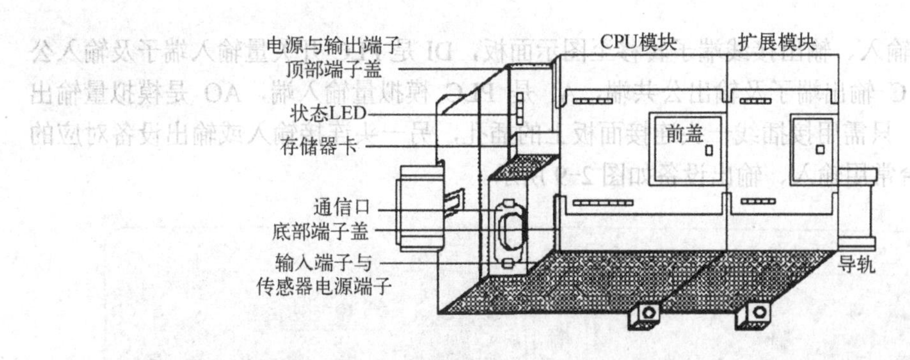

图 2-4　S7-200 CPU 模块及扩展模块结构

图 2-5 所示的 S7-200 PLC 的 CPU224，集成 14 输入/10 输出共 24 个数字量 I/O 点，可连接 7 个扩展模块，最大扩展至 168 路数字量 I/O 点或 35 路模拟量 I/O 点，13KB 程序和数据存储空间，6 个独立的 30kHz 高速计数器，2 路独立的 20kHz 高速脉冲输出，具有 PID 控制器，1 个 RS-485 通信/编程口，具有 PPI 通信协议、MPI 通信协议和自由方式通信能力。I/O 端子排可很容易地整体拆卸，是具有较强控制能力的控制器。

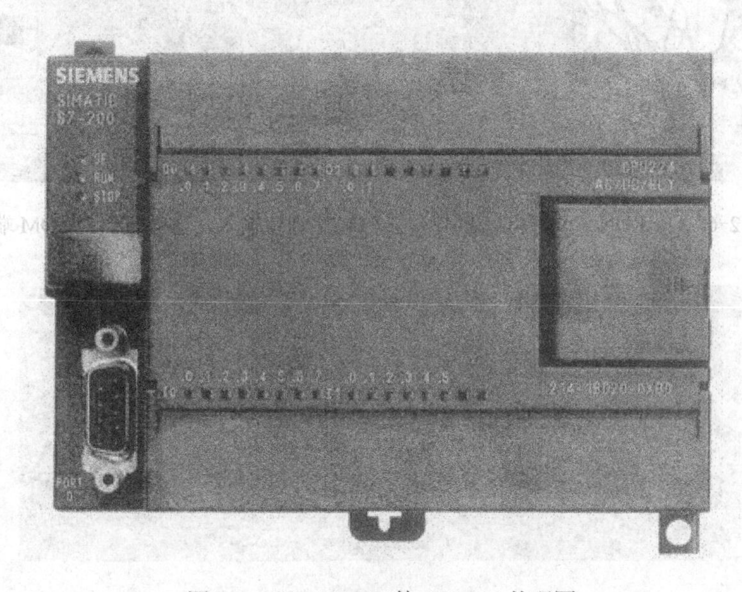

图 2-5　S7-200 PLC 的 CPU224 外观图

4．OMRON SYSMAC CPM1A/CPM2A PLC 实训台接线

学生实训时，为了提高 PLC 的使用寿命，避免频繁拆接 PLC 输入、输出端子带来的影响，同时为提高实训效率，国内大多实训实验装置都采用接插线的方式进行硬件接线。如图 2-6 所示，实训台上将 PLC 的输入、输出接线端子转移至上方两块面板，左边是 PLC 输入端子及输入 COM 端，右边是 PLC 输出端子及输出 COM 端。实训接线时，只需用接插线一头连接面板上的插孔，另一头连接输入或输出设备对应的插孔即可。实训台常用输入、输出设备如图 2-7 所示。

5．SIEMENS SIMATIC S7-200 PLC 实训台接线

SIEMENS SIMATIC S7-200 型 PLC 输入、输出端子及公共端的插孔如图 2-8 所示。实训台上将 PLC 的输入、输出接线端子转移至图示面板，DI 是 PLC 开关量输入端子及输入公共端，DO 是 PLC 输出端子及输出公共端，AI 是 PLC 模拟量输入端，AO 是模拟量输出端。实训接线时，只需用接插线一头连接面板上的插孔，另一头连接输入或输出设备对应的插孔即可。实训台常用输入、输出设备如图 2-9 所示。

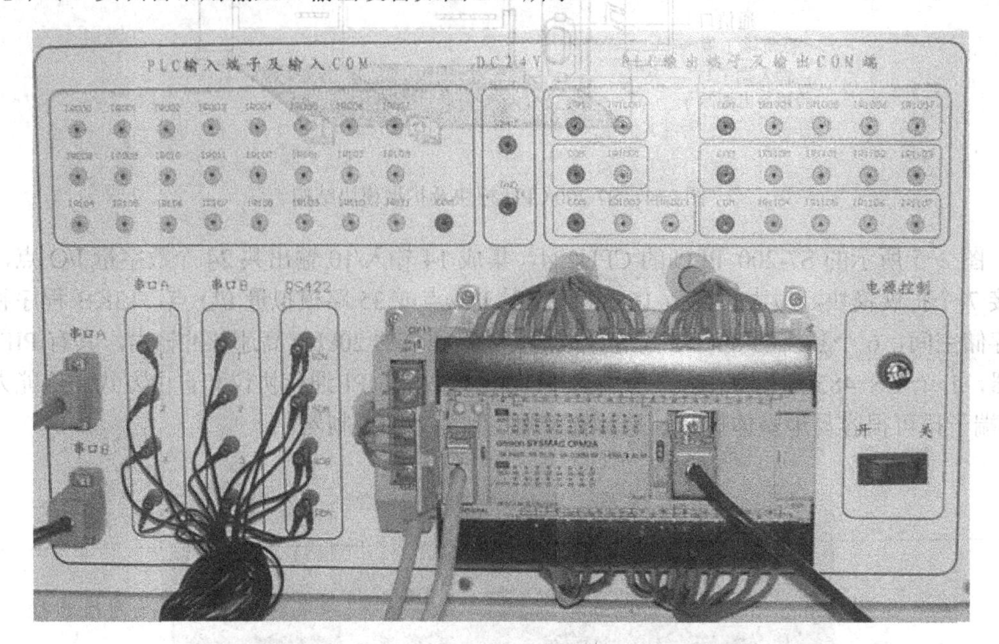

图 2-6　OMRON SYSMAC CPM2A 型 PLC 实训台输入、输出端子及 COM 端

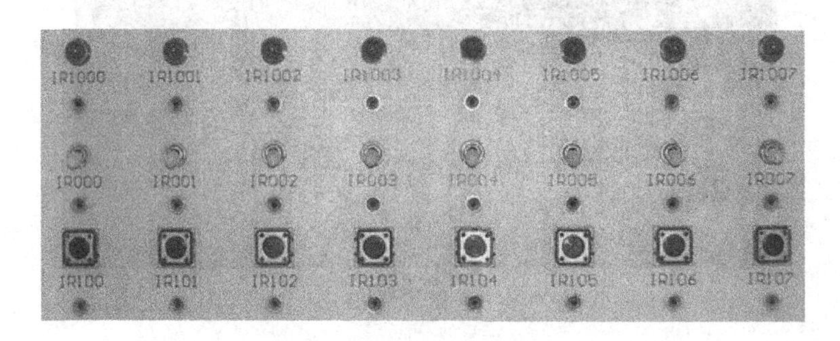

图 2-7　OMRON SYSMAC CPM2A 型 PLC 实训台常用输入、输出设备

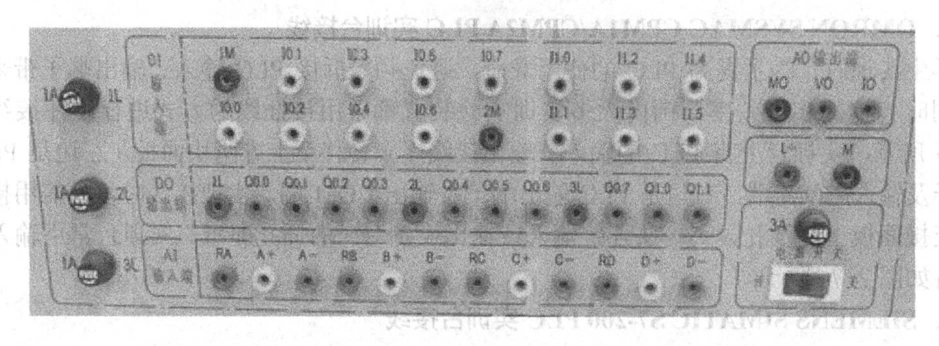

图 2-8　SIEMENS SIMATIC S7-200 型 PLC 实训台输入、输出端

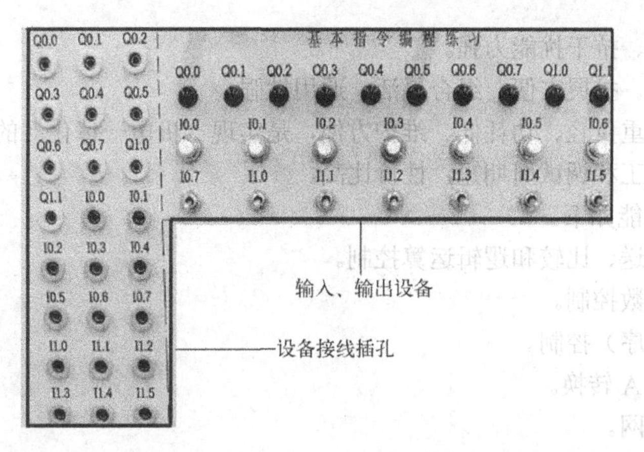

图 2-9　SIEMENS SIMATIC S7-200 型 PLC 实训台输入、输出设备及接线插孔

2.1.1　PLC 的产生

20 世纪 70 年代以前，工业企业中各种生产流水线的自动控制基本上都是由传统的继电接触器控制系统构成的，产品的每一次改型都直接导致继电接触器控制系统的重新设计和安装，流水线的更新周期较长。1969 年，美国数字设备公司（DEC）研制出世界上第一台 PLC，以它为核心组成的控制系统取代传统的继电接触器控制系统在美国通用汽车公司的汽车自动装配流水线上使用，取得了巨大成功。这种新型的工业控制装置以其简单易懂，操作方便，可靠性高，通用灵活，体积小，使用寿命长等一系列优点，迅速在工业领域获得推广应用。日本、德国紧随美国，很快也研制出了自己的 PLC，像日本的 OMRON（欧姆龙）、MITSUBISHI（三菱），德国的 SIEMENS（西门子）等。

初期，可编程序控制器的英文全称是 Programmable Controller，简称 PC。但由于易与个人计算机（Personal Computer）的英文缩写 PC 相混淆，故人们改用 PLC（Programmable Logic Controller）作为可编程序控制器的英文缩写。可编程序控制器是一种以微处理器为核心的数字运算操作的电子系统，专为在工业环境下应用而设计，采用可编程序的存储器，用来在其内部存储执行逻辑运算、顺序控制、定时、计数和算术运算等指令的操作，并通过数字式、模拟式的输入和输出，控制各种类型的机械或生产过程。可编程控制器及其有关设备，都应按易于与工业控制器系统连成一个整体、易于扩充其功能的原则设计。如今，PLC 的应用范围早已渗透到整个社会生活的方方面面，远远超出当时工业应用的范围。

从第一台 PLC 诞生，经过几十年的发展，PLC 在机械、电力、冶金、能源、化工、交通等领域中有了极为广泛的应用，已成为现代工业控制的三大支柱（PLC、ROBOT、CAD/CAM）之一。

2.1.2　PLC 控制的特点及基本功能

PLC 控制的特点如下。

（1）编程简单、使用方便。

（2）可靠性高、抗干扰能力强。

（3）功能完善、扩展方便、组合灵活、通用性强。

（4）体积小、重量轻、功耗低、维护方便，是实现“机电一体化”的理想产品。

（5）设计、施工和调试周期短，性价比高。

PLC 的基本功能如下。

（1）数据的传送、比较和逻辑运算控制。

（2）定时、计数控制。

（3）步进（顺序）控制。

（4）A-D、D-A 转换。

（5）通信和联网。

（6）监控控制。

2.1.3 PLC 控制与继电器控制的比较

在传统的继电接触器控制系统中，完成控制任务的逻辑控制部分是将继电器、接触器、电子元件等用导线连接起来，这种控制系统称为接线程序控制系统。逻辑程序就在导线连接中，所以也称为接线程序，如图 2-10a 和 2-10c 所示。在接线程序控制系统中，控制功能的更改必须通过改变导线的连接才能实现。

PLC 控制是将控制逻辑以程序语言的形式存放在存储器中，通过执行存储器中的程序实现系统的控制要求，这种控制系统称为存储程序控制系统。如图 2-10b 和 2-10d 所示，在存储程序控制系统中，控制功能的更改只需改变程序而不必改变导线的连接就能实现。

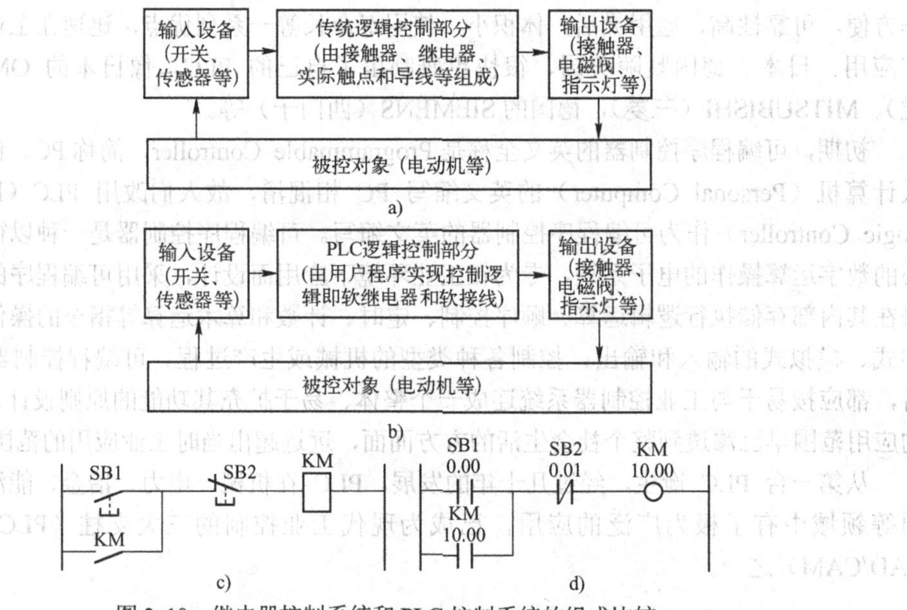

图 2-10 继电器控制系统和 PLC 控制系统的组成比较

a) 继电接触器控制系统框图 b) PLC 控制系统框图 c) 继电接触器控制电路图 d) OMRON CPM2A PLC 梯形图

对用户来说，不必考虑 PLC 内部由 CPU、RAM、ROM 等组成的复杂的电路，只要将

PLC 看成内部由许多“软继电器”组成的控制器，以便用梯形图编程。“软继电器”的线圈和触点（PLC 内部元件的虚拟触点常称为接点，标准中称为触点）的符号如图 2-11 所示。所谓“软继电器”，实质上是存储器中的每一位触发器（统称为映像寄存器），该位触发器为“1”状态时，相当于继电器线圈得电，其若干个常开触点闭合，若干个常闭触点断开；该位触发器为“0”状态时，相当于继电器线圈失电，其若干个常开和常闭触点复位。

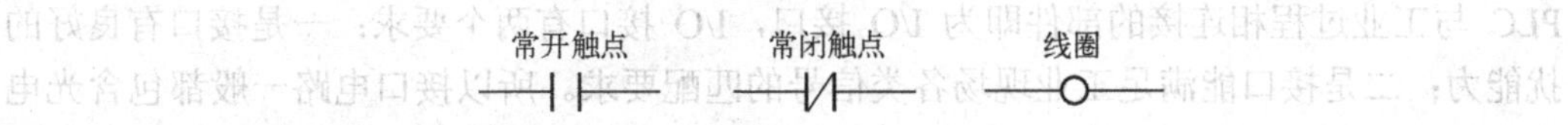

图 2-11　软继电器的触点和线圈

2.1.4　PLC 的硬件基本组成

PLC 的硬件基本组成包括主机单元和扩展单元。

PLC 主机单元主要由中央处理器（CPU）模块、输入部件（模块）、输出部件（模块）、存储器、设备通信接口、I/O 扩展接口、电源等组成，如图 2-12 所示。

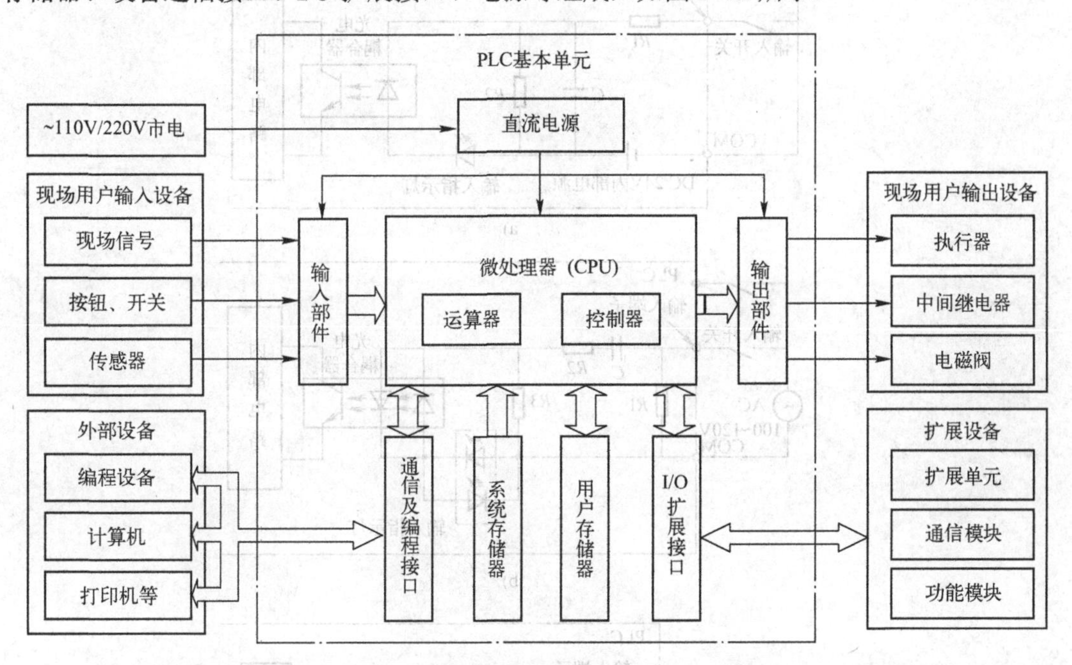

图 2-12　PLC 主机单元硬件组成结构示意图

（1）中央处理器（CPU）

CPU 是 PLC 的核心部件，整个 PLC 的工作过程都是在 CPU 的统一指挥和协调下进行的。CPU 一般由控制电路、运算器和寄存器组成，其主要任务如下。

1）接收从编程软件或编程器输入的用户程序和数据，并存储在存储器中。

2）用扫描方式接收现场输入设备的状态和数据，并存入相应的数据寄存器或输入映像寄存器。

3）监测电源、PLC 内部电路工作状态和用户程序编制过程中的语法错误。

4）在 PLC 的运行状态，执行用户程序，完成用户程序规定的各种算术逻辑运算、数据的传输和存储等。

5）按照程序运行结果，更新相应的标志位和输出映像寄存器，通过输出部件实现输出控制、制表打印和数据通信等功能。

（2）开关量输入/输出部件（I/O 接口，也称为 I/O 单元）

PLC 与工业过程相连接的部件即为 I/O 接口，I/O 接口有两个要求：一是接口有良好的抗干扰能力；二是接口能满足工业现场各类信号的匹配要求。所以接口电路一般都包含光电隔离电路和 RC 滤波电路。

1）开关量输入接口。

开关量输入电路的作用是将现场的开关量信号变成 PLC 内部处理的标准信号。开关量输入电路可分为三类：直流输入接口、交流输入接口、交直流输入接口。如图 2-13 所示。

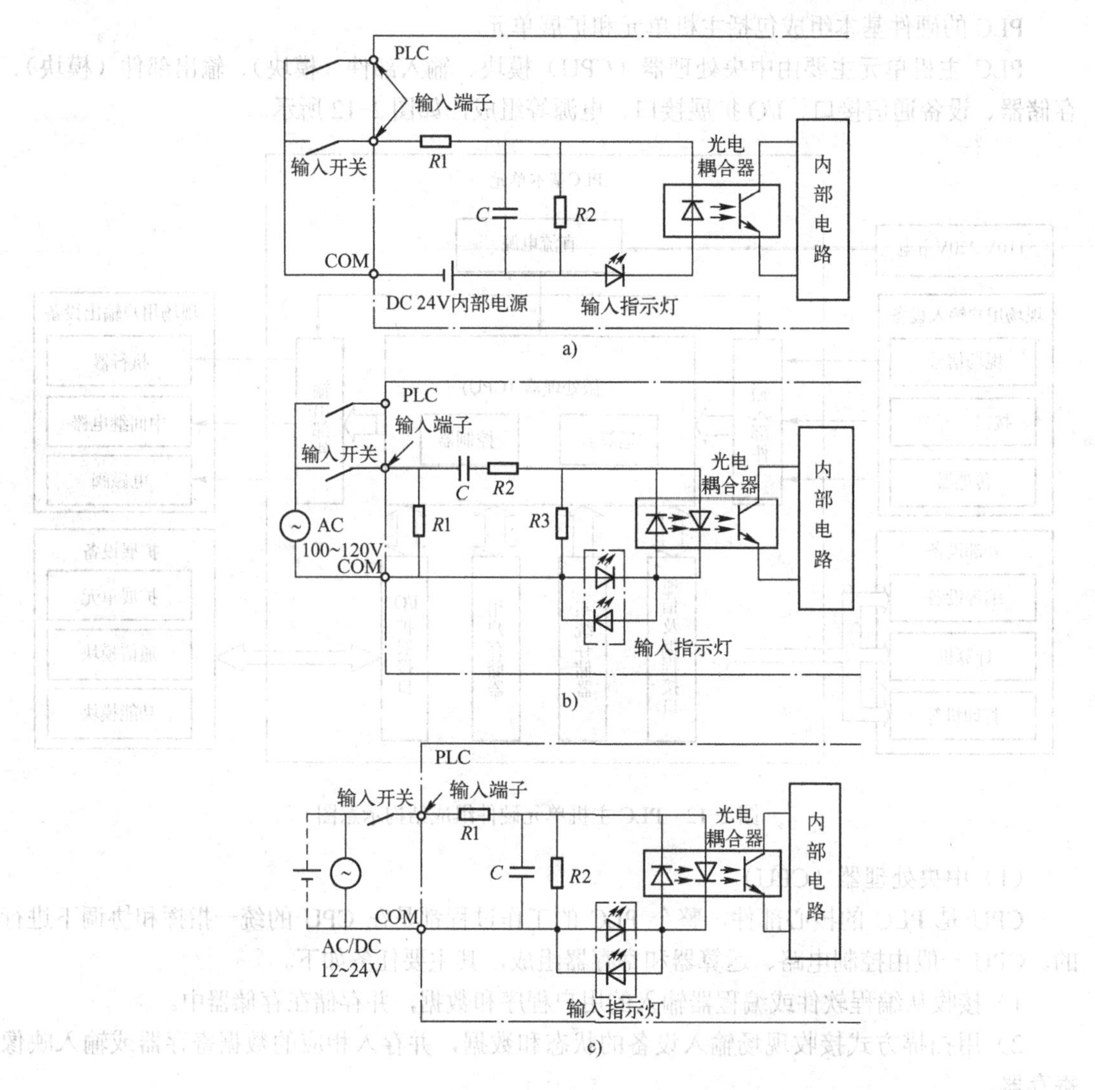

图 2-13 PLC 输入接口电路

a) 直流输入接口 b) 交流输入接口 c) 交直流输入接口

2）开关量输出接口。

开关量输出电路的作用是将 PLC 的输出信号传送到用户输出设备（负载）。开关量输出电路可分为三类：直流输出接口，交流输出接口，交直流输出接口，其对应的输出模块的功率放大元件分别采用晶体管输出、双向晶闸管输出和继电器输出，如图 2-14 所示。

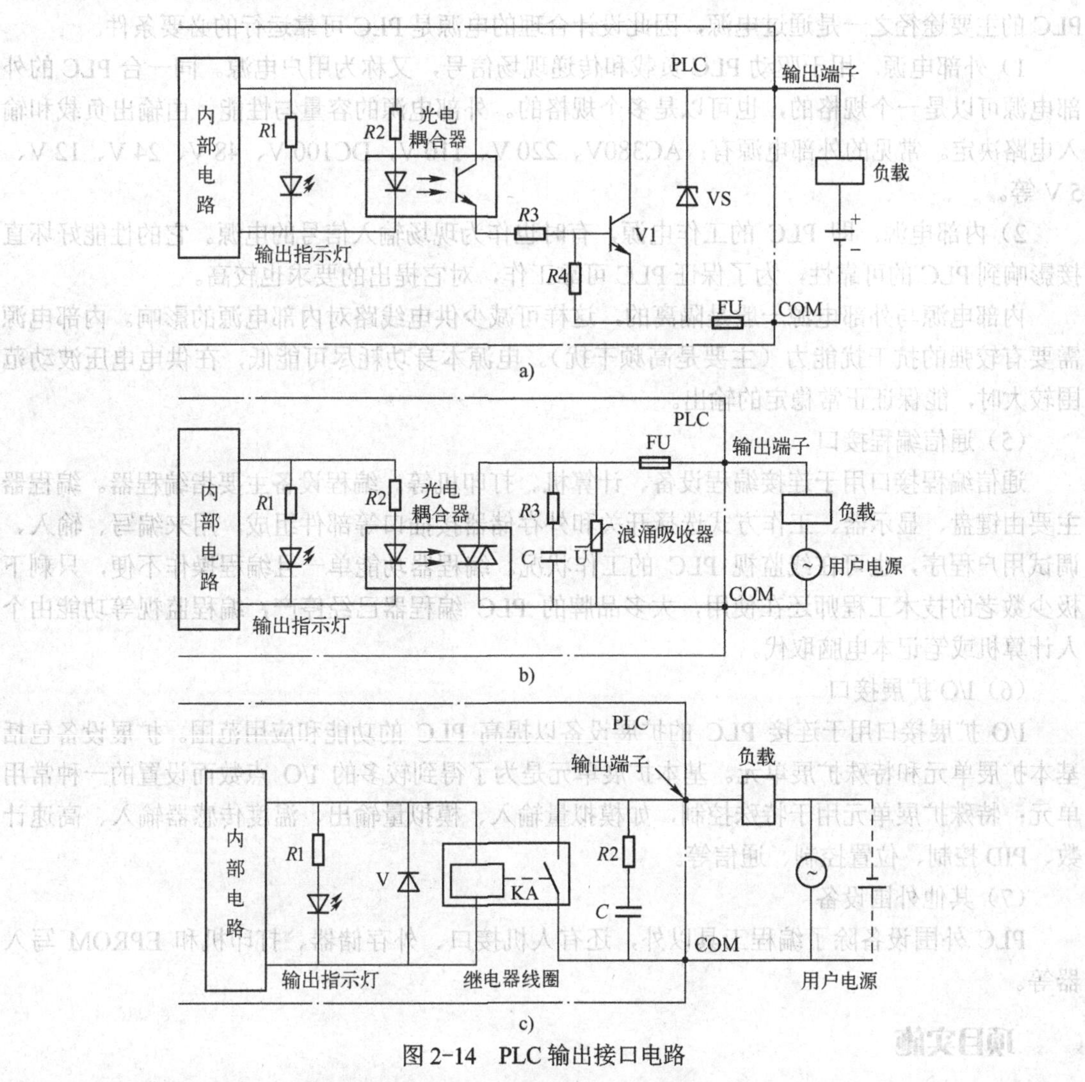

图 2-14 PLC 输出接口电路

a) 直流输出接口 b) 交流输出接口 c) 交直流输出接口

（3）存储器

PLC 的存储器包括系统存储器和用户存储器。系统存储器用只读存储器（ROM、PROM、EPROM、E^2PROM）实现。系统存储器的内容由 PLC 制造厂家写入，并永久固化，PLC 断电后，其内容不会丢失，用户只能读取，不能改写。用户存储器中通常存放用户程序和其他数据信息，用户程序存储器一般用随机存储器（RAM）实现，以方便用户修改程序，为了使在 RAM 中的信息不丢失，RAM 都有后备电池。固定不变的用户程序和数据也可固化在只读存储器中。存储器容量为 2KB、4KB、8KB 等，是衡量 PLC 性能的主要指标。系统程序具有开机自检、键盘输入处理、用户程序编译、信息传递、工作方式选择等功能。

（4）电源

PLC 的电源通常分三类：外部电源、内部电源和后备电源。在现场控制中，干扰侵入 PLC 的主要途径之一是通过电源，因此设计合理的电源是 PLC 可靠运行的必要条件。

1）外部电源。用于驱动 PLC 负载和传递现场信号，又称为用户电源。同一台 PLC 的外部电源可以是一个规格的，也可以是多个规格的。外部电源的容量与性能，由输出负载和输入电路决定。常见的外部电源有：AC380V、220 V、110 V，DC100 V、48 V、24 V、12 V、5 V 等。

2）内部电源。即 PLC 的工作电源，有时也作为现场输入信号的电源。它的性能好坏直接影响到 PLC 的可靠性，为了保证 PLC 可靠工作，对它提出的要求也较高。

内部电源与外部电源一般是隔离的，这样可减少供电线路对内部电源的影响。内部电源需要有较强的抗干扰能力（主要是高频干扰）。电源本身功耗尽可能低，在供电电压波动范围较大时，能保证正常稳定的输出。

（5）通信编程接口

通信编程接口用于连接编程设备、计算机、打印机等。编程设备主要指编程器。编程器主要由键盘、显示器、工作方式选择开关和外存储器接插口等部件组成，用来编写、输入、调试用户程序，也可在线监视 PLC 的工作状况。编程器功能单一且编程操作不便，只剩下极少数老的技术工程师还在使用，大多品牌的 PLC 编程器已经停产，编程监视等功能由个人计算机或笔记本电脑取代。

（6）I/O 扩展接口

I/O 扩展接口用于连接 PLC 的扩展设备以提高 PLC 的功能和应用范围。扩展设备包括基本扩展单元和特殊扩展单元。基本扩展单元是为了得到较多的 I/O 点数而设置的一种常用单元；特殊扩展单元用于特殊控制，如模拟量输入、模拟量输出、温度传感器输入、高速计数、PID 控制、位置控制、通信等。

（7）其他外围设备

PLC 外围设备除了编程工具以外，还有人机接口、外存储器、打印机和 EPROM 写入器等。

项目实施

1．所需器材

（1）PLC（可编程序控制器）实训台	1 台
（2）PC（个人计算机）	1 台
（3）编程电缆	1 根
（4）连接导线	若干

2．连线

根据实训要求或指导教师建议，确定输入、输出的点数，合理进行输入、输出的分配，并进行实训连线。选用 PLC 控制实训台的按钮或者拨动开关等作为输入设备，调试时注意按钮和拨动开关的区别。选择实训台上的 LED 指示灯作为 PLC 的输出设备，如图 2-15 所示。

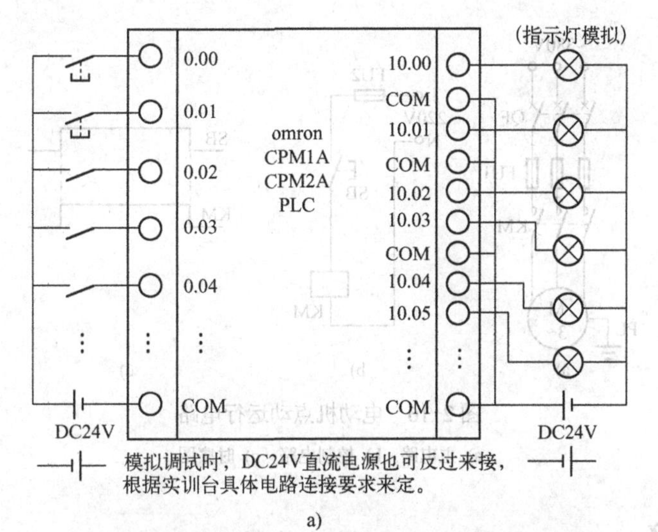

a)

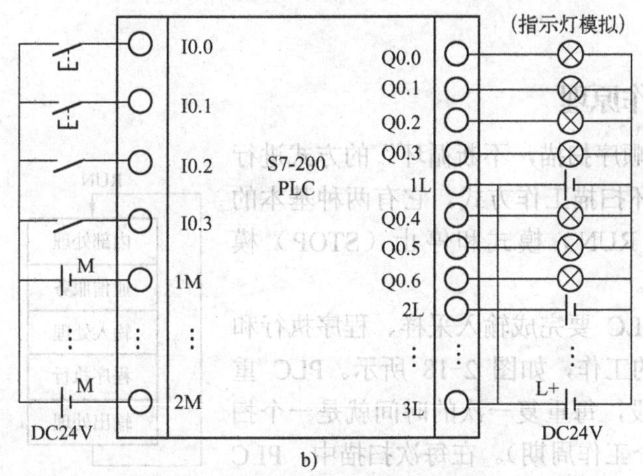

b)

图 2-15　PLC 实训台 I/O 接线图

a) OMRON SYSMAC CPM1A/CPM2A PLC 实训台 I/O 接线示意图

b) SIEMENS SIMATIC S7-200 PLC 实训台 I/O 接线示意图

2.1.5　项目拓展——PLC 选型

自己动手查手册，初步了解 PLC 的选型与硬件配置。

项目 2.2　电动机点动及连续运行的 PLC 控制

项目引入

如图 2-16 所示是电动机点动运行电路，SB 为起动按钮，KM 为交流接触器，按下起动按钮 SB，KM 的线圈正常通电，电磁机构吸合，KM 主触点闭合，电动机开始运行；SB 被放松后，KM 的线圈断电，电磁机构释放，KM 主触点断开，使电动机 M 停止运行。本项目研究利用 PLC 来实现点动控制电路。

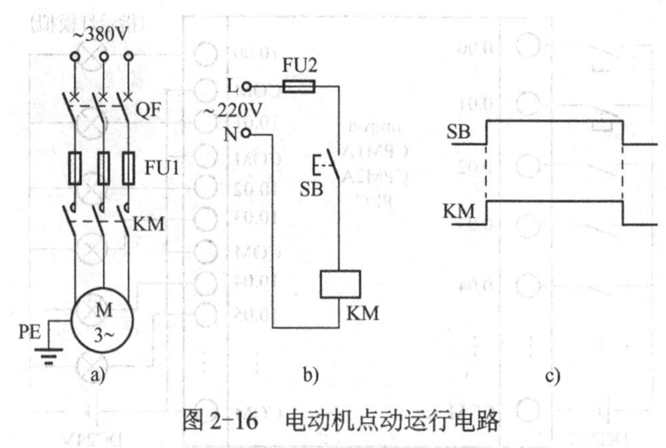

图 2-16　电动机点动运行电路

a) 主电路　b) 控制电路　c) 时序图

2.2.1　PLC 的工作原理

PLC 是采用“顺序扫描，不断循环”的方式进行工作的，即采用循环扫描工作方式。它有两种基本的工作模式，运行（RUN）模式和停止（STOP）模式，如图 2-17 所示。

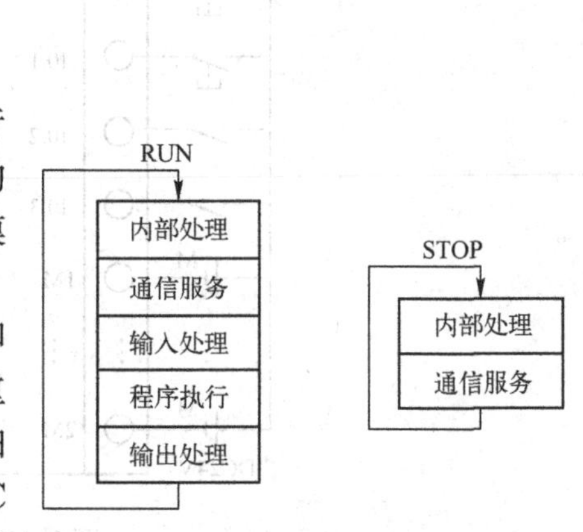

图 2-17　PLC 基本的工作模式

在运行模式，PLC 要完成输入采样、程序执行和输出刷新三个阶段的工作，如图 2-18 所示。PLC 重复地执行这三个阶段，每重复一次的时间就是一个扫描周期（也称为一个工作周期）。在每次扫描中，PLC 只对输入采样一次，输出刷新一次，这可以确保在程序执行阶段，输入映像寄存器和输出锁存电路中的内容保持不变。

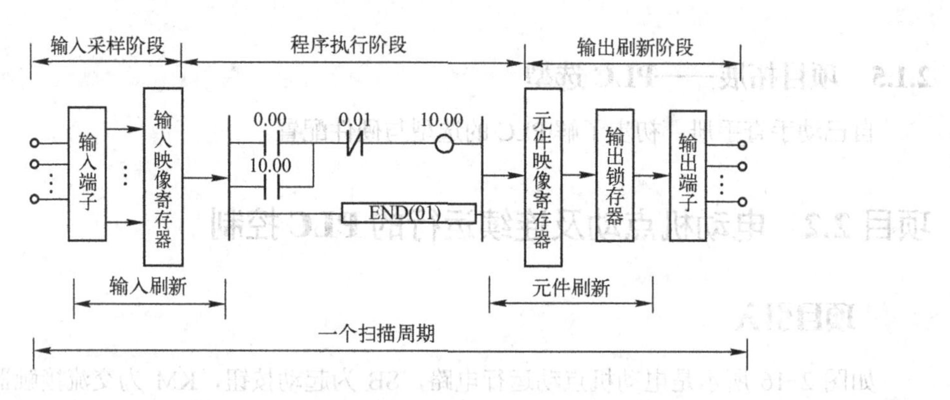

图 2-18　PLC 控制程序执行过程示意图

（1）输入采样阶段

CPU 将全部现场输入信号，如按钮、限位开关、速度继电器的通断状态经 PLC 的输入接口读入输入映像寄存器，这一过程称为输入采样。输入采样结束后进入程序执行阶段后，期间即使输入信号发生变化，输入映像寄存器内数据不再随之变化，直至一个扫描循环结束，下一次输入采样时才会更新。这种输入工作方式称为集中输入方式。

（2）程序执行阶段

PLC 在程序执行阶段，若不出现中断或跳转指令，就根据梯形图程序从首地址开始按“自上而下、从左往右”的顺序进行逐条扫描执行，扫描过程中分别从输入映像寄存器、输出映像寄存器以及辅助继电器中将有关编程元件的状态数据“0”或“1”读出，并根据梯形图规定的逻辑关系执行相应的运算，运算结果写入对应的元件映像寄存器中保存。而需向外输出的信号则存入输出映像寄存器，并由输出锁存器保存。

（3）输出刷新阶段

CPU 将输出映像寄存器的状态经输出锁存器和 PLC 的输出接口传送到外部去驱动接触器和指示灯等负载。这时输出锁存器保存的内容要等到下一个扫描周期的输出阶段才会被再次刷新。这种输出工作方式称为集中输出方式。

2.2.2 PLC 的编程元件

PLC 编制的控制程序中，需要用到各种不同类型的软继电器（编程元件）。不同厂家生产的 PLC 以及相同厂家生产的不同系列、不同型号的 PLC 产品，其编程元件的功能和编号也不尽相同，因此在编制程序时，必须熟悉所选用 PLC 的每条指令涉及编程元件的功能和编号。

在 OMRON SYSMAC CPM1A/CPM2A 型 PLC 中，采用按通道分配的方式对各类软继电器进行编号，每个通道（CHANNEL）由 16 位（BIT）组成，每个位表示一个软继电器。软继电器的编号一般采用 5 位十进制数表示。前三位表示通道号，后两位表示该通道中的某个位编号，经常用点将通道和位隔开，例如 200.00，指的是 200 通道的 00 位。

在 SIEMENS SIMACTIC S7-200 型 PLC 中，采用按字节分配的方式对各类软继电器进行编号，每个字节（BYTE）由 8 位（BIT）组成，每个位表示一个软继电器。软继电器的编号一般由字母加数字组成。比如 IW0、QB1、I1.3、QD0 等，I 或 Q 表示内部编程元件的类型，I 为输入继电器，Q 为输出继电器；W 或 B 为字或字节，D 为双字，一个字为两个字节，小圆点称为分隔符，点前面的数字为首字节地址，点后面为位地址。

（1）输入继电器

输入继电器与输入端相连，它是专门用来接受 PLC 外部开关信号的元件。PLC 通过输入接口将外部输入信号状态（接通时为“1”，断开时为“0”）读入并存储在输入映像寄存器中。输入继电器必须由外部信号驱动，不能用程序驱动，所以在程序中不可能出现其线圈。由于输入继电器的状态为输入映像寄存器中的值，所以其触点可以被无限次调用。

OMRON CPM1A/CPM2A 型 PLC 输入继电器的通道号为 000～009，每个通道中有 00～15 共 16 点，地址范围 000.00～009.15，共 160 个输入点。

SIEMENS S7-200 CPU224 输入继电器字节编号为 I0～I15，每个字节有 0～7 共 8 位，地址范围为 I0.0～I15.7，共 128 个输入点。

（2）输出继电器

输出继电器是用来将 PLC 内部信号输出传送给外部负载（用户输出设备）。输出继电器线圈是由 PLC 内部程序的指令驱动，其线圈状态传送给输出单元，再由输出单元对应的硬触点来驱动外部负载。每个输出继电器在输出单元中都对应有唯一一个常开硬触点，但在程序中供编程的输出继电器，不管是常开还是常闭触点，都可以无数次使用。

OMRON CPM1A/CPM2A 型 PLC 输出继电器的通道号为 010～019，每个通道中有 00～15 共 16 点，地址范围 010.00～019.15，共 160 个输出点。

SIEMENS S7-200 CPU224 输出继电器字节编号为 Q0～Q15，每个字节有 0～7 共 8 位，地址范围为 Q0.0～Q15.7，共 128 个输出点。

OMRON CPM1A/CPM2A 型 PLC 的内部器件分配编号及功能见附录 2 和附录 3；S7-200 PLC 的内部存储器范围及特性见附录 5 和附录 6。

2.2.3 编程语言

（1）梯形图

梯形图语言是在传统电器控制系统中常用的接触器、继电器等图形表达符号的基础上演变而来的。它与电气控制电路图相似，继承了传统电气控制逻辑中使用的框架结构、逻辑运算方式和输入、输出形式，具有形象、直观、实用的特点。

（2）指令助记符

这是一种用特定的指令书写的编程语言，是与汇编语言类似的助记符编程表达方式。

（3）逻辑功能图

这是在数字逻辑电路设计基础上开发出来的一种图形语言。它的逻辑功能清晰，输入、输出关系明确，适合于有逻辑代数基础和熟悉数字电路的系统设计人员使用。

（4）逻辑代数式

这是一种用逻辑表达式来编程的语言，逻辑关系很强，还可以采用简化手段，便于表示复杂电路，适合于熟悉逻辑代数和逻辑电路的人员使用。

图 2-19 是上述四种语言编程的举例，图中 PLC 程序适用于 OMRON CPM1A/CPM2A 系列，其他 PLC 与此类似。

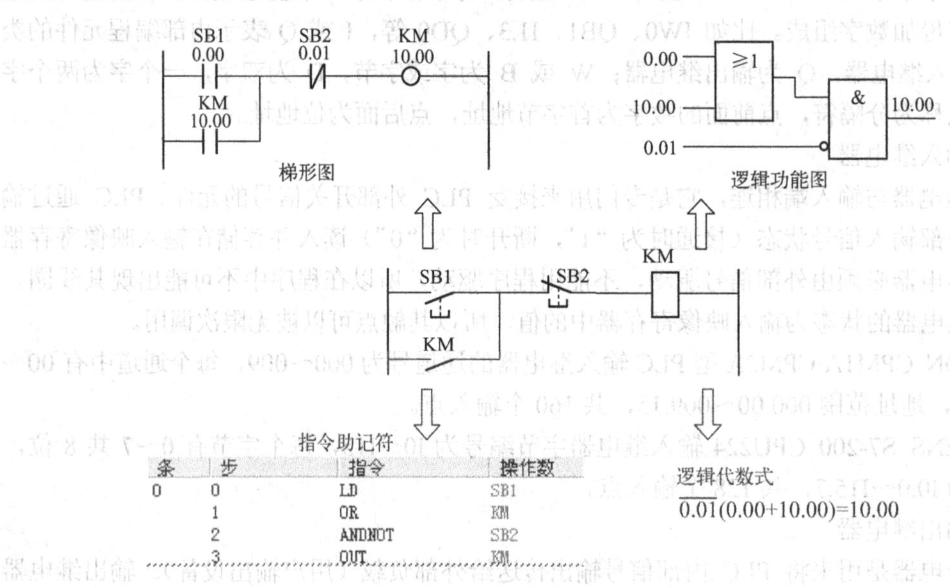

条	步	指令	操作数
0	0	LD	SB1
	1	OR	KM
	2	ANDNOT	SB2
	3	OUT	KM

图 2-19 四种编程语言的举例

（5）顺序功能图

顺序功能图，英文名称为Sequential Function Chart，简称SFC，也称为功能表图、状态转换图。它将一完整的控制过程分为若干个状态，各状态具有不同的动作，状态间有一定的转换条件，条件满足则状态转换，上一状态结束则下一状态开始。它的作用是表达一完整的顺序控制过程。

除了上述编程语言以外，在大、中型 PLC 中还采用了计算机高级语言，如 BASIC、PASCAL 等，使 PLC 还具有数据处理、PID 调节等更强的功能。

目前，各种类型 PLC 基本上同时具备两种或两种以上的编程语言，其中以梯形图和指令助记符用得最多。各厂家各型号 PLC 的梯形图略有差别，指令字符及条数不完全相同，器件的编号也不尽相同，但是指令的功能、编程原理和方法是一致的。

项目实施

为了将电动机的点动控制关系用 PLC 控制器实现，PLC 需要提供一个输入端子、一个输出端子，输入、输出点分配见表 2-1。其电动机主电路连接方式与继电接触器控制方式的主电路一致，其控制电路部分将由 PLC 取代，控制逻辑由 PLC 程序决定，改变控制逻辑只需改变程序即可，无需修改硬件接线电路，如图 2-20 所示。

表 2-1　PLC 点动控制模拟输入、输出分配表

输入			输出		
输入继电器	输入元件	作用	输出继电器	输出元件	作用
0.00	SB	起动按钮	10.00	KM	控制电动机用交流接触器

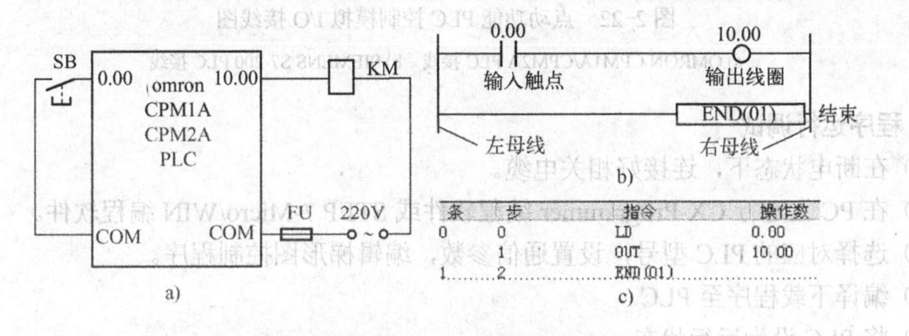

图 2-20　PLC 控制器实现的异步电动机点动控制电路（CPM1A/CPM2A PLC）

a) 接线图　b) 梯形图　c) 指令表

将图 2-20 改画成图 2-21，可以很好地说明系统的工作过程。

1．所需器材

（1）PLC（可编程序逻辑控制器）实训台　　1 台

（2）PC（个人计算机）　　1 台

（3）编程电缆　　1 根

（4）连接导线　　若干

2．连线

根据控制要求，确定输入、输出的点数，合理进行输入、输出的分配，并进行实训连

线。如图 2-22 所示。项目中输出设备接触器线圈改用指示灯模拟，并不影响 PLC 程序的正确性。

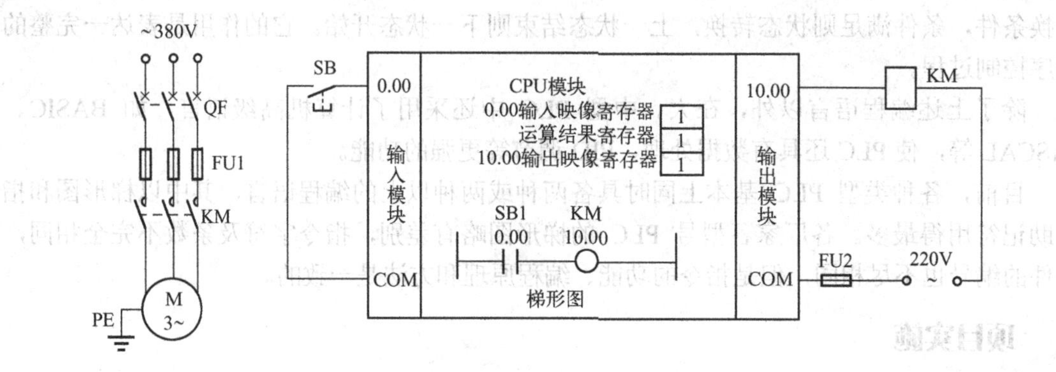

图 2-21　PLC 实现的点动控制电路工作原理（CPM1A/CPM2A PLC）

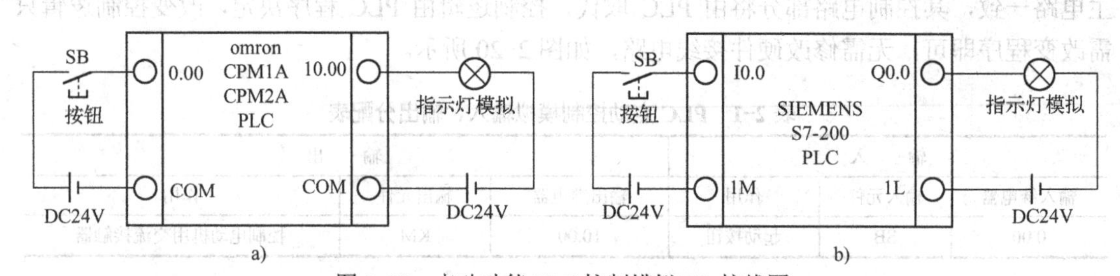

图 2-22　点动功能 PLC 控制模拟 I/O 接线图

a) OMRON CPM1A/CPM2A PLC 接线　b) SIEMENS S7-200 PLC 接线

3．程序运行调试

（1）在断电状态下，连接好相关电缆。

（2）在 PC 上运行 CX-Programmer 编程软件或 STEP 7-Micro/WIN 编程软件。

（3）选择对应的 PLC 型号，设置通信参数，编辑梯形图控制程序。

（4）编译下载程序至 PLC。

（5）将 PLC 设为运行状态。

（6）调试程序，找出程序的不足与错误并修改，直至程序调试正确为止。

4．完成项目报告

（1）确定输入、输出的数量，列出 I/O 分配表和内部继电器分配表。

（2）画出 I/O 接线示意图。

（3）绘制控制程序梯形图。

2.2.4　项目拓展——电动机点动与连续运行的 PLC 控制

1）将点动改为连续运行，如何编程实现控制？

2）若控制要求既能点动，又能连续运行，如何编程实现控制要求？

项目 2.3　OMRON PLC 编程软件 CX-Programmer 的使用

项目引入

计算机辅助编程既省时省力，又便于程序管理。在使用计算机和 PLC 进行通信之前，需要用编程电缆连接计算机和 PLC，并在计算机上安装 PLC 专用编程软件。大多 PLC 厂商除提供编程软件外，还提供了集成软件工具包，功能非常强大，能实现编程器无法实现的功能，各 PLC 厂家的编程器已陆续停产，计算机尤其是笔记本电脑正成为 PLC 的主要编程工具。计算机和 CPM1A/CPM2A 的连接方法如图 2-23 所示。绝大多数 PLC 的编程电缆的接口有 RS-232C 通用串口，RS-485、RS-422 专用接口以及越来越普及的 USB 接口等。

本项目要求通过编程软件的安装和简单使用练习，初步熟悉编程软件的界面、菜单及功能等，学会在计算机上编写简单的梯形图程序并和 PLC 进行通信连接，会下载和上传 PLC 控制程序。

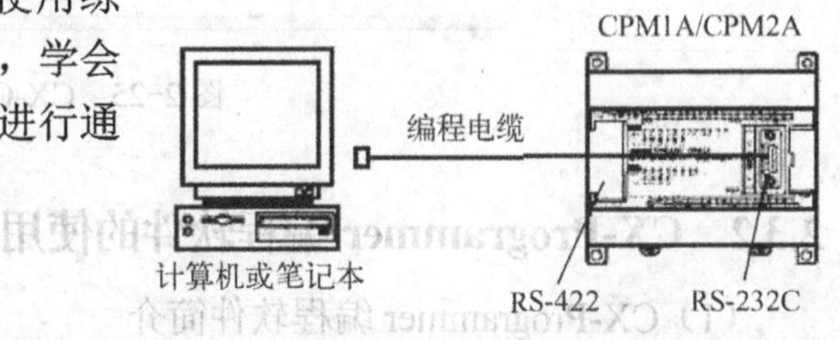

图 2-23　计算机和 CPM1A/CPM2A 的连接

知识链接

2.3.1　CX-One 编程软件包

CX-One 编程软件包集成了 OMRON 的 PLC 和 Components 的支持软件，提供了一个基于 CPS（Component and Network Profile Sheet）集成开发环境，该软件包整合了 OMRON 系列产品开发所需要的各种软件工具，可实现编程、监控、仿真、通信、触摸屏组态等一系列功能。图 2-24 所示为 CX-One 集成开发环境安装界面。

图 2-24　CX-One 集成开发环境安装界面

CX-One 编程软件包含 20 多款软件开发工具，如图 2-25 所示，CX-Programmer 和 CX-Simulator 是 OMRON SYSMAC PLC 常用的编程工具和仿真工具。其中 CX-Programmer 是本书所用的 OMRON PLC 的编程软件，建议读者熟练掌握。

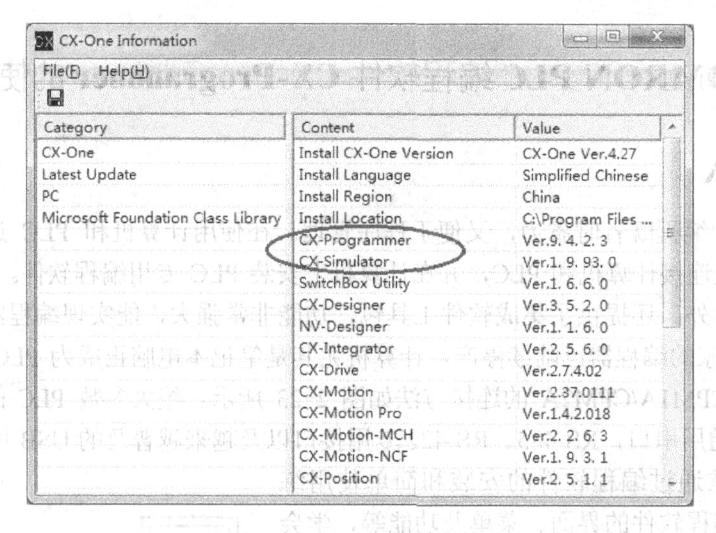

图 2-25　CX-One 软件包信息

2.3.2　CX-Programmer 编程软件的使用

（1）CX-Programmer 编程软件简介

CX-Programmer 适用于 C、CV、CS1 系列 PLC，它可完成用户程序的建立、编辑、检查、调试以及监控，同时还具有完善的维护功能，使得程序的开发及系统的维护更为简单、快捷。

（2）CX-Programmer 软件的启动

图 2-26 所示为 CX-Programmer 9.4 启动初始界面。启动 CX-Programmer 后，单击“文件”菜单中的“新建”选项，出现如图 2-27 所示“变更 PLC”对话框。在“设备名称”栏中输入用户为 PLC 定义的名称，例如输入“TRAFFIC”；在“设备类型”栏中选择 PLC 的系列，例如选择“CPM1A”（对于 CPM2A，只需选择“CPM2*”），单击“设定”按钮，从“设备类型设置”对话框中选择 CPU 类型（对于 CPM2*无需此项操作），如选择“CPU40”，如图 2-28 所示；在“网络类型”栏中选择“SYSMAC WAY”，

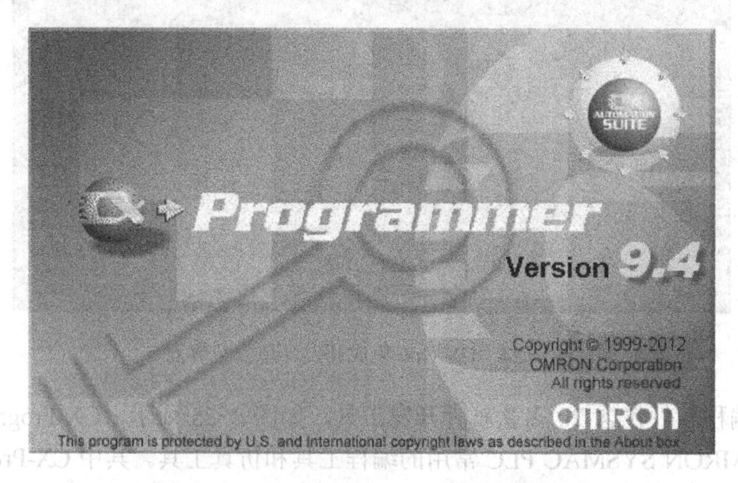

图 2-26　CX-Programmer 9.4 启动初始界面

通信参数一般无须设置，单击“确定”按钮后，就进入编程软件的主界面。

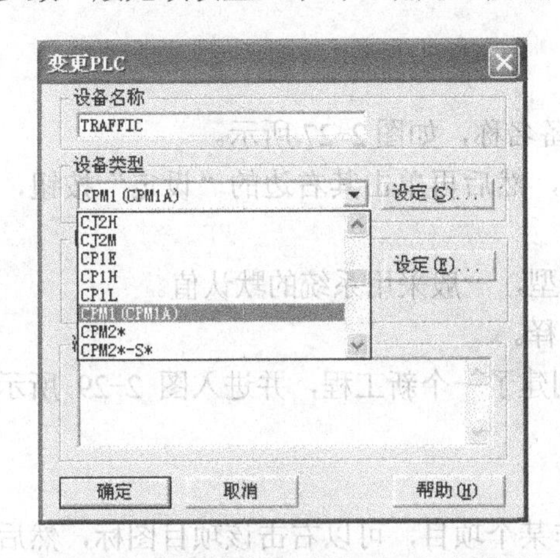

图2-27　新建文件后选择PLC设备类型

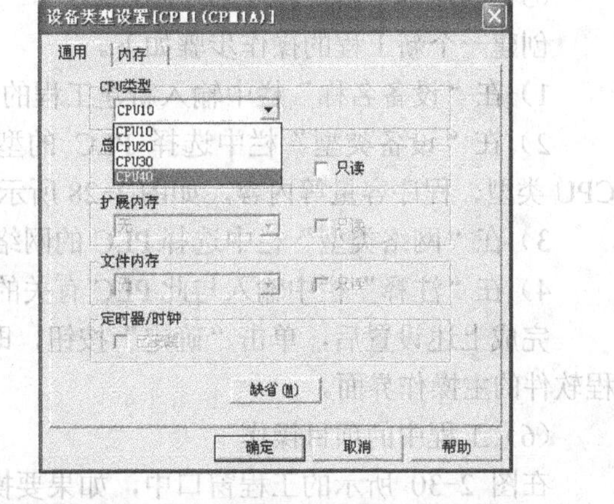

图2-28　设备类型选定后选择CPU类型

（3）CX-Programmer编程软件的主界面

CX-Programmer 编程软件的主界面如图 2-29 所示（软件版本不同，主界面窗口显示会有少许差异）。

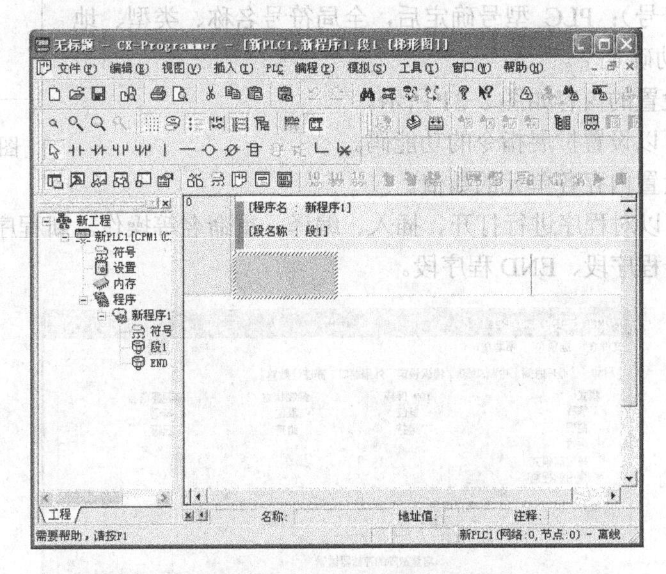

图2-29　CX-Programmer编程软件的主界面

（4）CX-Programmer编程软件中的概念

工程：一个工程就是一个包含控制系统所涉及的各台PLC和程序的全部编程信息的文件。

程序段：为了便于管理，可以将一个程序分成一些有定义、名称的段。

梯级：是梯形图程序的一个逻辑单元。

梯级总线（母线）：左总线是指梯形图的起始母线，每一个逻辑行必须从左总线画起。级的最右边是结束母线即右总线。

梯级边界：指左总线左边的区域，其中左列数码为梯级编号，右列数码为该梯级的首步编号。

（5）创建一个新工程

创建一个新工程的操作步骤如下。

1）在“设备名称”栏中输入新建工程的设备名称，如图 2-27 所示。

2）在“设备类型”栏中选择 PLC 的型号，然后再单击其右边的“设定”按钮，设置 CPU 类型、程序容量等内容，如图 2-28 所示。

3）在“网络类型”栏中选择 PLC 的网络类型，一般采用系统的默认值。

4）在“注释”栏中输入与此 PLC 有关的注释。

完成上述设置后，单击“确定”按钮，即创建了一个新工程，并进入图 2-29 所示的编程软件的主操作界面。

（6）工程中的项目操作

在图 2-30 所示的工程窗口中，如果要操作某个项目，可以右击该项目图标，然后在弹出的快捷菜单中选择所需的命令；或者在选中该项目后单击菜单栏中的选项，选择相应的命令；还可以利用工具条中的快捷按钮。

新工程：可以修改工程名称。

新 PLC1：可以修改设备名称、PLC 型号、网络类型等。

符号（全局符号）：PLC 型号确定后，全局符号名称、类型、地址/值等信息就自动确定了。

设置：可以设置的内容如图 2-31 所示。

扩展指令：可以设置扩展指令的功能码。

内存：可以设置内存各单元的数值。

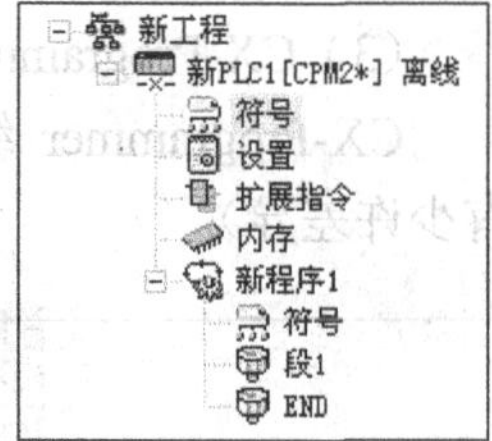

图 2-30　工程窗口

新程序 1：可以对程序进行打开、插入、编译、重命名等操作。新程序 1 中还包括符号（本地符号）、各个程序段、END 程序段。

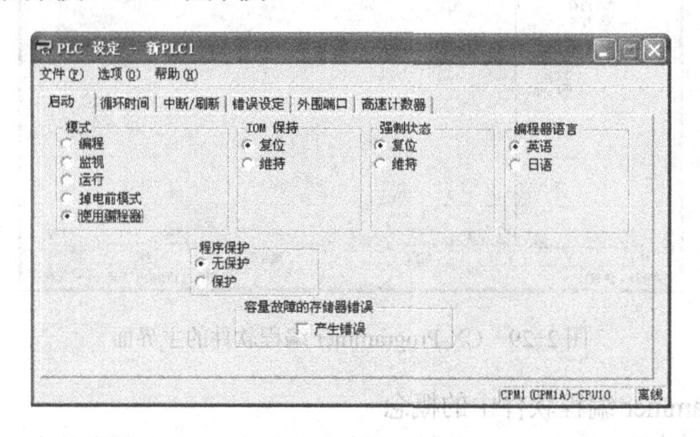

图 2-31　CX-Programmer 中 PLC 设定对话框

（7）绘制梯形图

以“电动机起动运行 2min 后自动停止的控制”为例，简要说明使用 CX-Programmer 软件编写梯形图的过程。

先用鼠标选取工具条中的“新触点”按钮，在指定位置单击，然后输入有关信息，如图 2-32 所示（各触点名称可事先在“本地符号”中定义）。

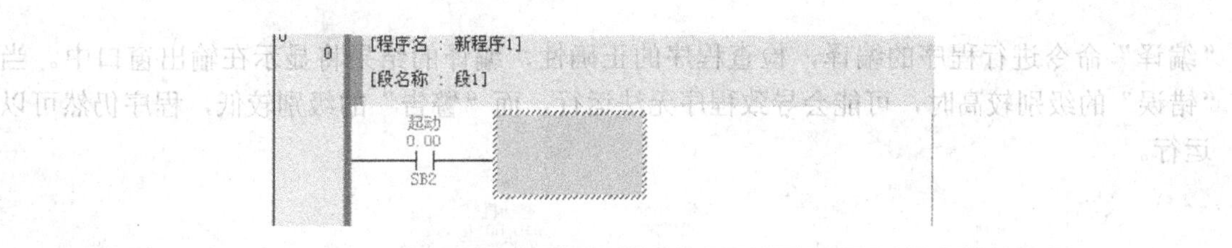

图 2-32　在绘图区绘制第一个接点

用鼠标选取工具条中的“新常闭触点”按钮，在指定位置单击，输入有关信息后完成第2个触点的串联编辑，如图 2-33 所示。

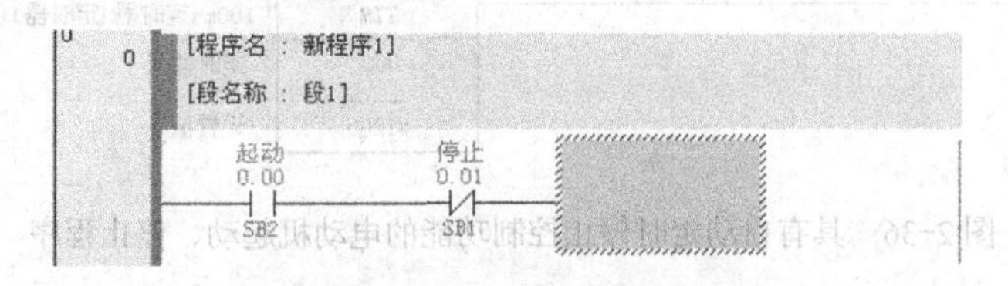

图 2-33　在绘图区绘制串联接点

用鼠标选取工具条中的“新线圈”按钮，在所需位置单击，输入有关信息后完成线圈的编辑。如图 2-34 所示。

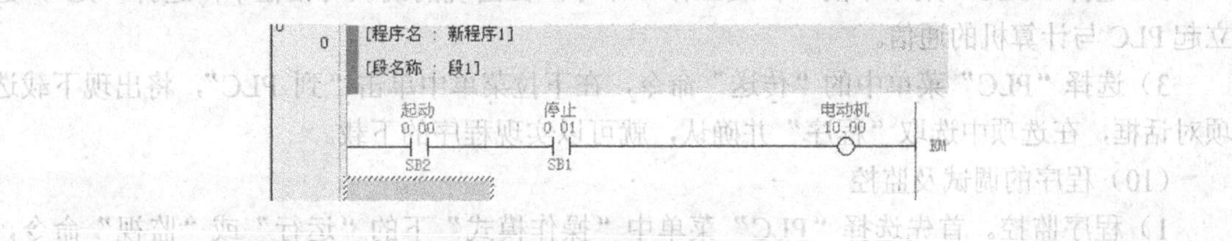

图 2-34　在绘图区绘制线圈

要想在第一个接点下方并联一个新接点，先用鼠标选取工具条中的“新触点或（W）”按钮，在指定位置单击，如图 2-35 所示，绘制出梯形图的第一个梯级。

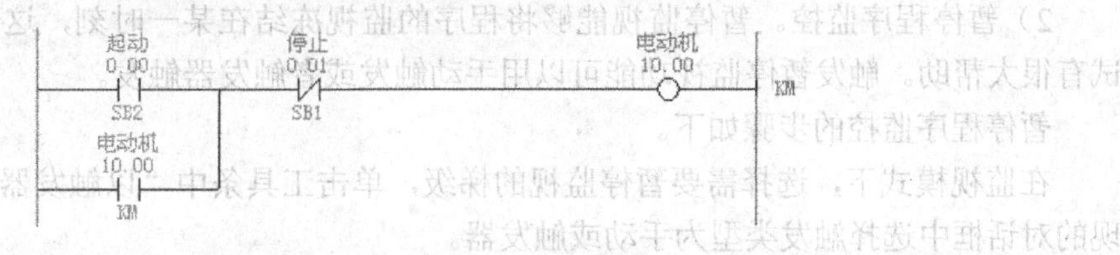

图 2-35　在绘图区绘制并联接点

这样就能完成电动机的起动与停止控制。但要求电动机运行 2min 后自动停止，还需要加入定时器控制梯形图程序。如图 2-36 所示。

（8）程序的检查和编译

通过“PLC”菜单中的“程序检查选项”命令来实现程序编辑过程的语法、数据等检查。当出现错误时，会在相应指令条的左母线前出现红色标记，并在输出窗口中显示错误信息。

程序编辑完成后，单击工具条中的“编译程序”按钮，或者选择“程序”菜单中的

“编译”命令进行程序的编译，检查程序的正确性，编译的结果将显示在输出窗口中。当“错误”的级别较高时，可能会导致程序无法运行，而“警告”的级别较低，程序仍然可以运行。

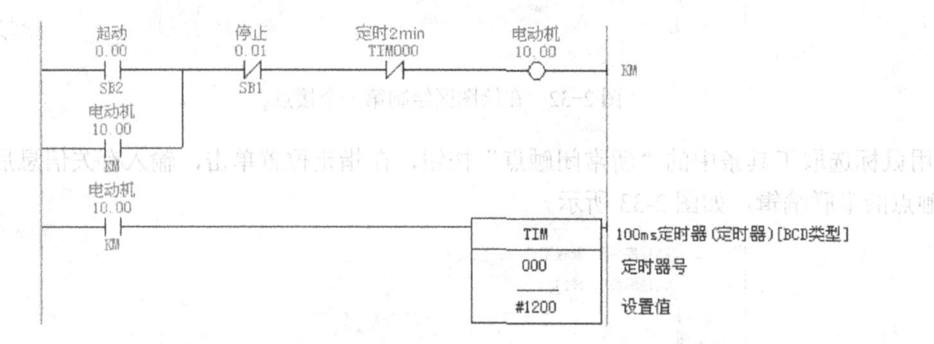

图 2-36　具有自动定时停止控制功能的电动机起动、停止程序

（9）下载程序

下载程序就是把计算机中编译后的程序传送到 PLC 的内存中。下载程序过程如下。

1）在断电情况下，使用专用电缆将 PLC 与计算机相连。

2）选择“PLC”菜单中的“在线工作”命令，在出现的确认对话框中，选择“是”，建立起 PLC 与计算机的通信。

3）选择“PLC”菜单中的“传送”命令，在下拉菜单中单击“到 PLC”，将出现下载选项对话框，在选项中选取“程序”并确认，就可以实现程序的下载。

（10）程序的调试及监控

1）程序监控。首先选择“PLC”菜单中“操作模式”下的“运行”或“监视”命令，PLC 开始运行程序；然后选取“PLC”菜单中的“监视”命令，使程序进入监控状态。通过“查看”窗口也能实现程序的运行监视。将要观察的地址添加到“查看”窗口中，利用元件值信息就可知道该元件的工作情况。

2）暂停程序监控。暂停监视能够将程序的监视冻结在某一时刻，这一功能对程序的调试有很大帮助。触发暂停监视功能可以用手动触发或者触发器触发。

暂停程序监控的步骤如下。

在监视模式下，选择需要暂停监视的梯级，单击工具条中“以触发器暂停”按钮，在出现的对话框中选择触发类型为手动或触发器。

若选择触发器，则在“地址和姓名”栏中输入触发信号地址，并选择“条件”类型。当触发的条件满足时，“暂停监视”将出现在刚才所选择的区域。要恢复完全监视，可再单击“以触发器暂停”按钮。

若选择手动，监视开始后，等屏幕中出现所需的内容时，单击工具条中“暂停”按钮，使暂停监视功能发生作用。要恢复完全监视，可再次单击“暂停”按钮。

3）强制操作。强制操作是指对梯形图中的元件进行强制性赋值，来模拟真实的控制过程。先选中要操作的元件，再单击“PLC”菜单中的“强制”命令，此时，进行强制操作的元件会出现强制标记。元件的强制操作可通过相同的方法解除。

4）在线编辑程序。下载程序完成后，程序显示变成灰色，将无法进行直接修改，但利用在线编辑功能可以修改程序。

先选择要编辑的对象，再单击程序菜单中的“在线编辑”命令，在弹出的子菜单中选择“开始”，此时，编辑对象所在梯级的背景将由灰色变为白色，表示可以对其进行编辑。当编辑完成时，利用程序菜单“在线编辑”中的“发送修改”命令将修改的内容传送到 PLC。传送结束后，梯级的背景又会变成灰色，处于只读状态。

（11）上载程序

上载程序就是把 PLC 中的程序传送到计算机中进行处理。

上载程序过程如下。

1）选择“PLC/在线工作”按钮。

2）选择“PLC/传送/从 PLC”按钮。

3）按照需要选择后，单击“确定”按钮，出现“上载”窗口。

4）当上载成功后，单击“确定”按钮，结束上载。

需要注意的是，在使用 CX-Programmer 编写完程序后，单击“保存”按钮，这时会生成两个文件，分别为*.cxp 和*.opt。*.cxp 是主程序文件，即程序。*.opt 是配置文件，记录系统工作环境信息。

如果再次打开*.cxp，对程序进行修改后再次保存，那么这时会生成第三个文件*.bak，是备份文件，备份的是最近一次修改之前的程序。

.opt 文件对客户应用来说，没有意义。也就是说，在没有.opt 文件的情况下，程序文件*.cxp 仍然可以正常打开。

而如果客户将*.cxp 和*.opt 复制到另一台计算机时可能遇到打不开*.cxp 的情况，原因是*.opt 记录的是原先那台计算机的系统工作环境信息，与现在这台计算机的系统工作环境不一致。这时只要删除*.opt 即可。

.bak 的打开方式是：打开 CX-Programmer 软件→文件→打开→文件类型选择所有→选中要打开的.bak，然后双击。

项目实施

1．所需器材

（1）PLC（可编程序逻辑控制器）实训台　　1 台

（2）PC（个人计算机）　　1 台

（3）编程电缆　　1 根

2．程序运行调试

（1）在断电状态下，连接好相关电缆。

（2）在 PC 上运行 CX-Programmer 编程软件或 STEP 7-Micro/WIN 编程软件。

（3）编辑梯形图控制程序。

（4）编译下载程序至 PLC。

（5）将 PLC 程序上传至计算机。

3．完成项目报告

程序编辑过程中，会碰到哪些问题？是如何解决的？

2.3.3 项目拓展——CX-Programmer 程序文件类型及在线编辑

1）如何在线编辑修改程序？

2）运用 CX-Programmer 编辑的程序文件有哪些？

项目 2.4 S7-200 PLC STEP 7-Micro/WIN 编程软件的使用

项目引入

使用计算机和 S7-200 PLC 进行通信之前，需要用编程电缆连接计算机和 S7-200 PLC，并在计算机上安装 PLC 专用编程软件 STEP 7-Micro/WIN。大多 PLC 厂商除提供编程软件外，还提供了集成软件工具包，功能非常强大，能实现编程器无法实现的功能。计算机和 SIEMENS S7-200 PLC 的连接方法如图 2-37 所示。绝大多数 PLC 的编程电缆的接口有 RS-232C 通用串口，RS-485、RS-422 专用接口以及越来越普及的 USB 接口等。

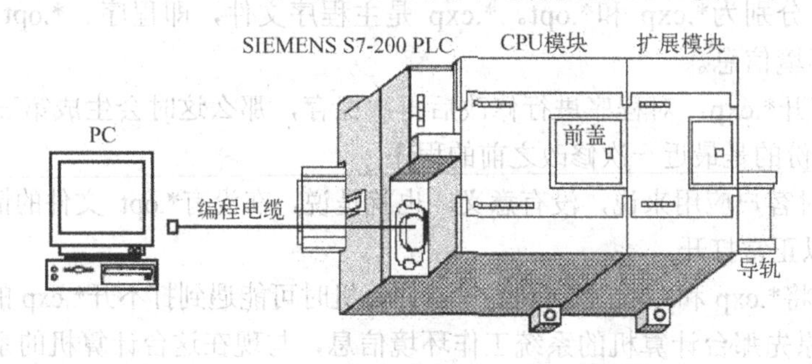

图 2-37 计算机和 S7-200 PLC 的连接

本项目要求通过编程软件的安装和简单使用练习，初步熟悉编程软件的界面、菜单及功能等，学会在计算机上编写简单的梯形图程序并和 PLC 进行通信连接，会下载和上传 PLC 控制程序。

知识链接

2.4.1 S7-200 PLC 专用编程软件 STEP 7-Micro/WIN 简介

西门子的 PLC 编程软件主要有 STEP 7-Micro/WIN 和 STEP7 两种。前者是西门子 S7-200 系列 PLC的编程软件，后者是 S7-300、S7-400 系列 PLC 的编程软件。在西门子 PLC 产品中，有小（微）型机 S7-200、中型机 S7-300 和大型机 S7-400，但小型机 S7-200 系列 PLC 并不是西门子正统出身，而是来自西门子所收购的另一家公司生产的小型 PLC，然后取名为 S7-200。所以，西门子公司的 STEP 7 编程软件并不适用于 S7-200 PLC，而 STEP 7-Micro/WIN 是在收购后，为了让用户感到命名的一致性，才在小型机编程软件名称前加上前缀 STEP 7-的。使用小型机 S7-200 型 PLC 专用编程软件 STEP 7-Micro/WIN 可根据控制系统的要求编制控制程序并完成与 PLC 的实时通信，进行程序的下载与上传及在线监控。图 2-38 为 STEP 7-Micro/WIN 安装及启动初始界面。

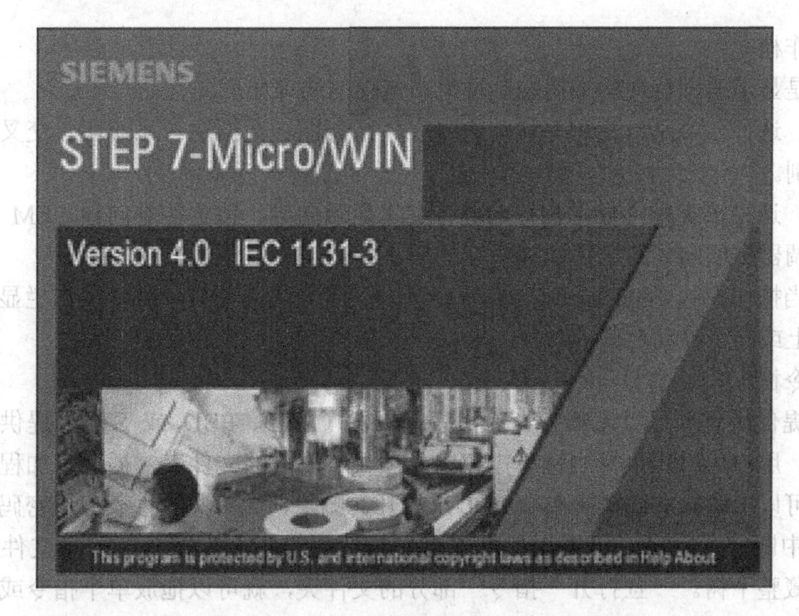

图 2-38 STEP 7-Micro/WIN 安装及启动初始界面

2.4.2 STEP 7-Micro/WIN 编程软件的窗口组件

图 2-39 为 STEP 7-Micro/WIN 的编程软件窗口组成。

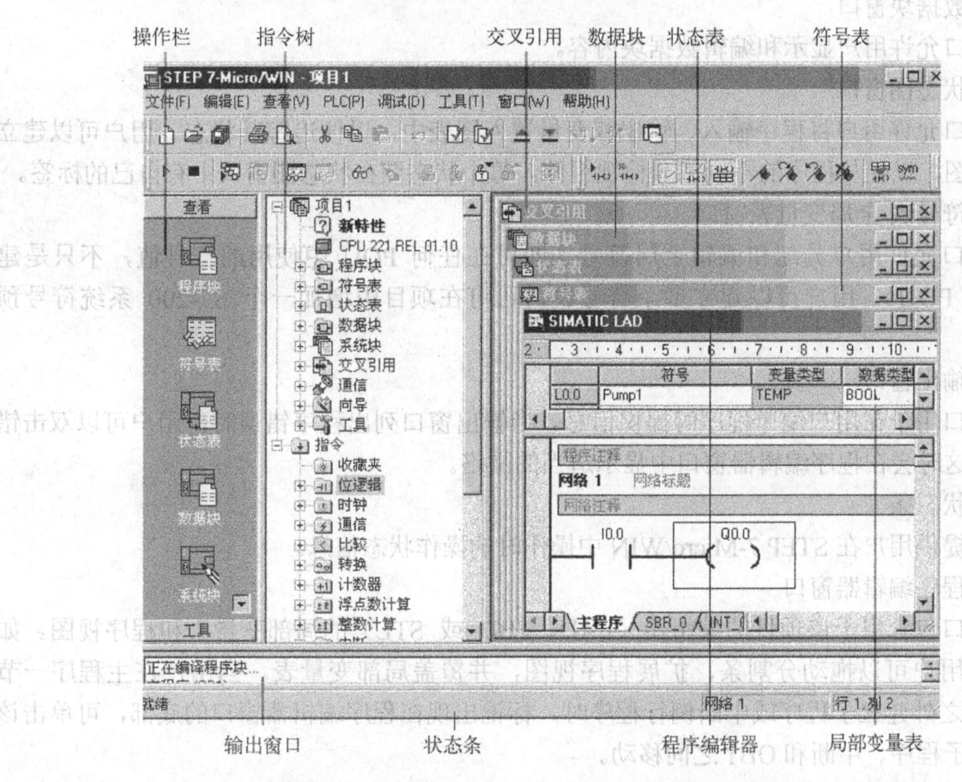

图 2-39 STEP 7-Micro/WIN 的编程软件窗口组成

（1）操作栏

操作栏是显示编程特性的按钮控制群组，包括的选项如下。

“查看”：选择该类别，为程序块、符号表、状态图、数据块、系统块、交叉引用及通信显示按钮控制。

“工具”：选择该类别，显示指令向导、文本显示向导、位置控制向导、EM 253 控制面板和调制解调器扩展向导的按钮控制。

注释：当操作栏包含的对象因为当前窗口太小而无法完全显示时，操作栏显示滚动条，使用户能向上或向下移动至其他对象。

（2）指令树

指令树提供所有项目对象和为当前程序编辑器（LAD、FBD 或 STL）提供的所有指令的树型视图。用户可以用鼠标右键单击树中“项目”部分的文件夹，插入附加程序组织单元（POU）；也可以用鼠标右键单击单个 POU，打开、删除、编辑其属性表，用密码保护或重命名子程序及中断例行程序；可以用鼠标右键单击树中“指令”部分的一个文件夹或单个指令，以便隐藏整个树。一旦打开“指令”部分的文件夹，就可以拖放单个指令或双击指令，按照需要自动将所选指令插入程序编辑器窗口中的光标位置；可以将指令拖放在“收藏夹”文件夹中，排列经常使用的指令。

（3）交叉引用窗口

该窗口允许用户检视程序的交叉参考和组件使用信息。

（4）数据块窗口

该窗口允许用户显示和编辑数据块内容。

（5）状态图窗口

该窗口允许用户将程序输入、输出或变量置入图表中，以便追踪其状态。用户可以建立多个状态图，以便从程序的不同部分检视组件。每个状态图在状态图窗口中有自己的标签。

（6）符号表/全局变量表窗口

该窗口允许用户分配和编辑全局符号（即可在任何 POU 中使用的符号值，不只是建立符号的 POU）。用户可以建立多个符号表，还可在项目中增加一个 S7-200 系统符号预定义表。

（7）输出窗口

该窗口用于在用户编译程序时提供信息。当输出窗口列出程序错误时，用户可以双击错误信息，这时会在程序编辑器窗口中显示适当的网络。

（8）状态条

用于提供用户在 STEP 7-Micro/WIN 中操作时的操作状态信息。

（9）程序编辑器窗口

该窗口包含用于该项目的编辑器（LAD、FBD 或 STL）的局部变量表和程序视图。如果需要，用户可以拖动分割条，扩展程序视图，并覆盖局部变量表。当用户在主程序一节（MAIN）之外建立子程序或中断例行程序时，标记出现在程序编辑器窗口的底部，可单击该标记，在子程序、中断和 OB1 之间移动。

（10）局部变量表窗口

该窗口包含用户对局部变量所作的赋值（即子程序和中断例行程序使用的变量）。在局部变量表中建立的变量使用暂时内存；地址赋值由系统处理；变量的使用仅限于建立此变量的POU。

（11）菜单条

菜单条允许用户使用鼠标或键盘执行操作。用户可以定制“工具”菜单，在该菜单中增加自己的工具。

（12）工具条

工具条为最常用的 STEP 7-Micro/WIN 操作提供便利的鼠标访问。用户可以定制每个工具条的内容和外观。

2.4.3 STEP 7-Micro/WIN 的编程步骤

1）找到编程软件的桌面快捷方式，双击打开编程软件，如图 2-40 所示。

图 2-40 STEP 7-Micro/WIN 软件快捷方式

2）在“Tools”菜单中的“Options…”中修改软件菜单显示的语言，如图 2-41、图 2-42 所示。

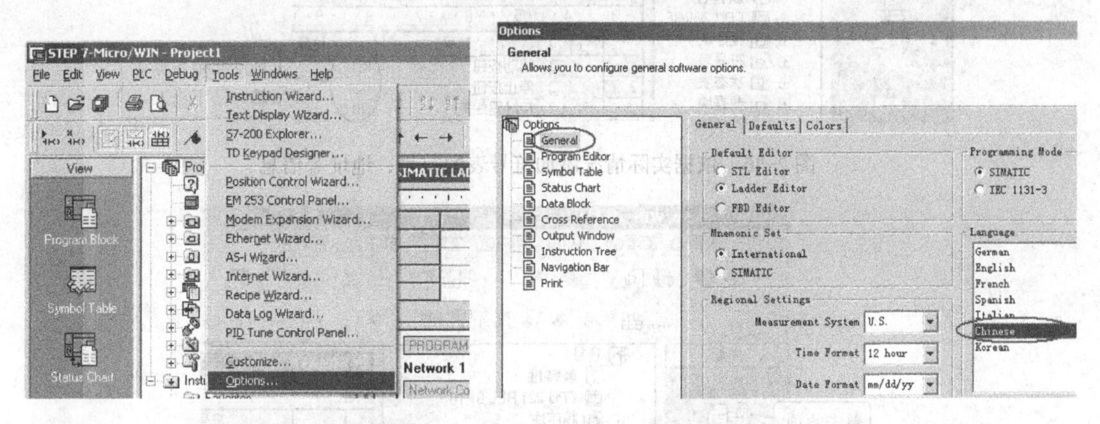

图 2-41 打开“Tools”菜单的选项“Options…”　　图 2-42 把显示语言修改为中文

3）重新打开编程软件，然后新建一个工程文件并保存，如图 2-43、图 2-44 所示。

4）依据所编制的 PLC 的 I/O 地址表建立一个符号表，如图 2-45、图 2-46 所示。

5）依据控制要求，编写梯形图程序，如图 2-47、图 2-48 所示。

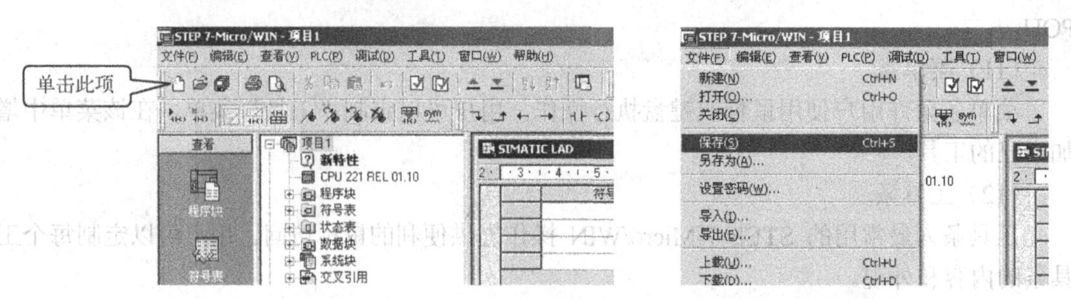

图 2-43　新建一个工程文件　　　　图 2-44　保存新建的工程文件

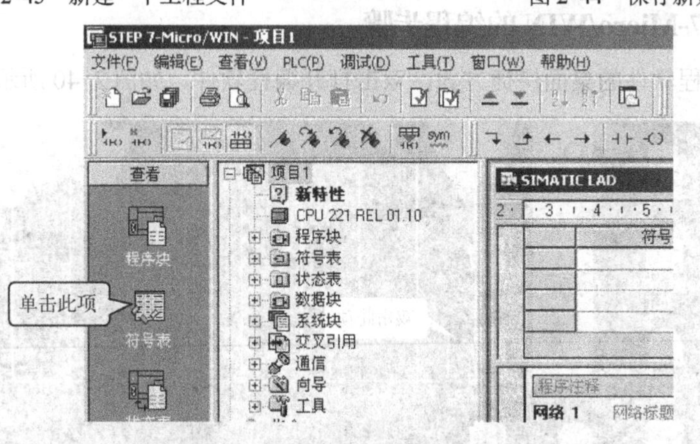

图 2-45　进入符号表编写模式

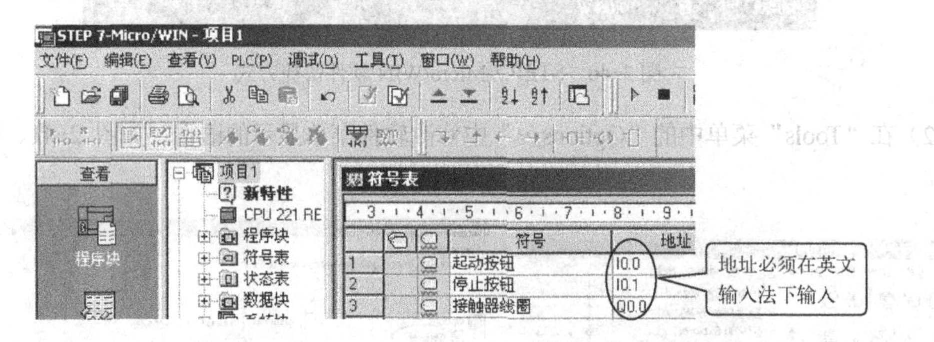

图 2-46　依据实际情况添加符号表的符号、地址等信息

图 2-47　进入程序编写模式

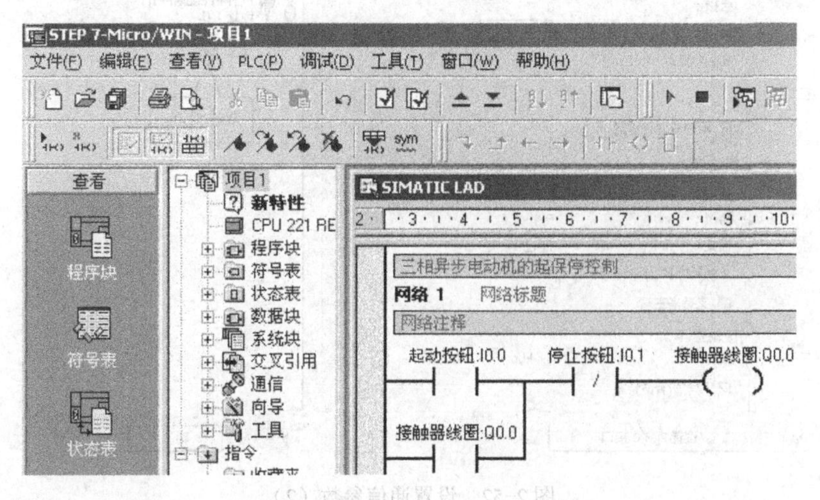

图 2-48　输入梯形图并添加必要注释

6）编译并调试程序直到编译通过，如图 2-49、图 2-50 所示。

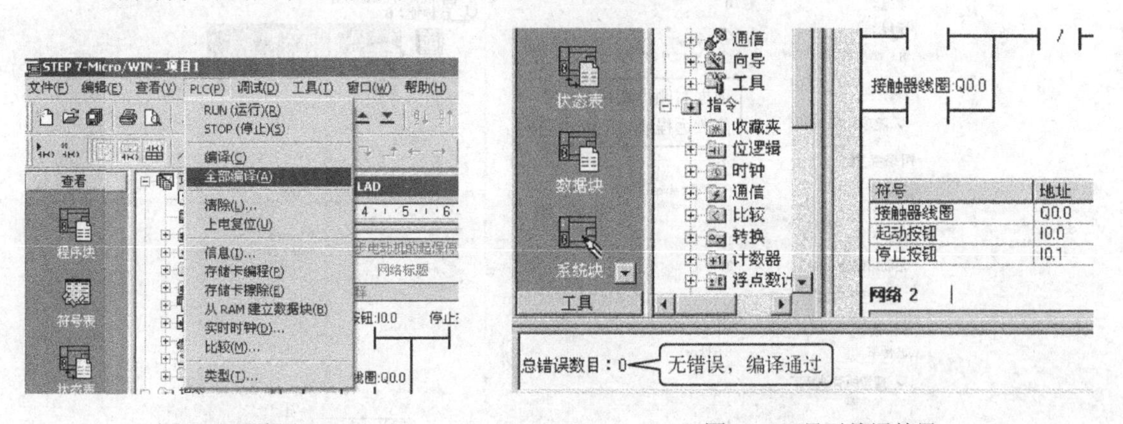

图 2-49　编译　　　　图 2-50　显示编译结果

7）设置通信参数，如图 2-51～图 2-53 所示。

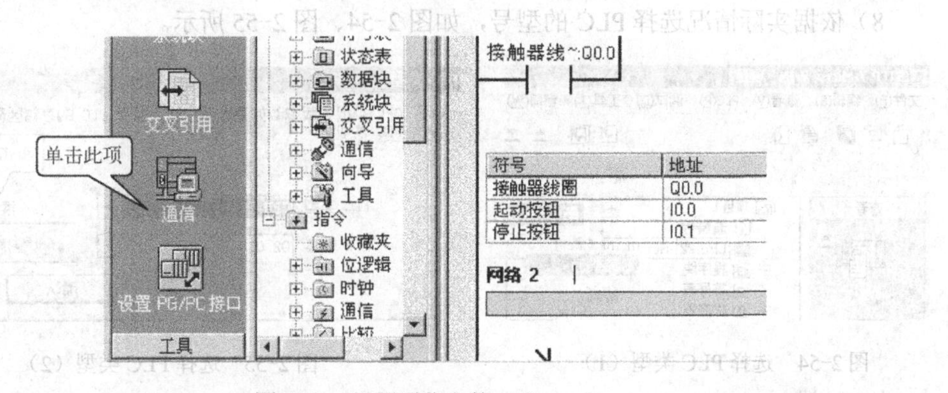

图 2-51　设置通信参数（1）

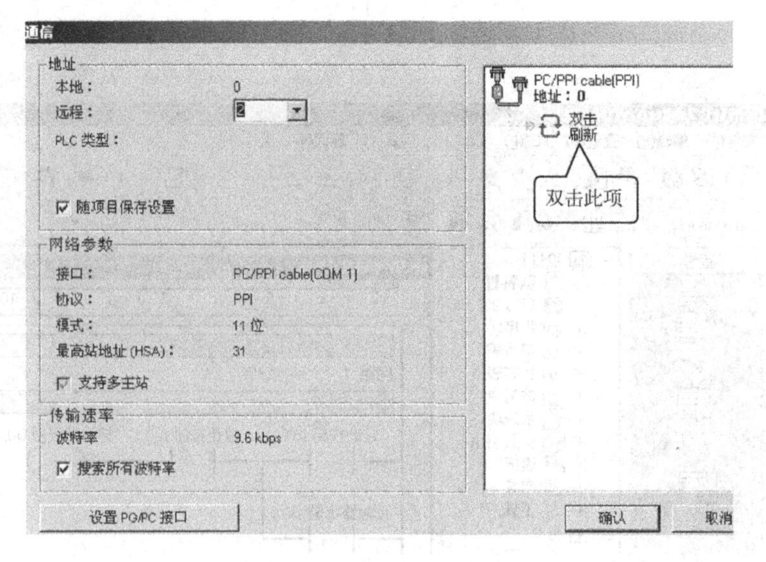

图 2-52　设置通信参数（2）

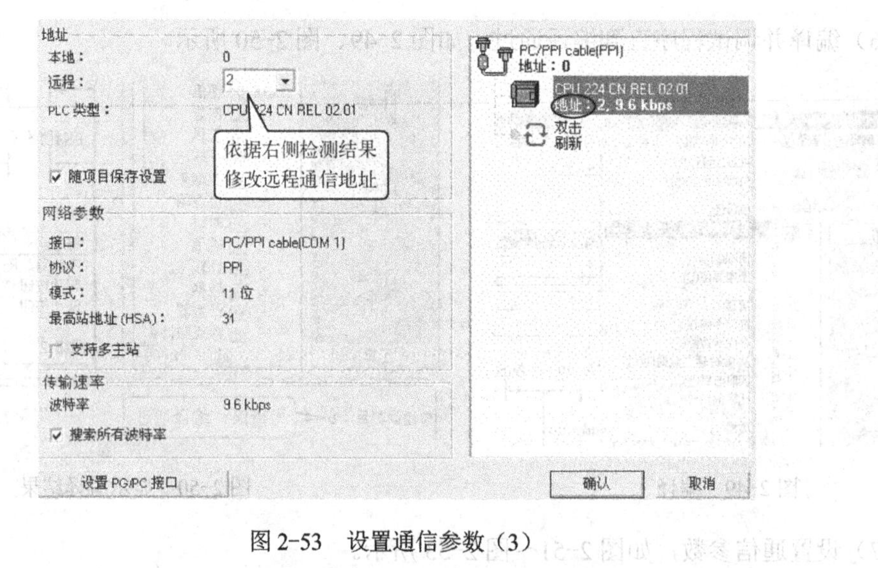

图 2-53　设置通信参数（3）

8）依据实际情况选择 PLC 的型号，如图 2-54、图 2-55 所示。

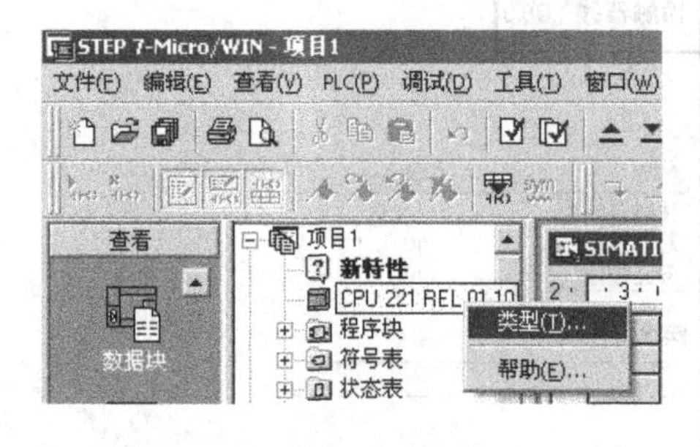

图 2-54　选择 PLC 类型（1）

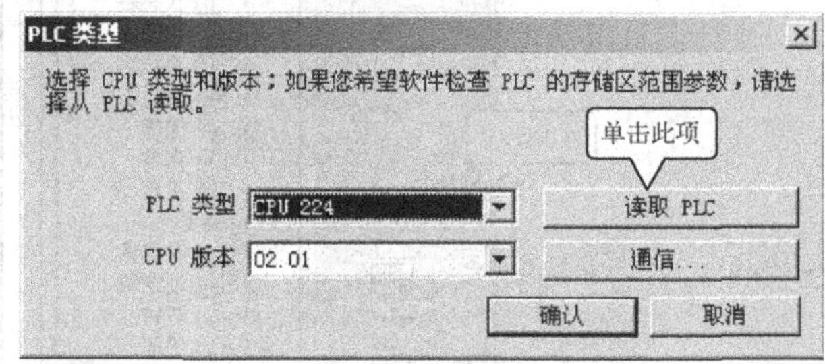

图 2-55　选择 PLC 类型（2）

9）把程序下载到 PLC 中，如图 2-56～图 2-59 所示。

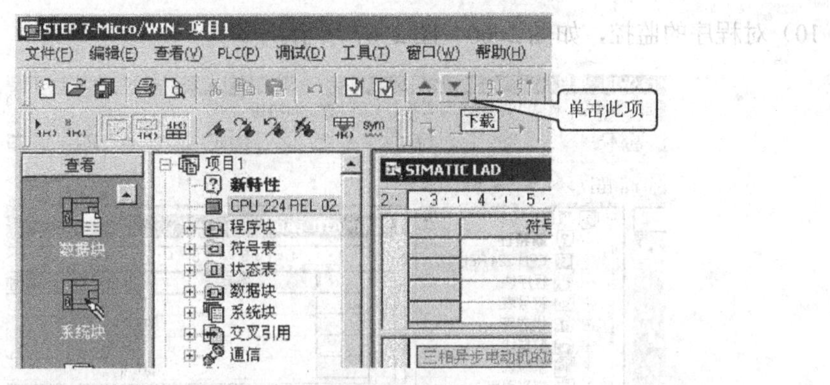

图 2-56 进入程序下载界面

PPI 连接
使用“选项”按钮选择需要下载的块。

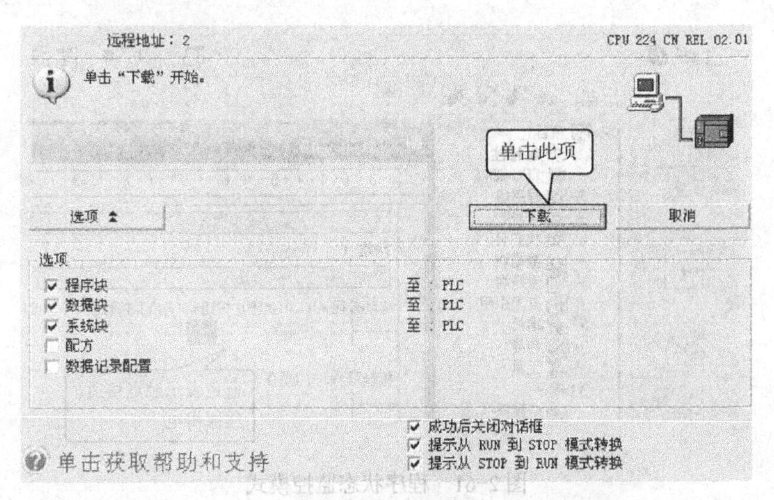

图 2-57 下载程序

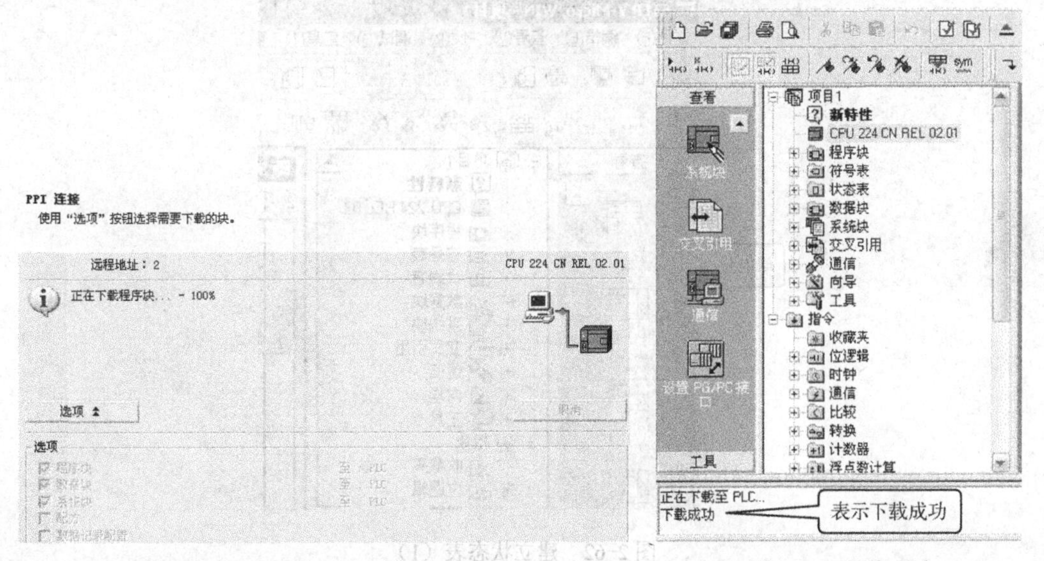

图 2-58 正在下载程序

图 2-59 下载成功

10）对程序的监控，如图 2-60～图 2-67 所示。

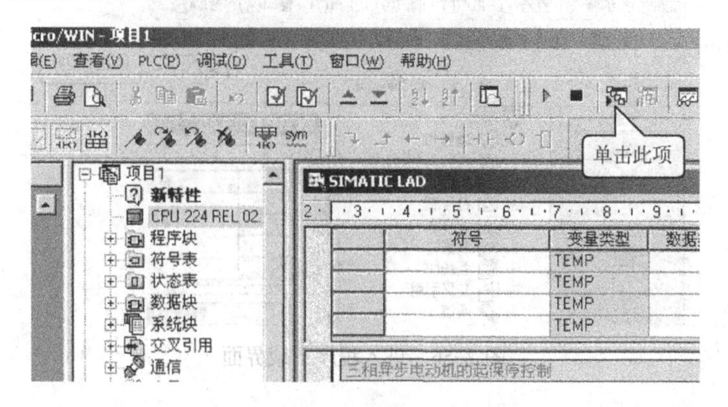

图 2-60　进入程序状态监控模式

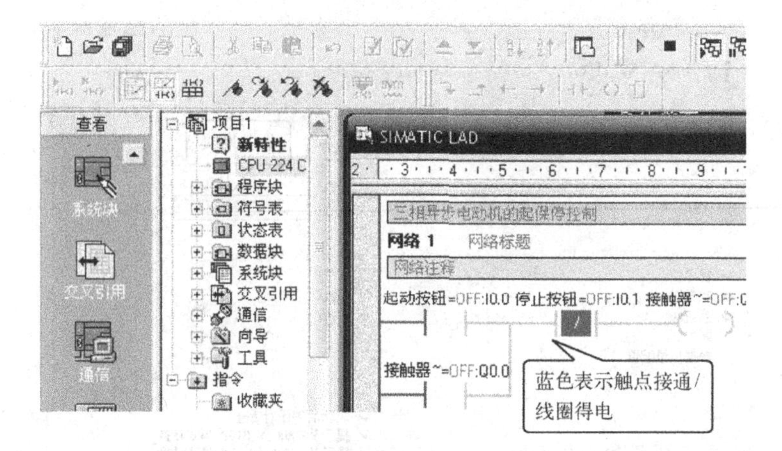

图 2-61　程序状态监控模式

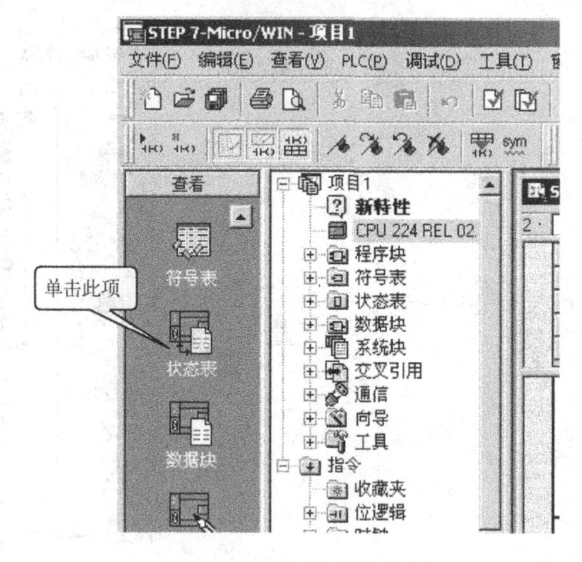

图 2-62　建立状态表（1）

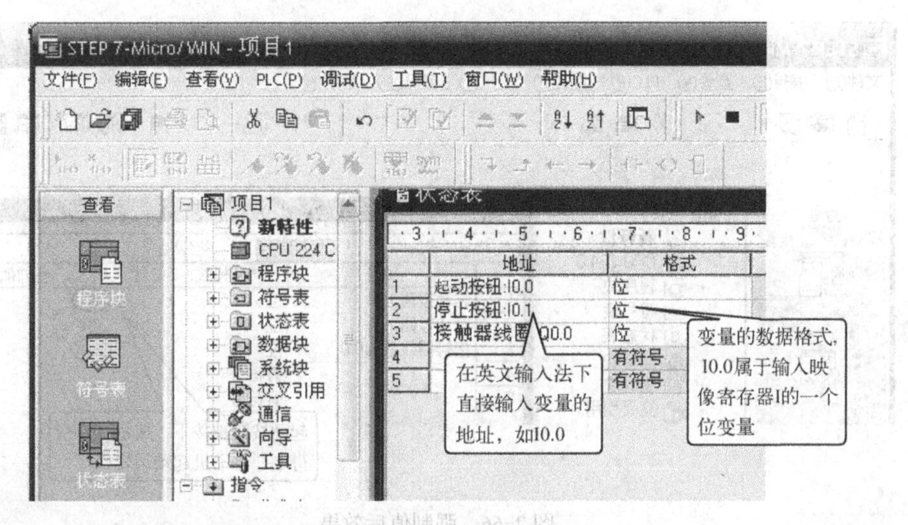

图 2-63　建立状态表（2）

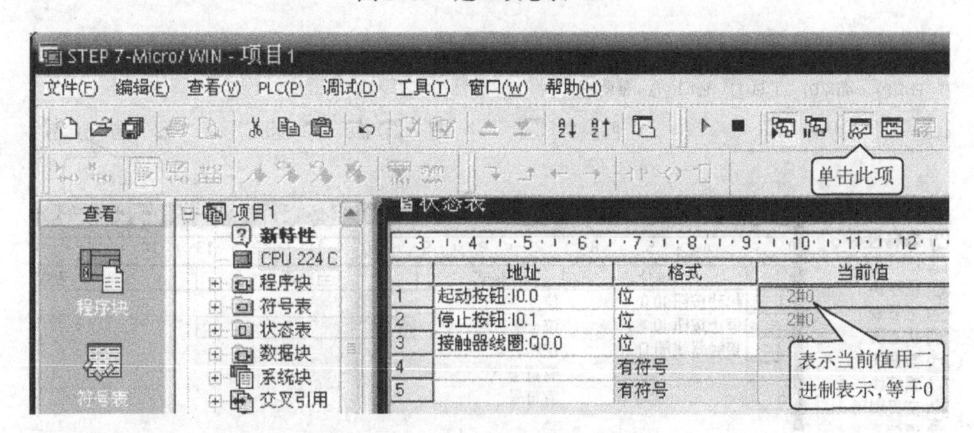

图 2-64　进入状态表监控模式

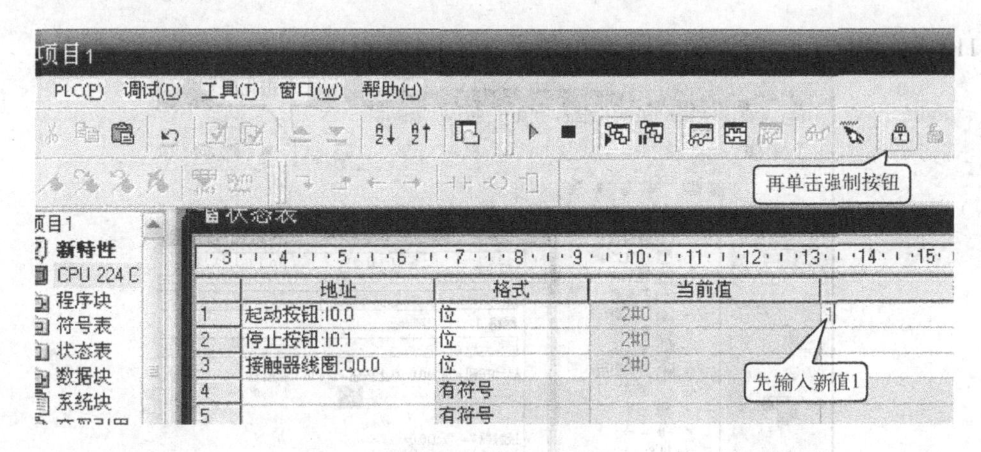

图 2-65　强制一个值

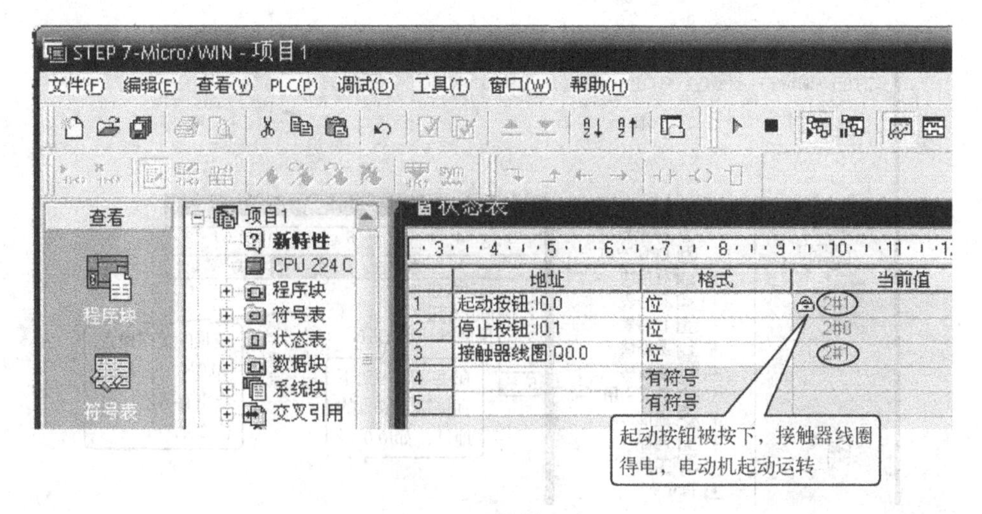

图 2-66　强制值后效果

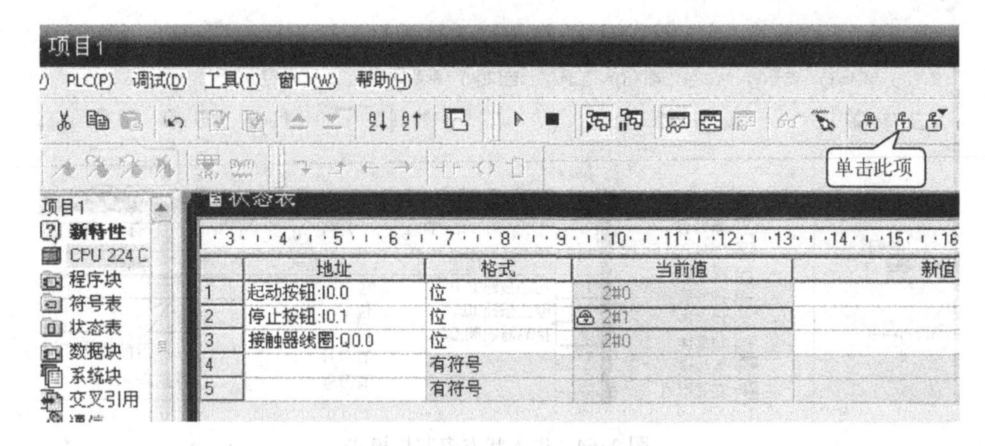

图 2-67　解除一个强制操作

11）运行程序，如图 2-68～图 2-70 所示。

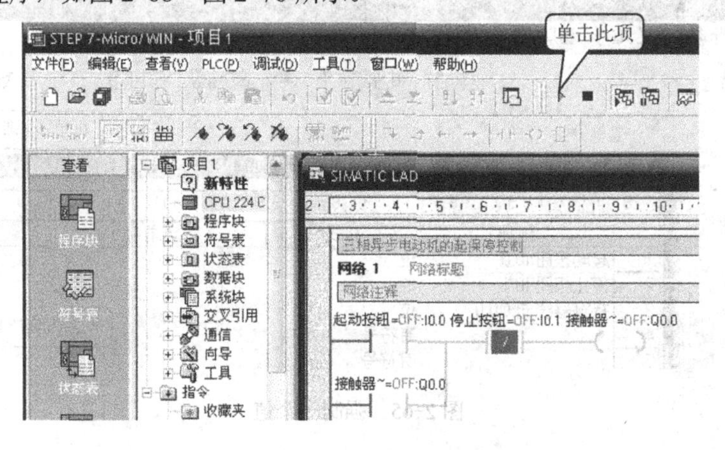

图 2-68　运行程序

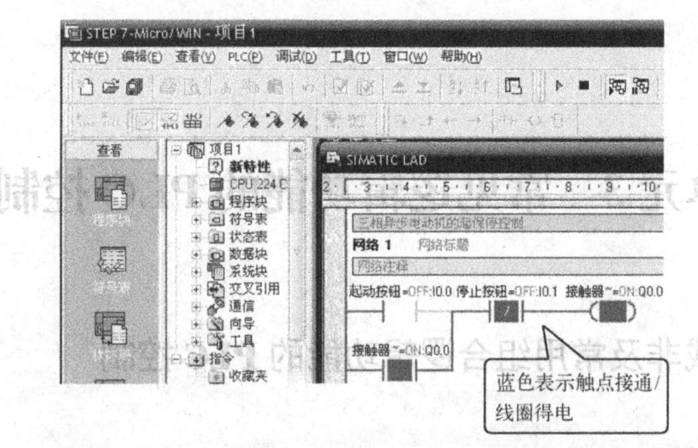

图 2-69 按下起动按钮

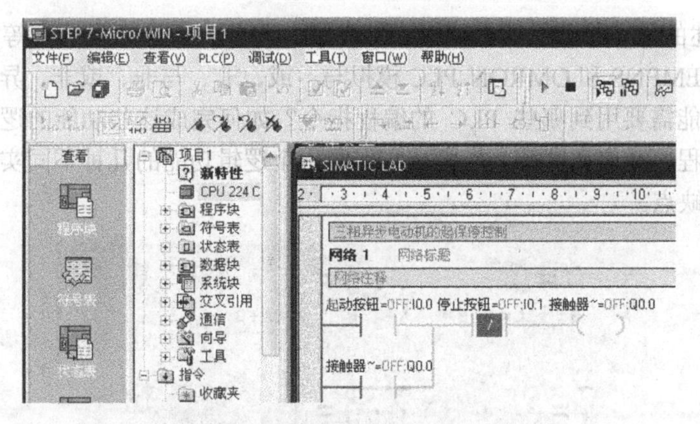

图 2-70 按下停止按钮

项目实施

1. 所需器材

（1）PLC（可编程序逻辑控制器）实训台　　1 台

（2）PC（个人计算机）　　1 台

（3）编程电缆　　1 根

2. 程序运行调试

（1）在断电状态下，连接好相关电缆。

（2）在 PC 上运行 STEP 7-Micro/WIN 编程软件。

（3）编辑梯形图控制程序。

（4）编译下载程序至 PLC。

（5）将 PLC 程序上传至计算机。

3. 完成项目报告

程序编辑过程中，碰到了哪些问题？是如何解决的？

2.4.4 项目拓展——STEP 7-Micro/WIN 中程序的编辑修改

应如何编辑修改程序？读者可反复进行编程练习使能力得到强化，尽快熟悉软件的使用。

单元3　常见逻辑功能的PLC控制

项目3.1　与或非及常用组合逻辑功能的PLC控制

项目引入

图3-1描述的是布尔代数中的“与、或、非、与非、或非、异或”等几种常用逻辑关系，试分别用SIEMENS和OMRON PLC模拟与、或、非、与非、或非、异或及同或逻辑功能。模拟这些功能需要用到哪些PLC的编程指令？如何完成这些功能的逻辑控制（包括硬件接线、软件编程、通信调试等）？尝试实现同一个逻辑功能的几种不同实现方法，比较它们的异同点和优缺点。

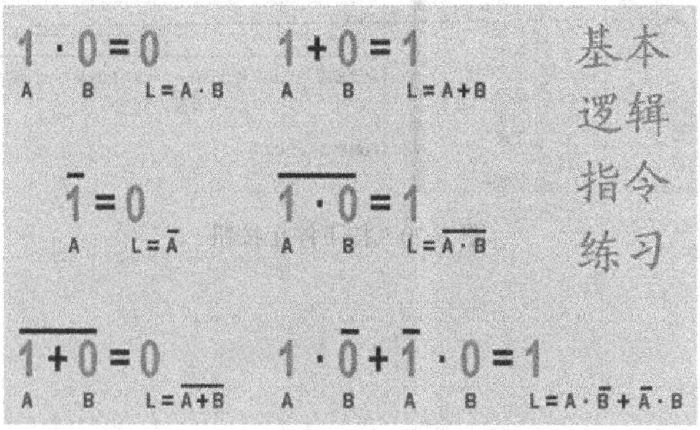

图3-1　与、或、非、与非、或非、异或等逻辑关系

知识链接

PLC的编程指令主要有基本逻辑指令和功能指令两大类。基本逻辑指令包括逻辑操作和输出等指令，此类指令使用最为频繁，因此要求学生能通过CX-Programmer或STEP 7-Micro/WIN编程软件的编程操作，熟练掌握基本指令的使用方法和特点。

3.1.1　OMRON系列PLC的常用基本指令

（1）LD和LD NOT指令

LD（取）：常开触点与左母线连接指令或常开触点作为某电路块起始的指令。每一个以常开触点开始的逻辑行（或电路块）均使用这一指令。

LD NOT（取反）：常闭触点与左母线连接指令或常闭触点作为某电路块起始的指令。每一个以常闭触点开始的逻辑行（或电路块）均使用这一指令。

（2）OUT 和 OUT NOT 指令

OUT（输出）：将逻辑行（或分支之前）的运算结果输出到指定的继电器。此指令通常出现在每一逻辑行的最后，或者在电路分支出现前输出给暂存继电器。

OUT NOT（取反输出）：将逻辑行（或分支之前）的运算结果取反后输出到指定的继电器。

（3）AND 和 AND NOT 指令

AND（与）：用于单个常开触点与前面触点（或电路块）串联连接的指令。

AND NOT（“与”一个“非”）：用于单个常闭触点与前面触点（或电路块）串联连接的指令。

（4）OR 和 OR NOT 指令

OR（或）：用于单个常开触点与上面触点（或电路块）并联连接的指令。

OR NOT（“或”一个“非”）：用于单个常闭触点与上面触点（或电路块）并联连接的指令。

（5）OR LD 和 AND LD 指令

OR LD（电路块或）：用于“串联电路块”的并联连接指令。

AND LD（电路块与）：用于“并联电路块”的串联连接指令。

3.1.2 SIEMENS S7-200 PLC 的常用基本逻辑指令

（1）标准触点 LD 和 LDN

LD：常开触点与左母线连接指令或常开触点作为某电路块起始的指令。每一个以常开触点开始的逻辑行（或电路块）均使用这一指令。

LDN：常闭触点与左母线连接指令或常闭触点作为某电路块起始的指令。每一个以常闭触点开始的逻辑行（或电路块）均使用这一指令。

（2）立即触点 LDI 和 LDNI

LDI 和 LDNI：立即指令。当立即指令执行时，CPU 直接读取其物理输入的值，而不是更新映像寄存器。立即触点的功能和标准触点相同，但操作数取值范围仅限于 I（位）。

（3）输出操作

=：输出操作是把前面各逻辑运算的结果复制到输出线圈，从而使输出线圈驱动的输出常开触点闭合，常闭触点断开。

（4）立即输出操作

=I：当立即指令执行时，CPU 直接读取其物理输入的值，而不是更新映像寄存器。立即输出操作的功能和输出操作相同，但操作数取值范围仅限于 Q（位）。

（5）逻辑与操作

A：用于单个常开触点与上面触点（或电路块）串联连接的指令。

AN：用于单个常闭触点与上面触点（或电路块）串联连接的指令。

（6）逻辑或操作

O：用于单个常开触点与上面触点（或电路块）并联连接的指令。

ON：用于单个常闭触点与上面触点（或电路块）并联连接的指令。

（7）取非操作

NOT：取非操作就是把源操作数的状态取反作为目标操作数输出。

（8）串联电路的并联连接

OLD：用于“串联电路块”的并联连接指令。

（9）并联电路的串联连接

ALD：用于“并联电路块”的串联连接指令。

3.1.3 梯形图的特点

梯形图按照从上到下、从左到右的顺序排列。每个继电器线圈为一个逻辑行。每一逻辑行起于左母线，然后是接点的连接，终止于继电器线圈或右母线。注意：左母线与线圈之间一定要有接点，而线圈与右母线之间则不能有任何接点。

梯形图中的继电器不是物理继电器，每个继电器均为存储器中的一位，因此称为“软继电器”。当存储器位状态为“1”，表示该继电器线圈得电，其常开触点闭合，常闭触点断开。

梯形图是 PLC 形象化的编程手段，梯形图两端的母线并非实际电源的两端。因此，梯形图中流过的电流也不是实际的物理电流，而是“概念”电流，是用户程序执行过程中满足输出条件的形象表示方式。

一般情况下，梯形图中某个编号的继电器线圈只能出现一次，而继电器触点可以无限次地引用。如果在同一程序中，同一继电器的线圈使用了两次或多次，称为“双线圈输出”。对于“双线圈输出”，有些 PLC 将其视为语法错误，绝对不允许；有些 PLC 则将前面的输出视为无效，只有最后一次输出有效；而有些 PLC 在含有跳转、步进等指令的梯形图中允许“双线圈输出”。

梯形图中，输入继电器没有线圈，只有触点，其他继电器既有线圈，又有触点。

3.1.4 基本编程规则

在每一逻辑行中，串联触点多的支路应放在上方，如图 3-2 所示。

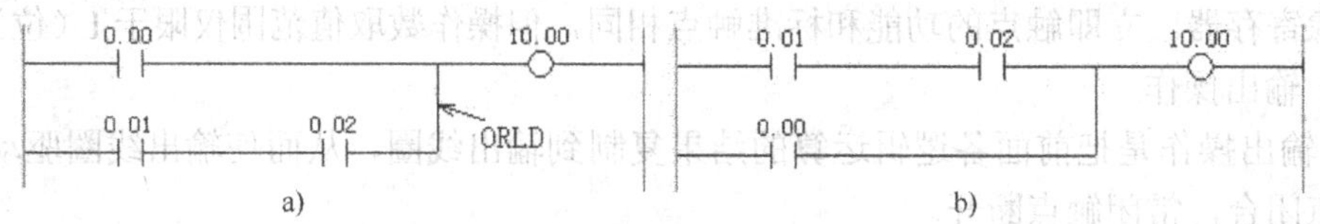

图 3-2　串联触点多的支路放在上方

a) 不合理　b) 合理

在每一逻辑行中，并联触点多的支路应放在左侧，如图 3-3 所示。

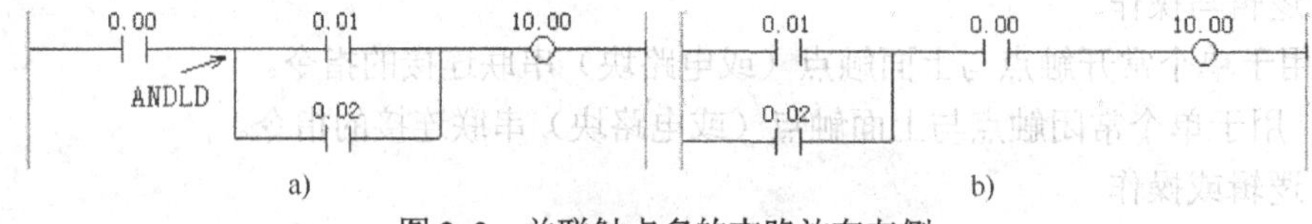

图 3-3　并联触点多的支路放在左侧

a) 不合理　b) 合理

在梯形图中，不允许一个触点上有双向“电流”流过。如图 3-4a 所示，触点 0.05 上有双向电流流过，该梯形图不可编程，应根据其逻辑功能作适当的等效变换，如图 3-4b 所示。

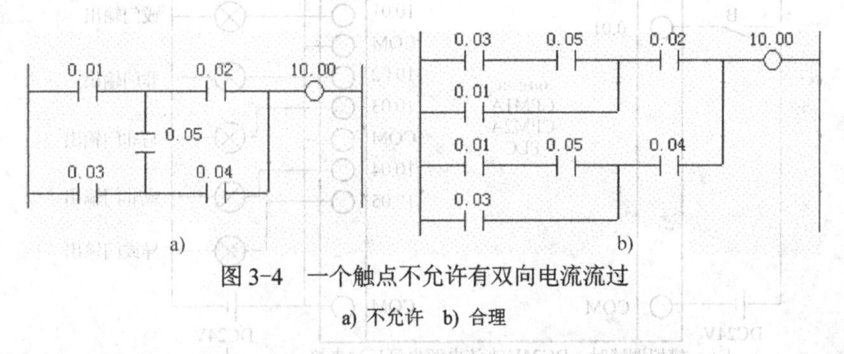

图 3-4　一个触点不允许有双向电流流过

a) 不允许　b) 合理

梯形图中大多情况不允许有双线圈输出，即某个编号继电器线圈只能出现一次，而继电器触点可无限次引用。双线圈输出时应将输出条件并联，如图 3-5 所示。

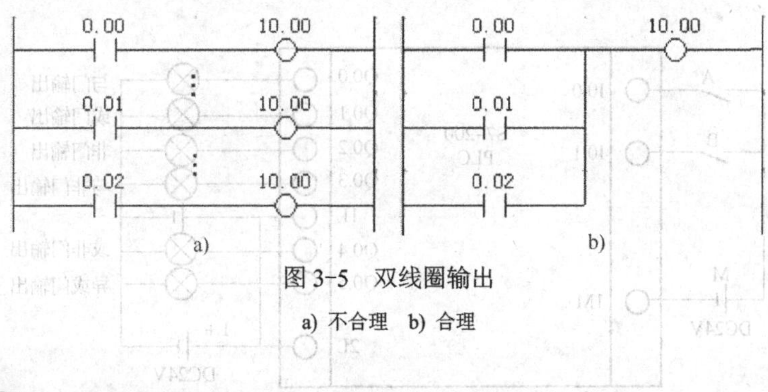

图 3-5　双线圈输出

a) 不合理　b) 合理

项目实施

1. 所需器材

（1）PLC（可编程序逻辑控制器）实训台　　1 台

（2）PC（个人计算机）　　1 台

（3）编程电缆　　1 根

（4）连接导线　　若干

2. 连线

根据控制要求，确定输入、输出的点数，合理进行输入、输出的分配，并进行实训连线。选用 PLC 控制实训台的按钮或者拨动开关作为输入设备，调试时注意按钮和拨动开关的区别。选择实训台上的 LED 指示灯作为 PLC 的输出设备，如图 3-6 和图 3-7 所示。

3. 编程及运行分析

编写以下程序并运行，使程序处于监视模式或运行模式下（梯形图方式可观察到绿色监视线的变化，指令助记符方式可通过地址值的变化来监视）。通过拨动开关或按钮控制输入端，观察输出端的变化（LED 显示区），并填写表格（当然也可通过主机面板上的指示灯来观察输入、输出的变化）。

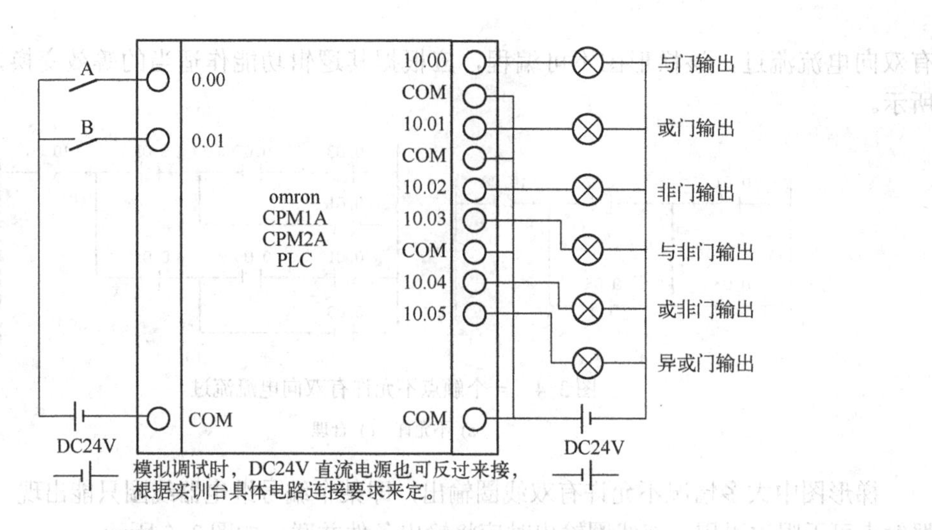

图 3-6　OMRON PLC 测试各种逻辑功能的 I/O 接线图

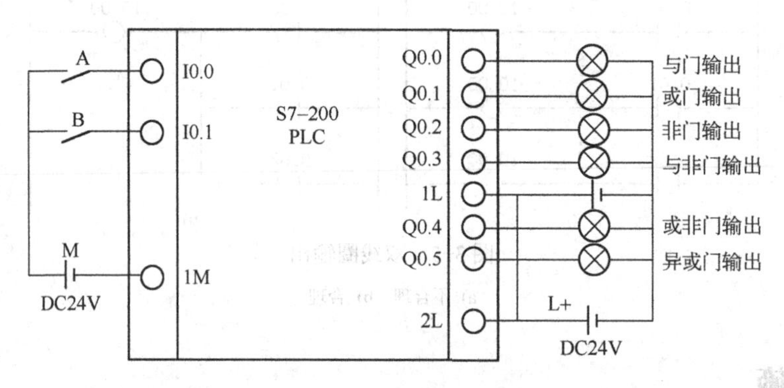

图 3-7　SIEMENS S7-200 PLC 测试各种逻辑功能的 I/O 接线图

（1）OMRON PLC 编程运行分析

1）LD、LDNOT、OUT、OUTNOT 指令的梯形图和指令表如下。

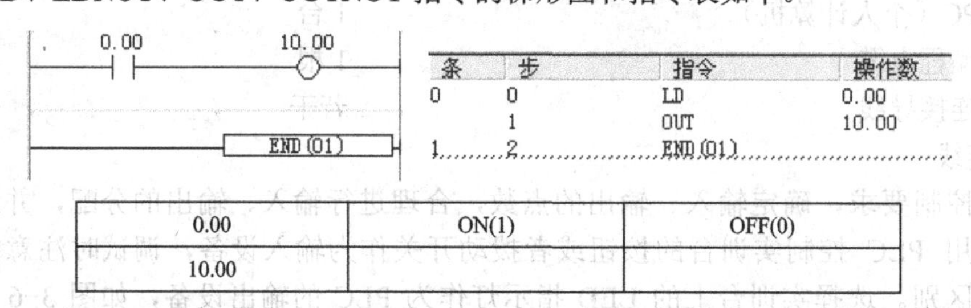

条	步	指令	操作数
0	0	LD	0.00
	1	OUT	10.00
1	2	END(01)	

0.00	ON(1)	OFF(0)
10.00		

可将 LD 0.00 改为 LDNOT 0.00，将 OUT 10.00 改为 OUTNOT 10.00。该变动可单条改变，也可多条同时改动观察变化。重新编译、装载程序，运行程序观察输入、输出的变化。并与改变前比较，观察有何不同，仔细体会 LD、LDNOT 指令的工作原理与工作过程。

2）AND、ANDNOT 指令的梯形图与指令表如下。

0.00　0.01　10.00　END(01)

条	步	指令	操作数
0	0	LD	0.00
	1	AND	0.01
	2	OUT	10.00
1	3	END(01)	

0.00	ON	ON	OFF	OFF
0.01	ON	OFF	ON	OFF
10.00				

可将 LD 0.00 改为 LDNOT 0.00；将 AND 0.01 改为 ANDNOT 0.01。重新编译、下载、运行程序，观察运行结果，并比较有何不同，仔细体会几条指令的工作原理和工作过程。

3）OR、ORNOT 指令梯形图和指令表如下。

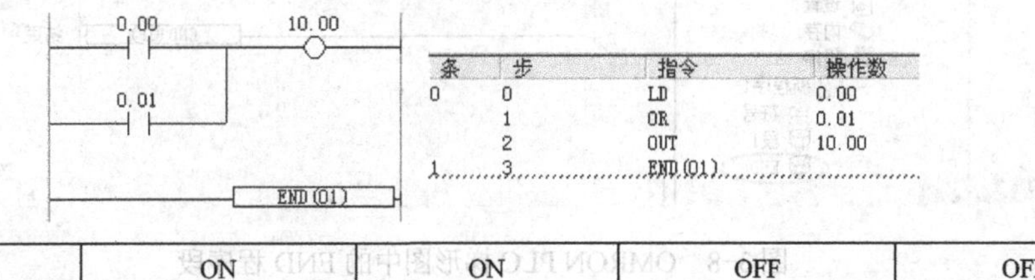

条	步	指令	操作数
0	0	LD	0.00
	1	OR	0.01
	2	OUT	10.00
1	3	END(01)	

0.00	ON	ON	OFF	OFF
0.01	ON	OFF	ON	OFF
10.00				

可将 LD 0.00 改为 LDNOT 0.00，将 OR 0.01 改为 ORNOT 0.01。重新编译、下载、运行程序，观察运行结果，并比较有何不同，仔细体会几条指令的工作原理和工作过程。

4）AND LD 指令梯形图和指令表如下。

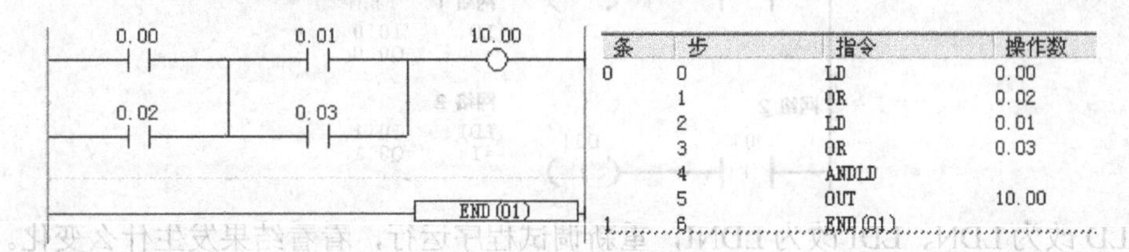

条	步	指令	操作数
0	0	LD	0.00
	1	OR	0.02
	2	LD	0.01
	3	OR	0.03
	4	ANDLD	
	5	OUT	10.00
1	6	END(01)	

运行程序，改变输入端的几种组合，观察输出端的变化，并制作一张表格，记录输入、输出的不同变化。仔细体会指令的工作原理和过程。

5）OR LD 指令梯形图和指令表如下。

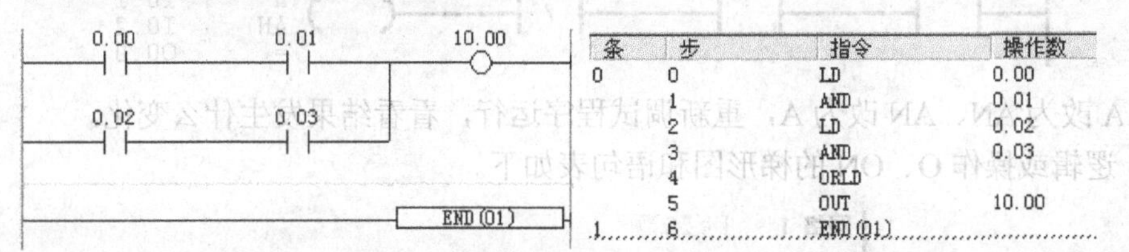

条	步	指令	操作数
0	0	LD	0.00
	1	AND	0.01
	2	LD	0.02
	3	AND	0.03
	4	ORLD	
	5	OUT	10.00
1	6	END(01)	

运行程序，改变输入端的几种组合，观察输出端的变化，并制作一张表格，记录输入、输出的不同变化。仔细体会指令的工作原理和过程。

6）END 指令。

以上梯形图程序结尾均有一条 END（01）指令，表示程序结束。梯形图程序中必须有 END 指令作为程序结束，否则会出现编译错误提示。不过，新版本的编程软件中都自带一个 END 程序段，END 程序段就是一条 END 指令，表示程序结束，所以通常无需用户再编辑此指令。如图 3-8 所示。

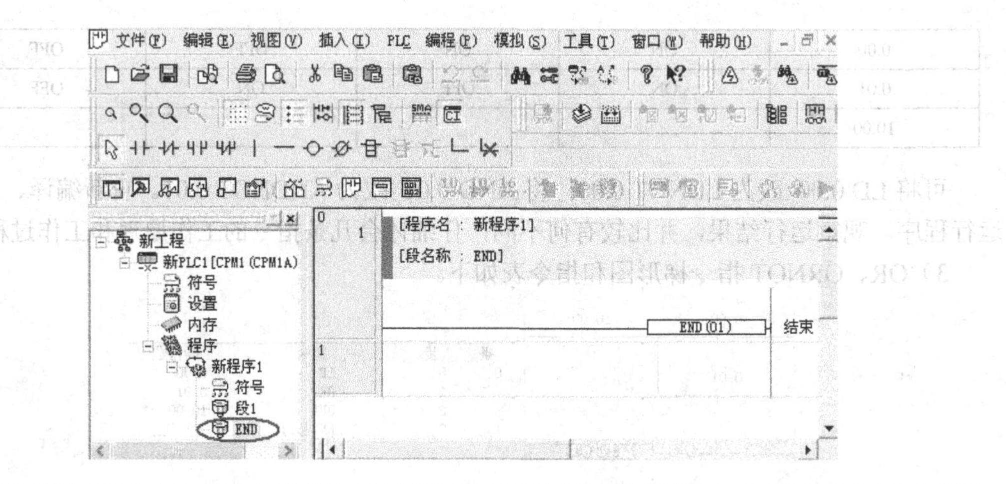

图 3-8　OMRON PLC 梯形图中的 END 程序段

（2）S7-200 PLC 编程运行分析

1）标准触点 LD、LDN、立即触点 LDI、LDNI 和输出操作=、立即输出操作=I 的梯形图和语句表如下。

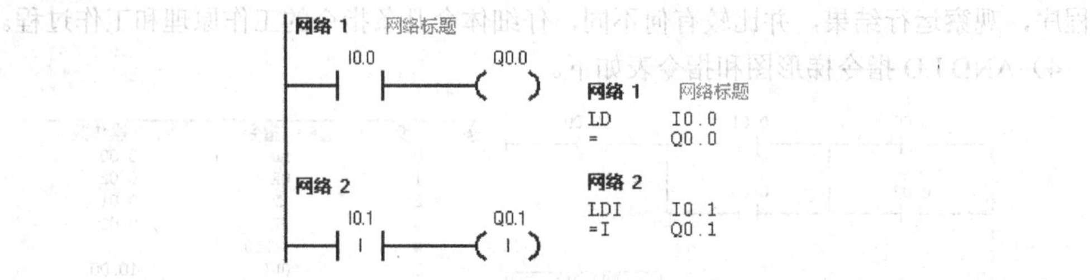

将 LD 改为 LDN、LDI 改为 LDNI，重新调试程序运行，看看结果发生什么变化。

2）逻辑与操作 A、AN 的梯形图和语句表如下。

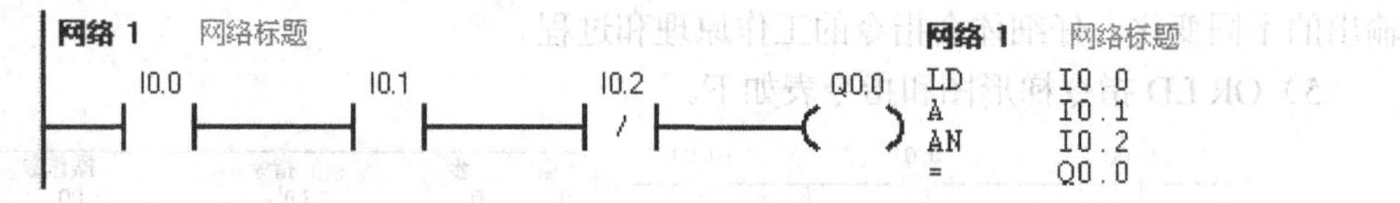

将 A 改为 AN、AN 改为 A，重新调试程序运行，看看结果发生什么变化。

3）逻辑或操作 O、ON 的梯形图和语句表如下。

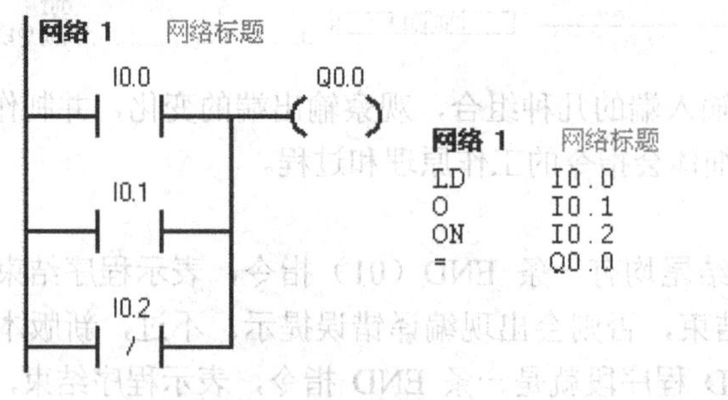

将 O 改为 ON、ON 改为 O，重新调试程序运行，看看结果发生什么变化。

4）取非操作 NOT 的梯形图和语句表如下。

```
网络 1
  I0.0            Q0.0      网络 1
--| |----|NOT|----(  )      LD    I0.0
                            NOT
                            =     Q0.0
```

5）串联电路的并联连接 OLD 的梯形图和语句表如下。

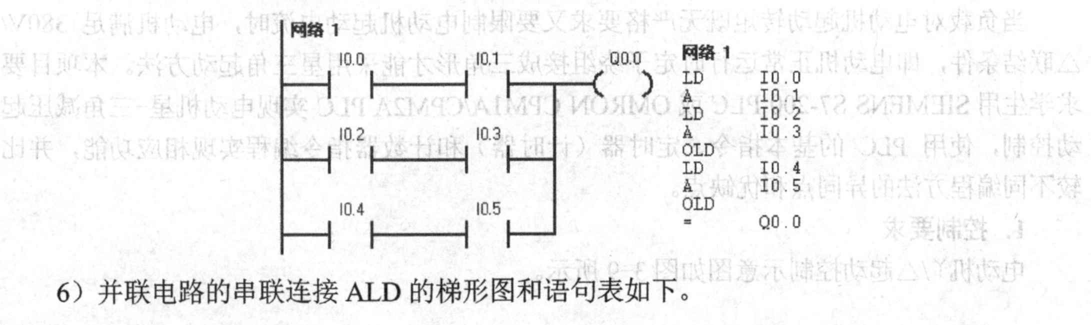

6）并联电路的串联连接 ALD 的梯形图和语句表如下。

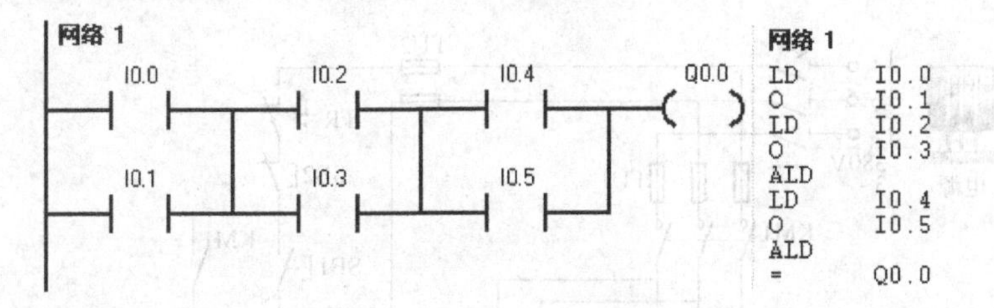

4. 完成项目报告

（1）根据项目引入控制要求，确定输入、输出数量，列出 I/O 分配表，可参考表 3-1。

（2）画出 I/O 接线示意图。

（3）画出输入、输出之间的波形图。

（4）绘制控制程序梯形图。

表 3-1　各种逻辑功能测试的 PLC 地址分配

名　称	数据类型	OMRON PLC 地址/值	S7-200 PLC 地址/值
A	BOOL	0.00	I0.0
B	BOOL	0.01	I0.1
与门输出	BOOL	10.00	Q0.0
或门输出	BOOL	10.01	Q0.1
非门输出	BOOL	10.02	Q0.2
与非门输出	BOOL	10.03	Q0.3
或非门输出	BOOL	10.04	Q0.4
异或门输出	BOOL	10.05	Q0.5

3.1.5　项目拓展——其他逻辑功能的 PLC 控制

尝试“同或逻辑”的控制如何实现？至少用两种方法，并绘出梯形图。

项目 3.2　电动机星-三角减压起动控制

项目引入

当负载对电动机起动转矩既无严格要求又要限制电动机起动电流时，电动机满足 380V/△联结条件，即电动机正常运行时定子绕组接成三角形才能采用星三角起动方法。本项目要求学生用 SIEMENS S7-200 PLC 或 OMRON CPM1A/CPM2A PLC 实现电动机星-三角减压起动控制，使用 PLC 的基本指令、定时器（计时器）和计数器指令编程实现相应功能，并比较不同编程方法的异同点和优缺点。

1. 控制要求

电动机Y/△起动控制示意图如图 3-9 所示。

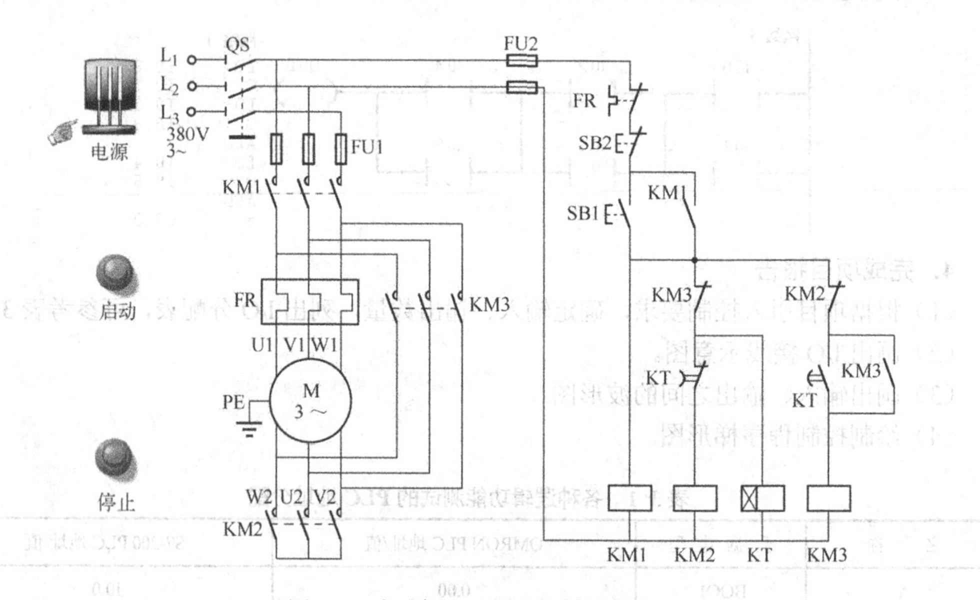

图 3-9　电动机Y/△起动控制示意图

合上电源开关后 QS 后，按下启动按钮 SB1，接触器 KM1 和 KM2 的线圈同时得电，其常开触点吸合，KM1 和 KM2 的主触点闭合，电动机作Y联结减压起动。与此同时，时间继电器 KT 的线圈得电，常开触点 KT 延时 5s 吸合，常闭触点 KT 延时 5s 断开，KM2 线圈失电，KM2 主触点复位断开，去除Y联结，KM2 常闭触点复位闭合，KM3 线圈得电自锁，电动机定子绕组由Y联结自动换接成了△联结。时间继电器 KT 的触点延时动作时间由电动机的容量及起动时间的快慢等因素决定，并由时间继电器的参数设定，采用 PLC 实现控制，其定时器无需另接，PLC 内部元件有若干软定时器。

2. 学习目标

该项目完成后，可使学生初步熟悉 PLC 定时器/计数器的应用，进一步熟悉编程软件的操作，掌握定时器/计数器指令（线圈和触点）的编程方法。

OMRON CPM1A PLC 的定时器指令有：普通定时器 TIM 和高速定时器 TIMH。它们都是减 1 延时定时器，但 TIM 的度量单位是 0.1s，TIMH 的度量单位是 0.01s。其他的使用方法均完全相同。

OMRON CPM2A PLC 的定时器指令有：普通定时器 TIM、高速定时器 TIMH、长时间定时器 TIML 和超高速定时器 TMHH 指令。

OMRON CPM1A/CPM2A PLC 的计数器指令有：普通计数器 CNT 和可逆循环计数器 CNTR。

OMRON CPM1A/CPM 2A PLC 在使用定时器/计数器指令应注意以下几点。

1）定时器/计数器使用同一个编号区，CPM1A 的数字编号范围为 000～127，CPM2A 的数字编号范围为 000～255。

2）设定值 SV 为通道号时，通道内的数据必须是 4 位 BCD 码。

3）定时器无断电保持功能，计数器有断电保持功能。

S7-200 PLC 共有 3 种定时器和 3 种计数器，功能和 OMRON PLC 的类似，但格式、种类及编号均不相同。S7-200 PLC 的定时器可分为接通延时定时器、断开延时定时器和带有记忆接通延时定时器，这些定时器分布于 PLC 内部存储器的整个 T 区。计数器可分为增计数器、减计数器和增减计数器，这些计数器分布在 PLC 内部存储器的 C 区。

3.2.1 OMRON PLC 定时器指令

定时器指令格式为

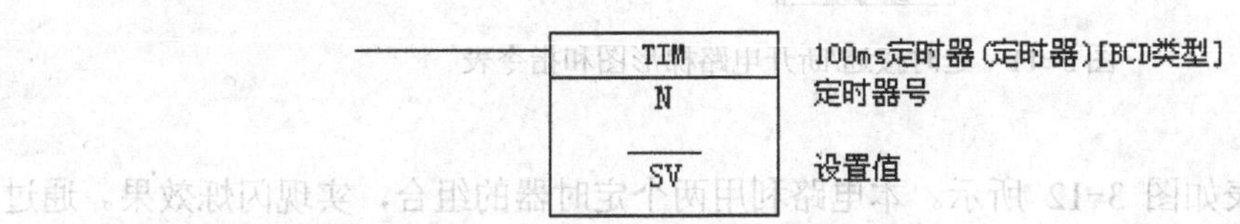

其中，N 为定时器编号，CPM1A 取值范围为 000～127，CPM2A 的取值范围为 000～255；SV 为定时器的设定值，用“#”加 4 位十进制数表示，取值范围为 0000～9999，可以是 #、IR、SR、HR、AR、LR、DM、*DM。当 SV 不是 BCD 码或间接寻址 DM 区不存在时，ER 位（255.03）为 ON。

编程语句：TIM　定时器号　设定值

功能：当输入条件为 ON 时，开始减 1 定时，每经过 0.1s，定时器的当前值减 1，定时时间一到，定时器的当前值为 0000，定时器存储器位状态变为 1，定时器常开触点接通，常闭触点断开。当输入条件为 OFF 时，不管定时器当前处于什么状态都复位，当前值恢复到设定值，相应的常开触点断开，常闭触点闭合。即在电源断电时，定时器复位。

对于普通定时器，单个定时器的设定值最大为#9999，即 999.9s，接近 17min，所以对于短时间定时，一个定时器就足够了。但如果在要求长时间定时控制的场合，又该如何设定呢？这些问题将在后面的项目任务中介绍。

（1）定时器指令的基本应用

定时器指令的基本应用如图 3-10 所示。运行程序，观察输出端的变化，并叙述本电路的工作过程和功能。

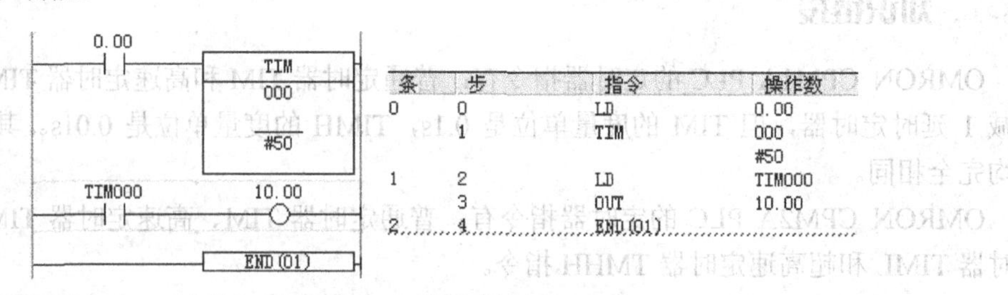

条	步	指令	操作数
0	0	LD	0.00
	1	TIM	000 #50
1	2	LD	TIM000
	3	OUT	10.00
2	4	END(01)	

图 3-10　定时器指令基本应用

（2）延时接通/断开电路

梯形图和指令表如图 3-11 所示。本电路实际上是一个简单的“单开关”延时启/停电路。输入程序指令，并编译、装载、运行该程序，观察电路的工作情况，说明该电路的工作过程和功能。

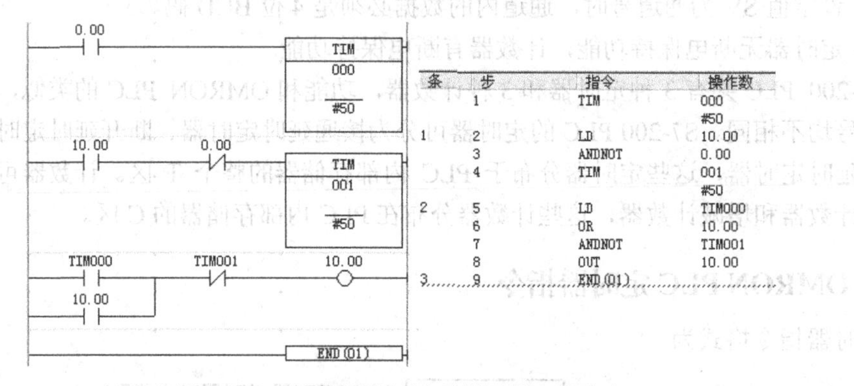

条	步	指令	操作数
	1	TIM	000 #50
1	2	LD	10.00
	3	ANDNOT	0.00
	4	TIM	001 #50
2	5	LD	TIM000
	6	OR	10.00
	7	ANDNOT	TIM001
	8	OUT	10.00
3	9	END(01)	

图 3-11　延时接通/断开电路梯形图和指令表

（3）闪烁电路

梯形图和指令表如图 3-12 所示。本电路利用两个定时器的组合，实现闪烁效果。通过对输入 0.00 开关的通断，观察输出状态的变化。修改 TIM000 和 TIM001 的设定值，观察并记录输出状态的变化。

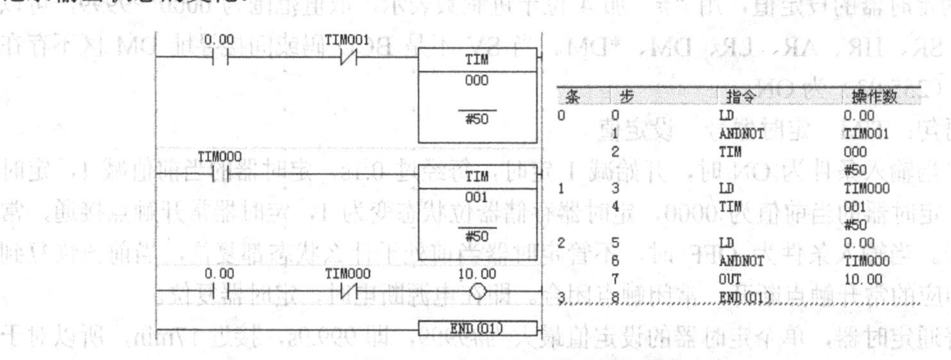

条	步	指令	操作数
0	0	LD	0.00
	1	ANDNOT	TIM001
	2	TIM	000 #50
1	3	LD	TIM000
	4	TIM	001 #50
2	5	LD	0.00
	6	ANDNOT	TIM000
	7	OUT	10.00
3	8	END(01)	

图 3-12　闪烁电路梯形图和指令表

3.2.2　OMRON PLC 计数器指令

计数器指令格式为

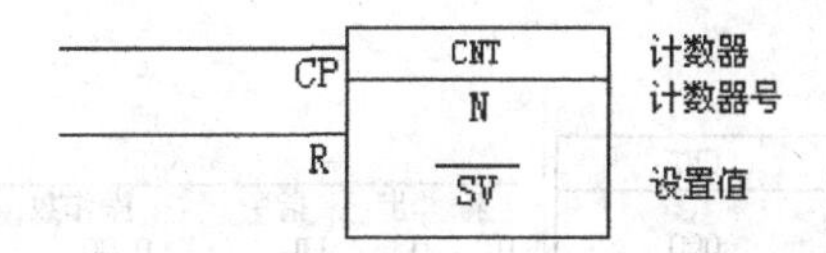

N 是计数器编号，CPM1A 的取值范围为 000～127，CPM2A 的取值范围为 000～255；SV 为计数器的设定值，用“#”加 4 位十进制数表示，取值范围为 0000～9999，可以是#、IR、SR、HR、AR、LR、DM、*DM。当 SV 不是 BCD 码或间接寻址 DM 区不存在时，ER 位（255.03）为 ON。

该指令在梯形图中有两个逻辑输入端。接 CP 端的一端，是计数信号输入端；接 R 端的一端是计数器复位输入端，又称为置 0 端。

功能：只要复位端 R 为 ON，计数器就复位，停止计数，当前值 PV 恢复为设定值 SV。当复位端 R 为 OFF 时，计数器进入计数状态，每当从 CP 端输入一个脉冲（上升沿控制），计数器的当前值就减 1，一旦计数器的当前值减为 0.00 时，计数器存储器位状态为 1，其常开触点就闭合，常闭触点断开。计数器复位，当前值恢复到设定值，常开触点断开，常闭触点闭合。电源断电时，计数器的当前值保持不变，即计数器具有断电保持功能。当置 0 信号和计数信号同时到时，置 0 信号优先。

编程语句：CNT　计数器号　计数设定值

在编程时，该指令需要 3 步才能完成。第一步是计数输入行，第二步是计数复位行，最后才是计数器指令。

（1）计数器的基本应用

计数器应用梯形图和语句表如图 3-13 所示。运行程序，在监视模式下改变输入端，来观察输出端的变化。

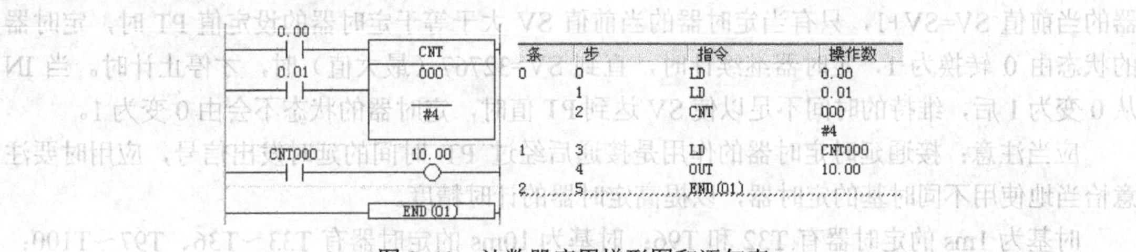

条	步	指令	操作数
0	0	LD	0.00
	1	LD	0.01
	2	CNT	000 #4
1	3	LD	CNT000
	4	OUT	10.00
2	5	END(01)	

图 3-13　计数器应用梯形图和语句表

1）输入开关 0.00 拨动几次后，输出 LED 亮？是在哪个确定的时刻亮的？

2）拨动开关 0.01 后计数器是否复位，当前值是否恢复到初始设定值？

3）仔细体会 CNT 指令的工作过程和原理，尤其要注意断电保持功能是怎么样的，有时 PLC 控制要求去除断电保持功能，该怎么实现呢？

（2）用计数器实现定时器的功能

利用计数器的断电保持功能，可以将特殊辅助继电器 254.00～254.01、255.00～255.02 与计数器相结合组成具有断电保持功能的定时器，不过使用这种方式编程实现的定时器精度不高，有时会有较大的误差，尤其用于短时间定时，相对误差更大。

比如图 3-14 所示，该梯形图的本意是构成具有断电保持功能的 10s 定时器。但实际定时时间却不是精确的 10s，而是有 0～1s 的误差。大家不妨思考，这是为什么呢（本单元下一个项目会有专门分析）？

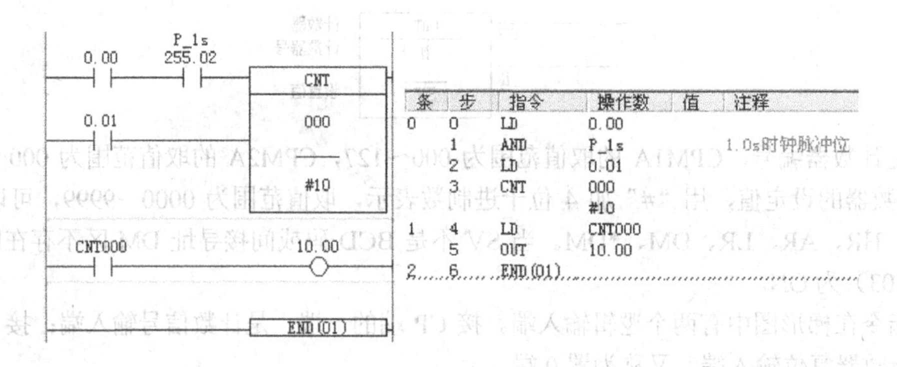

图 3-14 计数器与特殊辅助继电器构成定时器

3.2.3 S7-200 PLC 定时器指令

（1）接通延时定时器（TON）

接通延时定时器的梯形图由定时器标识符 TON、定时器的启动电平输入端 IN、时间设定值输入端 PT 和接通延时定时器编号构成。

接通延时定时器的语句表由定时器标识符 TON、定时器编号和时间设定值 PT 构成。

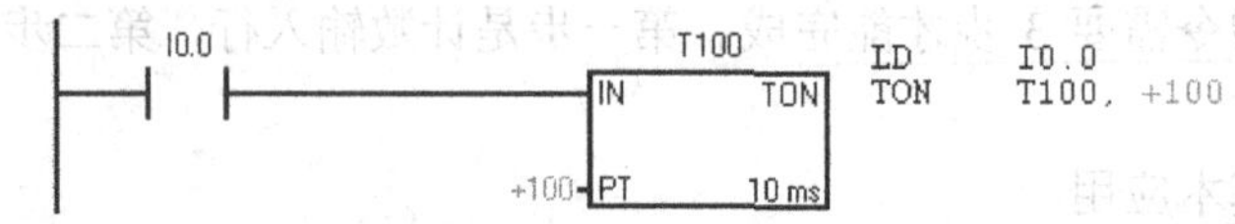

当定时器的启动信号 IN 的状态为 0 时，定时器的当前值 SV=0，定时器的状态是 0，定时器没有工作；当启动信号 IN 由 0 变为 1 时，定时器开始工作，每过一个时基时间，定时器的当前值 SV=SV+1，只有当定时器的当前值 SV 大于等于定时器的设定值 PT 时，定时器的状态由 0 转换为 1，定时器继续计时，直到 SV=32767（最大值）时，才停止计时。当 IN 从 0 变为 1 后，维持的时间不足以使 SV 达到 PT 值时，定时器的状态不会由 0 变为 1。

应当注意：接通延时定时器的作用是接通后经过 PT 时间的延时发出信号，应用时要注意恰当地使用不同时基的定时器，以提高定时器的计时精度。

时基为 1ms 的定时器有 T32 和 T96；时基为 10ms 的定时器有 T33～T36、T97～T100；时基为 100ms 的定时器有 T37～T63、T101～T255。

定时器编号范围为 T0～T255。定时器 IN 信号范围为 I、Q、M、SM、T、C、V、S、L（位）。PT 值的范围为 IW、QW、MW、SMW、VW、SW、LW、AIW、T、C、常数、AC、*VD、*AC、*LD（字）。

（2）断开延时定时器（TOF）

断开延时定时器的梯形图由定时器标识符 TOF、定时器的启动电平输入端 IN、时间设定值输入端 PT 和定时器编号构成。

断开延时定时器的语句表由定时器标识符 TOF、定时器编号和时间设定值 PT 构成。

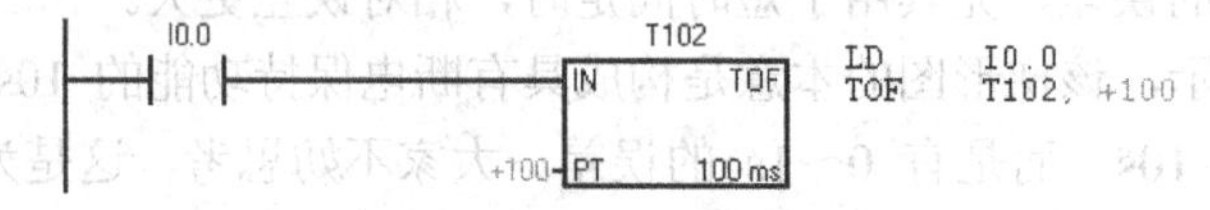

当定时器的启动信号 IN 的状态为 1 时，定时器的当前值 SV=0，定时器的状态是 1，定

时器没有工作；当启动信号 IN 由 1 变为 0 时，定时器开始工作，每过一个时基时间，定时器的当前值 SV=SV+1，只有当定时器的当前值 SV 大于等于定时器的设定值 PT 时，定时器的状态由 1 转换为 0，定时器停止计时， SV 将保持不变。当 IN 从 1 变为 0 后，维持的时间不足以使 SV 达到 PT 值时，定时器的状态不会由 1 变为 0。当 IN 信号由 0 变为 1，则 SV 被复位（SV=0），定时器状态为 1。

应当注意：断开延时定时器的作用是断开后经过 PT 时间的延时发出信号，应用时要注意恰当地使用不同时基的定时器，以提高定时器的计时精度。

断开延时定时器的时基、操作数范围等均与接通延时定时器相同。

（3）带有记忆接通延时定时器（TONR）

带有记忆接通延时定时器的梯形图由定时器的标识符 TONR、定时器的启动电平输入端 IN、时间设定值输入端 PT 和定时器编号构成。

带有记忆接通延时定时器的语句表由定时器标识符 TONR、定时器编号和时间设定值 PT 构成。

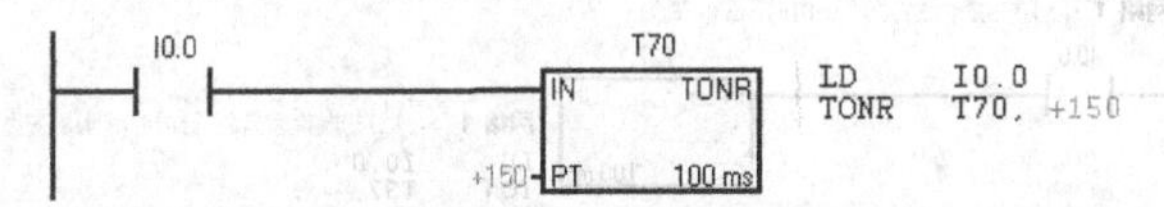

带有记忆接通延时定时器的工作原理与接通延时定时器基本相同，它们的不同之处在于带有记忆接通延时定时器的当前值 SV 值是可以记忆的。当启动信号 IN 由 0 变为 1 时，维持的时间不足以使 SV 达到 PT 值时，IN 又从 1 变为 0，这时 SV 可以保持。IN 再次从 0 变为 1 时，SV 在保持值的基础上累积计时，当 SV 大于等于 PT 值时，定时器的状态由 0 变为 1。

应当注意：带有记忆接通延时定时器的作用是接通后累积计时达到 PT 时发出信号。除了要注意恰当地使用不同时基的定时器之外，还要注意带有记忆接通延时定时器必须有复位信号才能被复位。

时基为 1ms 的定时器有 T0 和 T64，时基为 10ms 的定时器有 T1～T4、T65～T68，时基为 100ms 的定时器有 T5～T31、T69～T95。

定时器的操作数范围（包括定时器编号、IN 信号范围、PT 值范围均和 TON 相同）。

（4）几种定时器的常见基本应用控制程序

1）延时接通定时器应用的梯形图和语句表如图 3-15 所示。

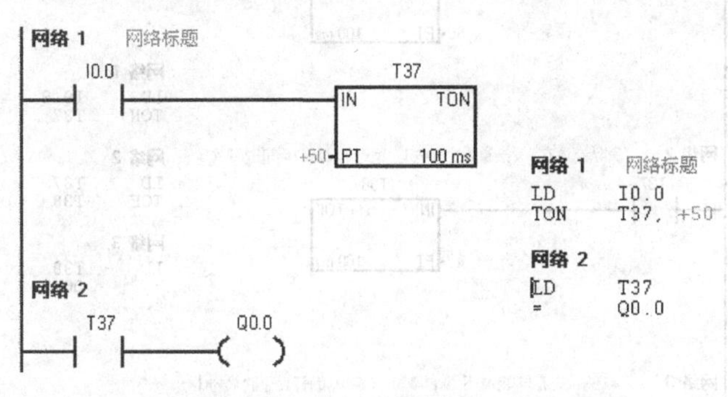

图 3-15 延时接通定时器应用的梯形图和语句表

2）延时接通/断开定时器应用的梯形图和语句表如图 3-16～图 3-18 所示。

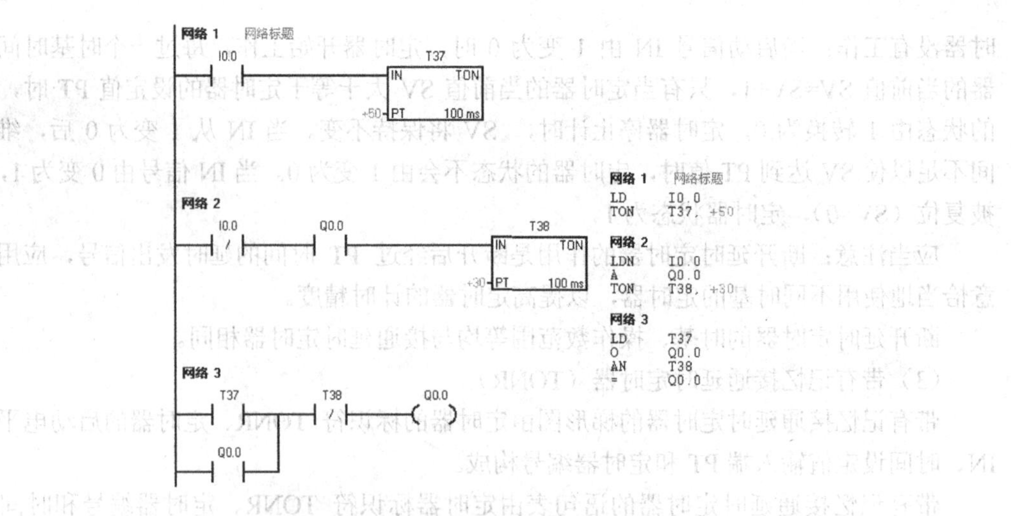

图 3-16　延时接通/断开定时器应用的梯形图和语句表（1）

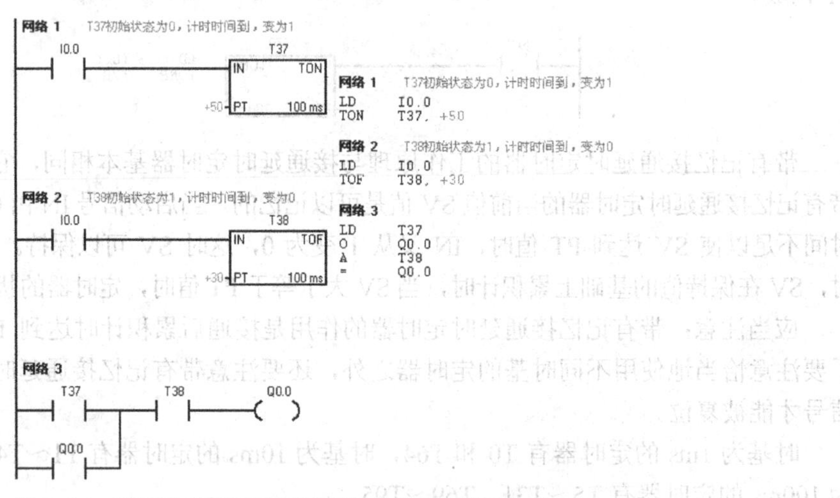

图 3-17　延时接通/断开定时器应用的梯形图和语句表（2）

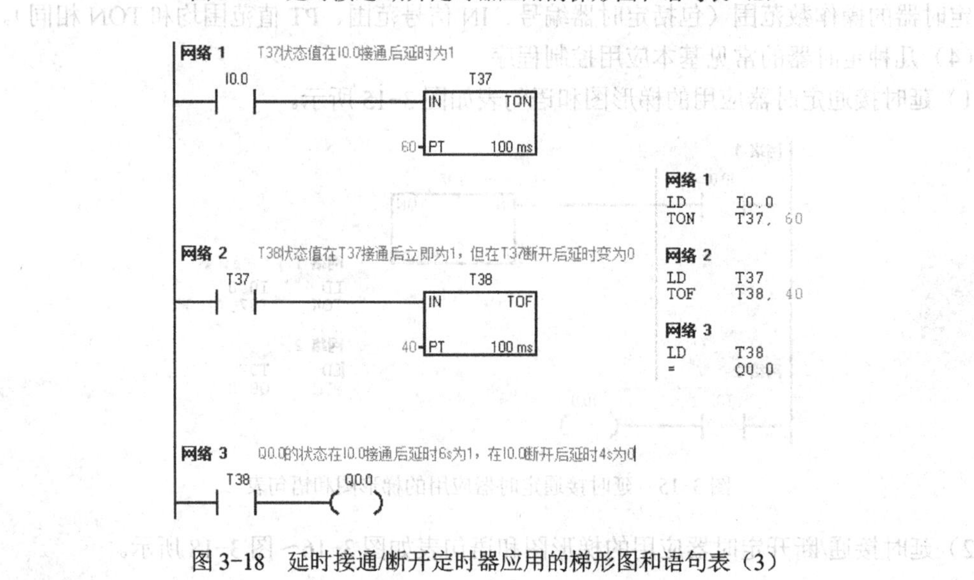

图 3-18　延时接通/断开定时器应用的梯形图和语句表（3）

3）闪烁控制程序的梯形图、语句表如图 3-19 所示。

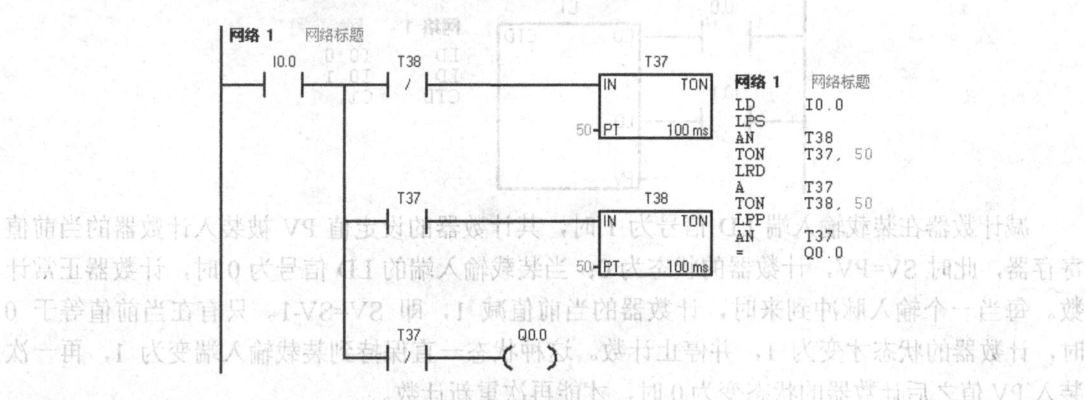

图 3-19　闪烁控制程序的梯形图和语句表

3.2.4　S7-200 PLC 计数器指令

（1）增计数器（CTU）

增计数器的梯形图由增计数器标识符 CTU、计数脉冲端 CU、增计数器的复位信号端 R、增计数器的设定值 PV 和计数器编号构成。

增计数器的语句表由增计数器的操作码 CTU、计数器编号和增计数器的设定值 PV 构成。

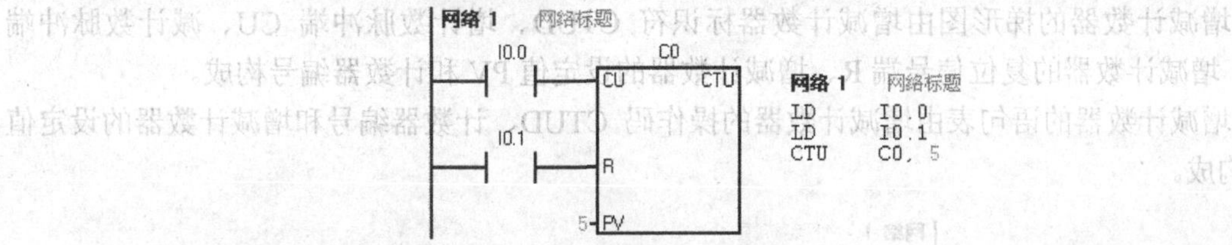

增计数器在复位端信号为 1 时，其计数器的当前值 SV=0，计数器不计数，其状态也为 0；当复位端的信号为 0 时，计数器可以正常计数。每当一个增计数输入脉冲 CU 到来时，计数器的当前值加 1，即 SV=SV+1。当前值小于 PV 时，计数器的状态为 0。当前值大于等于设定值（SV≥PV）时，计数器的状态变为 1，这时再来计数脉冲时，计数器的当前值仍然不断累加，直到 SV=32767 时停止计数。复位信号 R=1 时，计数器的 SV 值等于零，计数器的状态变为 0。

应当注意：用语句表编程时，要注意计数脉冲输入（第 1 个 LD）和复位信号输入（第 2 个 LD）的先后顺序不能颠倒。

计数器的编号为 C0~C255。增计数器 CU 信号范围为 I、Q、M、SM、T、C、V、S、L（位）。计数器 R 信号范围为 I、Q、M、SM、T、C、V、S、L（位）。计数器 PV 值范围为 VW、IW、QW、MW、SMW、SW、LW、AIW、AC、T、C、常数、*VD、*AC、*LD（字）。

（2）减计数器（CTD）

减计数器的梯形图由减计数器标识符 CTD、计数脉冲端 CD、减计数器的装载输入端 LD、减计数器的设定值 PV 和计数器编号构成。

减计数器的语句表由减计数器的操作码 CTD、计数器编号和减计数器的设定值 PV 构成。

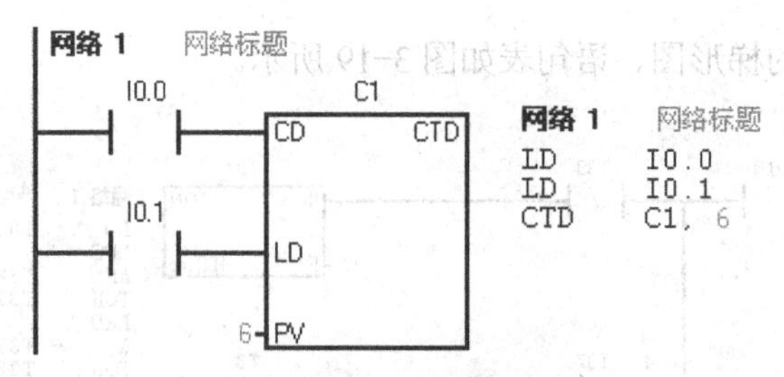

减计数器在装载输入端 LD 信号为 1 时，其计数器的设定值 PV 被装入计数器的当前值寄存器，此时 SV=PV，计数器的状态为 0；当装载输入端的 LD 信号为 0 时，计数器正常计数。每当一个输入脉冲到来时，计数器的当前值减 1，即 SV=SV-1。只有在当前值等于 0 时，计数器的状态才变为 1，并停止计数。这种状态一直保持到装载输入端变为 1，再一次装入 PV 值之后计数器的状态变为 0 时，才能再次重新计数。

应当注意：用语句表编程时，要注意计数脉冲输入（第 1 个 LD）和装载信号输入（第 2 个 LD）的先后顺序不能颠倒。

计数器的编号为 C0～C255。减计数器 CD 信号范围为 I、Q、M、SM、T、C、V、S、L（位）。减计数器 LD 信号范围为 I、Q、M、SM、T、C、V、S、L（位）。减计数器 PV 值范围为 VW、IW、QW、MW、SMW、SW、LW、AIW、AC、T、C、常数、*VD、*AC、*LD（字）。

（3）增减计数器（CTUD）

增减计数器的梯形图由增减计数器标识符 CTUD、增计数脉冲端 CU、减计数脉冲端 CD、增减计数器的复位信号端 R、增减计数器的设定值 PV 和计数器编号构成。

增减计数器的语句表由增减计数器的操作码 CTUD、计数器编号和增减计数器的设定值 PV 构成。

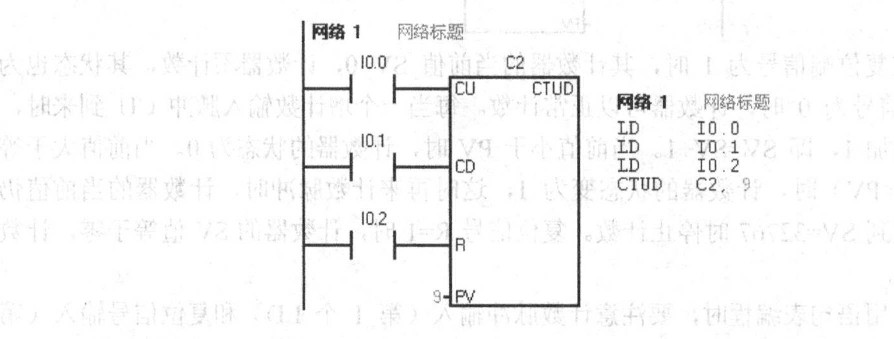

增减计数器在复位端信号为 1 时，其计数器的当前值 SV=0，计数器不计数，其状态也为 0；当复位端的信号为 0 时，计数器可以正常计数。每当一个增计数输入脉冲 CU 到来时，计数器的当前值加 1，即 SV=SV+1。当前值小于 PV 时，计数器的状态为 0。当前值大于等于设定值（SV≥PV）时，计数器的状态变为 1，这时再来计数脉冲时，计数器的当前值仍然不断累加，直到 SV=32767 时停止计数。复位信号 R=1 时，计数器的 SV 值等于零，计数器的状态变为 0。每当一个减计数输入脉冲 CD 到来时，计数器的当前值减 1，即 SV=SV-1。当前值小于 PV 时，计数器的状态为 0。这时再来计数脉冲时，计数器的当前值仍然不断递减，直到 SV=-32768 时停止计数。

应当注意：用语句表编程时，要注意增计数脉冲输入（第 1 个 LD）、减计数输入（第 2

个 LD）和复位信号输入（第 3 个 LD）的先后顺序不能颠倒。

计数器的编号为 C0～C255。增计数器 CU 信号范围为 I、Q、M、SM、T、C、V、S、L（位）。计数器 R 信号范围为 I、Q、M、SM、T、C、V、S、L（位）。计数器 PV 值范围为 VW、IW、QW、MW、SMW、SW、LW、AIW、AC、T、C、常数、*VD、*AC、*LD（字）。

（4）几种计数器的应用程序

1）增计数器基本应用的梯形图和语句表如图 3-20 所示。运行程序，观察输出端的变化。输入开关 I0.0 拨动几次后，输出 LED 亮？是在哪个确定的时刻亮的？ 拨动开关 I0.1 后计数器是否复位？仔细体会 CTU 指令的工作过程和原理，尤其要注意其有无断电保持功能？

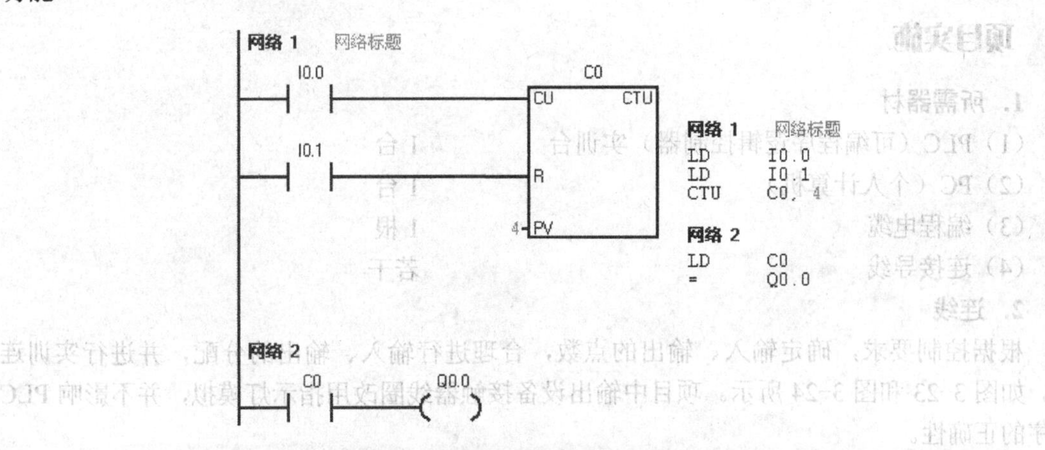

图 3-20 增计数器应用的梯形图和语句表

2）减计数器基本应用的梯形图和语句表如图 3-21 所示。运行程序，注意观察 CTU 和 CTD 的区别。

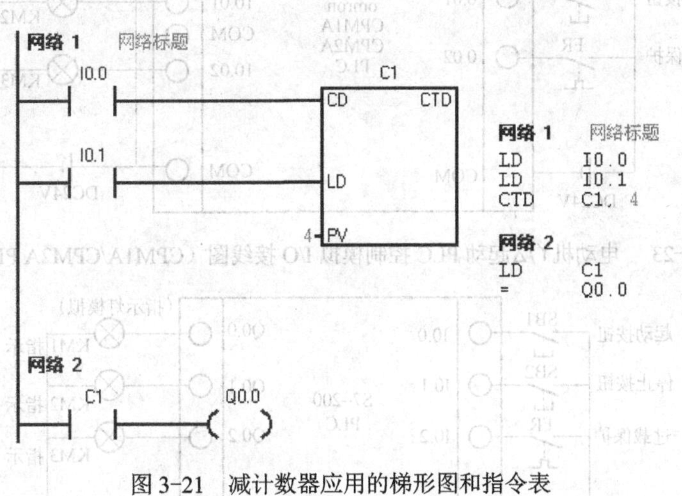

图 3-21 减计数器应用的梯形图和指令表

3）用计数器实现定时器的功能，梯形图和指令表如图 3-22 所示。运行程序，分析计数器实现计时功能时，其计时精度如何？

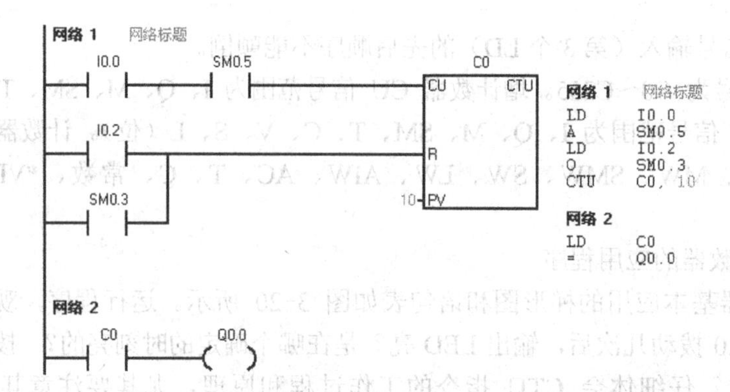

图 3-22 用计数器实现定时器的梯形图和语句表

项目实施

1. 所需器材

(1) PLC (可编程序逻辑控制器) 实训台 1 台

(2) PC (个人计算机) 1 台

(3) 编程电缆 1 根

(4) 连接导线 若干

2. 连线

根据控制要求，确定输入、输出的点数，合理进行输入、输出的分配，并进行实训连线。如图 3-23 和图 3-24 所示。项目中输出设备接触器线圈改用指示灯模拟，并不影响 PLC 程序的正确性。

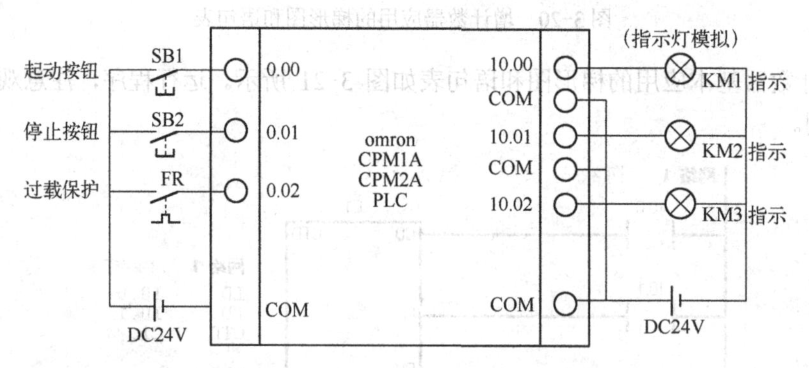

图 3-23 电动机Y/△起动 PLC 控制模拟 I/O 接线图 (CPM1A/CPM2A PLC)

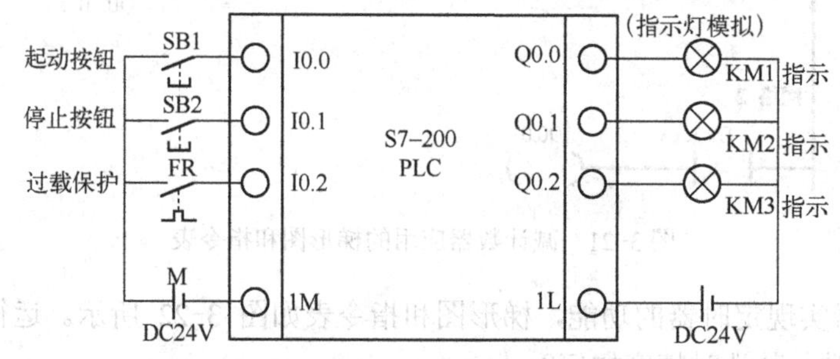

图 3-24 电动机Y/△起动 PLC 控制模拟 I/O 接线图 (S7-200 PLC)

另外，用于过载保护的热继电器 FR 作为输入设备时，注意要将其常开触点接至 PLC 的输入端子 0.02，这样在程序中，输入继电器 0.02 仍然可以常闭触点的形式画在梯形图中。当然，在进行实际接线时，热继电器 FR 的常闭触点也可接在 PLC 电源引入端，在发生过载事故时，直接切断 PLC 电源，而不需要在 PLC 程序中体现热继电器 FR 的过载保护控制。

3. 程序运行调试

（1）在断电状态下，连接好相关电缆。

（2）在 PC 上运行 CX-Programmer 编程软件或 STEP 7-Micro/WIN 编程软件。

（3）选择对应的 PLC 型号，设置通信参数，编辑梯形图控制程序。

（4）编译下载程序至 PLC。

（5）将 PLC 设为运行状态。

（6）调试程序，找出程序的不足与错误并修改，直至程序调试正确为止。

4. 完成项目报告

（1）确定输入、输出的数量，列出 I/O 分配表和内部继电器分配表。

（2）画出 I/O 接线示意图。

（3）画出输入、输出之间的波形图。

（4）绘制控制程序梯形图。

（5）如何利用多个定时器实现 30min 定时？试画出梯形图。

（6）使用定时器产生一个周期为 10s 的脉冲（占空比为 0.5），试画出梯形图。

3.2.5 项目拓展——密码锁控制系统设计

密码锁控制系统共有 5 个按键 SB1～SB5，其控制要求如下。

1）SB1 为开锁启动键，按下 SB1 键，才可进行开锁工作。

2）SB2、SB3 为可按压键。开锁条件为：SB2 设定按压次数为 3 次，SB3 设定按压次数为 2 次。同时，SB2、SB3 是有序的，先按 SB2，后按 SB3。如果按上述规定按压完成后 1s，则密码锁自动打开。若不按上述规定按压，少于规定按压次数则无效，开锁不执行；多于规定按压次数则警报器会发出警报。密码锁打开的情况下不报警。

3）SB5 为不可按压键，一旦按压，警报器发出警报。

4）SB4 为复位键，按下 SB4 键后，可重新进行开锁作业。如果按错键，则必须进行复位操作，所有的计数器都被复位。

密码锁控制地址分配表见表 3-2。

表 3-2 密码锁控制地址分配

名　　称	类　型	OMRON PLC 地址/值	S7-200 PLC 地址/值
开锁键 SB1	BOOL	0.00	I0.0
可按压键 SB2	BOOL	0.01	I0.1
可按压键 SB3	BOOL	0.02	I0.2
复位键 SB4	BOOL	0.03	I0.3
报警键 SB5	BOOL	0.04	I0.4
开锁动作 KM	BOOL	10.00	Q0.0
执行报警 HA	BOOL	10.01	Q0.1

密码锁控制设计的 OMRON PLC 指令助记符编程参考见表 3-3。

表 3-3　OMRON PLC 指令助记符参考程序

段1				
条	步	指令	操作数	注释
0	0	LD	开锁键 SB1	
	1	SET	200.00	
1	2	LD	200.00	
	3	AND	可按压键 SB2	
	4	LD	CNT100	
	5	OR	复位键 SB4	
	6	CNT	000	
			#3	
2	7	LD	200.00	
	8	AND	可按压键 SB2	
	9	LD	复位键 SB4	
	10	OR	开锁动作 KM	
	11	CNT	100	
			#4	
3	12	LD	CNT000	
	13	AND	可按压键 SB3	
	14	LD	CNT101	
	15	OR	复位键 SB4	
	16	CNT	001	
			#2	
4	17	LD	CNT000	
	18	AND	可按压键 SB3	
	19	LD	复位键 SB4	
	20	OR	开锁动作 KM	
	21	CNT	101	
			#3	
5	22	LD	CNT000	
	23	AND	CNT001	
	24	ANDNOT	执行报警 HA	
	25	TIM	010	
			#10	

（续）

段 1				
条	步	指令	操作数	注释
6	26	LD	TIM010	
	27	OUT	开锁动作 KM	
7	28	LD	CNT100	
	29	OR	CNT101	
	30	OR	报警键 SB5	
	31	OR	执行报警 HA	
	32	ANDNOT	复位键 SB4	
	33	ANDNOT	开锁动作 KM	
	34	OUT	执行报警 HA	
8	35	LD	复位键 SB4	
	36	RSET	200.00	
END				
条	步	指令	操作数	注释
0	37	END(01)		

密码锁控制设计的 S7-200 PLC 语句表编程参考如下。

```
启保停，短信号变长信号 网络 1
LD      开锁键 SB1:I0.0
O       M0.0
AN      复位键 SB4:I0.3
=       M0.0
可按压键 SB2 正常按压 3 次 网络 2
LD      M0.0
A       可按压键 SB2:I0.1
LD      C10
O       SM0.1
O       复位键 SB4:I0.3
CTU     C0, 3
可按压键 SB2 违规按压 4 次以上 网络 3
LD      M0.0
A       可按压键 SB2:I0.1
LD      SM0.1
O       复位键 SB4:I0.3
O       开锁动作:Q0.0
CTU     C10, 4
可按压键 SB3 正常按压 2 次 网络 4
LD      C0
A       可按压键 SB3:I0.2
```

```
LD      C11
O       SM0.1
O       复位键 SB4:I0.3
CTU     C1, 2
可按压键 SB3 违规按压 3 次以上  网络 5
LD      C0
A       可按压键 SB3:I0.2
LD      SM0.1
O       复位键 SB4:I0.3
O       开锁动作:Q0.0
CTU     C11, 3
正常按压后延时 1s  网络 6
LD      C1
TON     T37, 10
执行开锁动作  网络 7
LD      T37
=       开锁动作:Q0.0
执行报警动作  网络 8
LD      C10
O       C11
O       报警键 SB5:I0.4
O       报警执行:Q0.1
AN      开锁动作:Q0.0
AN      复位键 SB4:I0.3
=       报警执行:Q0.1
```

项目 3.3　长时间延时功能的 PLC 控制

项目引入

1. 控制要求

（1）超长时间延时

当 PLC 输入端子（CPM1A/CPM2A PLC 的 0.00，S7-200 PLC 的 I0.0）送入一个短脉冲，PLC 输出（CPM1A/CPM2A PLC 的 10.00，S7-200 PLC 的 Q0.0）过 10 年后由 OFF 变为 ON，如图 3-25 所示。

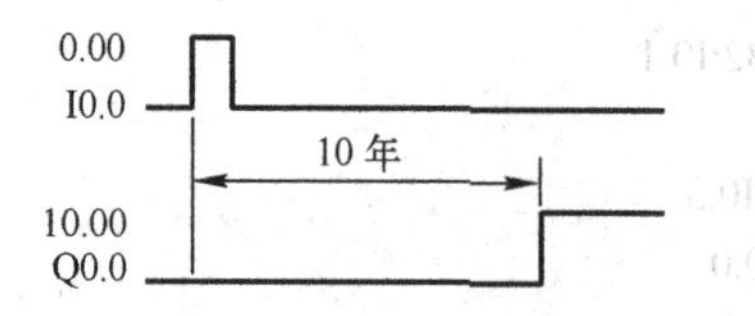

图 3-25　延时 10 年接通为 ON 的时序图

（2）单按钮启动和停止

只用一个按钮即控制启动和停止，如图 3-26 所示。

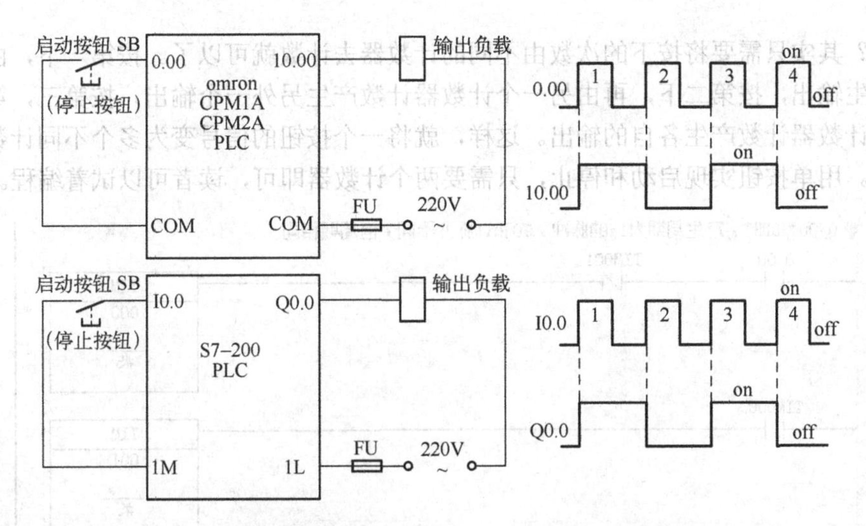

图 3–26　单按钮控制启动和停止的 PLC 接线图和输入、输出波形

2．学习目标

该项目完成后，可使学生进一步熟悉 PLC 定时器、计数器的扩展应用。

知识链接

3.3.1　计数器定时功能的实现

通过对稳定时间脉冲的计数，也可实现定时（或计时）的功能。CPM1A/CPM2A 型 PLC 可用全局符号中 255.02（P_1s，即 1.0s 时钟脉冲标志位）和计数器一起实现定时功能；S7-200 PLC 可用特殊存储区中的 SM0.5 和计数器一起实现定时功能。

图 3–27 是 CPM1A/CPM2A 型 PLC 用定时器产生的脉冲与 255.02 的区别，单用 255.02 和计数器实现定时，会少计 0.5s。若用 0.00 和 255.02 串联一起实现定时，则会产生 0～1s 的不确定误差（S7-200 型 PLC 的情况与此类似，可自行分析）。

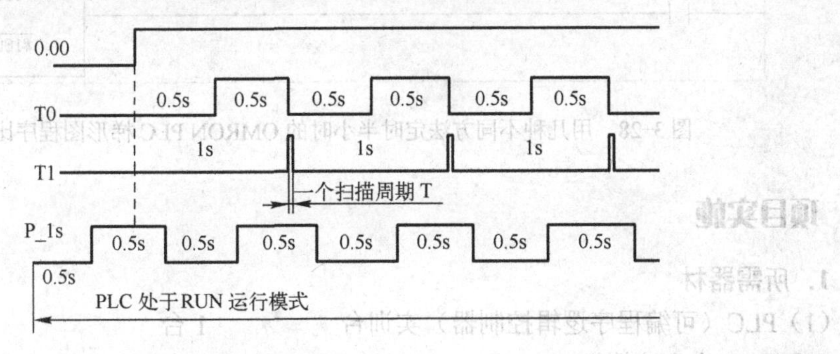

图 3–27　用定时器产生的脉冲与 255.02 的区别（CPM1A/CPM2A PLC）

图 3–28 是用几种不同方法定时半小时的 CPM1A/CPM2A 型 PLC 梯形图程序比较。

另外，用计数器可以轻松实现将一个信号转换成两个或两个以上的信号。比如只有一个按钮，现在要实现某台设备的启动和停止功能，按钮按第一下，设备启动，按钮按第二下，设备停止，继续按一下，设备又重新启动，再按一下，设备再次停止……，重复亦然。那么该怎么实现呢？其实只需要将按下的次数由不同的计数器去计数就可以了。按第一下，由一个计数器计数产生输出，按第二下，再由另一个计数器计数产生另外一个输出，按第三，第四……均可由相应计数器计数产生各自的输出。这样，就将一个按钮的信号变为多个不同计数器产生的输出信号。用单按钮实现启动和停止，只需要两个计数器即可，读者可以试着编程。

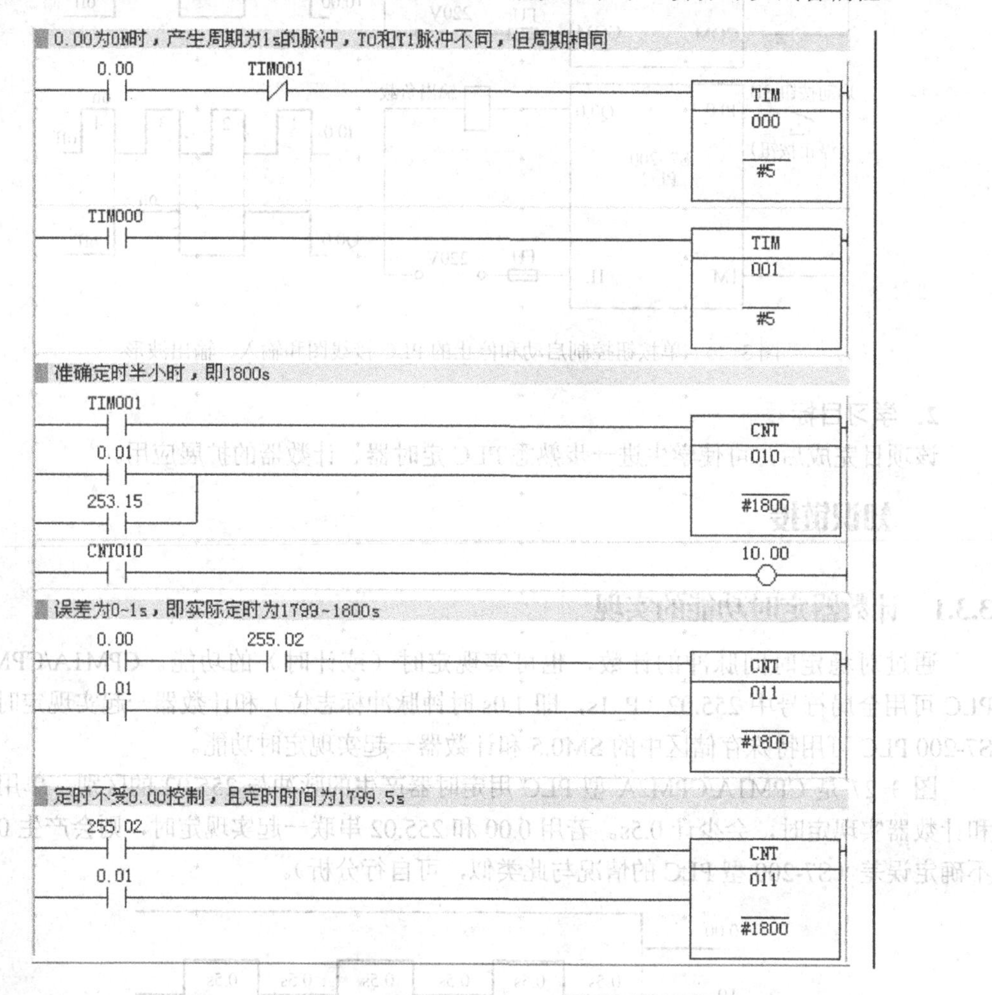

图 3-28　用几种不同方法定时半小时的 OMRON PLC 梯形图程序比较

项目实施

1. 所需器材

(1) PLC（可编程序逻辑控制器）实训台　　1 台

(2) PC（个人计算机）　　1 台

(3) 编程电缆　　1 根

(4) 连接导线　　若干

2. 连线

根据控制要求，确定输入、输出的点数，合理进行输入、输出的分配，并进行实训连线。如图 3-29 所示。

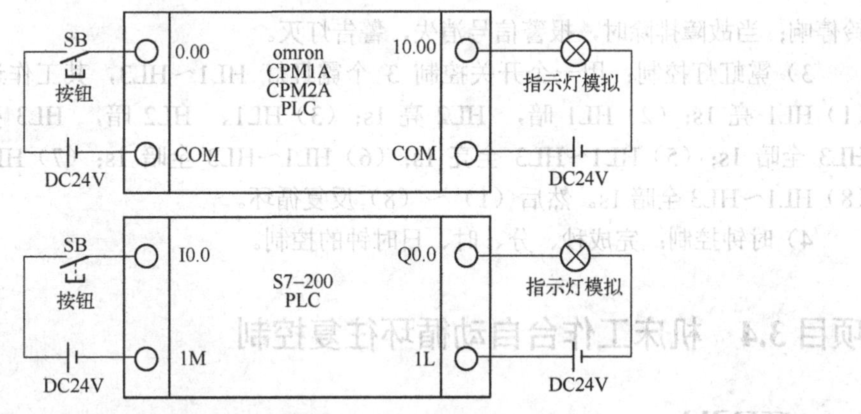

图 3-29　设备启停的单按钮 PLC 控制模拟的 I/O 接线图

3．程序运行调试

（1）在断电状态下，连接好相关电缆。

（2）在 PC 上运行 CX-Programmer 编程软件或 STEP 7-Micro/WIN 编程软件。

（3）选择对应的 PLC 型号，设置通信参数，编辑梯形图控制程序。

（4）编译下载程序至 PLC。

（5）将 PLC 设为运行状态。

（6）调试程序，找出程序的不足与错误并修改，直至程序调试正确为止。

4．完成项目报告

（1）根据项目引入控制要求，确定输入、输出数量，列出 I/O 分配表。

（2）画出 I/O 接线示意图。

（3）画出输入、输出之间的波形图。

（4）绘制控制程序梯形图。

（5）如图 3-30 所示，如何用一个按钮实现组合吊灯三档亮度的控制功能？

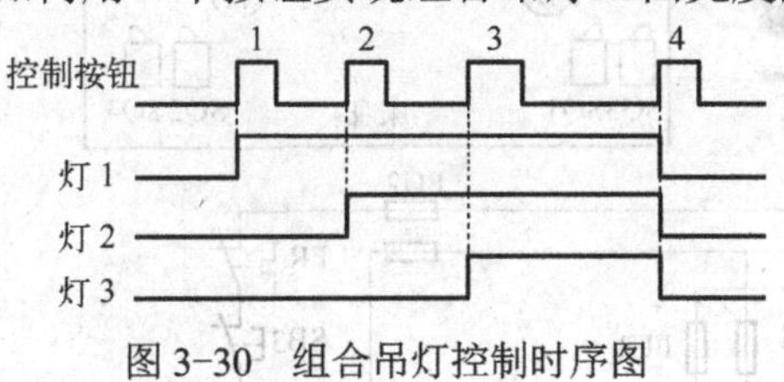

图 3-30　组合吊灯控制时序图

3.3.2　项目拓展——定时器、计数器的灵活运用

以下项目为选做项目，可根据教学侧重和课时要求灵活安排。

1）单按钮控制延时启动和停止。控制要求如下：按钮短按第一下，延时 5s 设备启动，按钮短按第二下，延时 3s 设备停止。如此循环往复……（若第一次长按按钮 5s 以上才能启动，第二次长按按钮 3s 以上才能停止设备，短按均无效，且长按无论按多久都只认规定的秒数启动或停止设备，又该如何实现呢？）

2）故障控制系统设计：当系统发生故障时，立即有报警信号产生，能及时报警，即警告灯闪烁，警铃响；当操作人员发现故障时，按响应按钮以示响应时，警告灯变为常亮，警铃停响；当故障排除时，报警信号消失，警告灯灭。

3）霓虹灯控制：用一个开关控制 3 个霓虹灯 HL1～HL3，其工作过程分 8 个时段：（1）HL1 亮 1s；（2）HL1 暗， HL2 亮 1s；（3）HL1、 HL2 暗， HL3 亮 1s；（4）HL1～HL3 全暗 1s；（5）HL1～HL3 全亮 1s；（6）HL1～HL3 全暗 1s；（7）HL1～HL3 全亮 1s；（8）HL1～HL3 全暗 1s。然后（1）～（8）反复循环。

4）时钟控制：完成秒、分、时、日时钟的控制。

项目 3.4　机床工作台自动循环往复控制

项目引入

1. 控制要求

机床工作台自动循环控制电路如图 3-31 所示，按下起动按钮 SB1，接触器 KM1 主触点闭合，电动机 M 正转起动，工作台向左移动；当工作台移动到一定位置时，挡铁碰撞位置开关 SQ1，使 SQ1 的常闭触点断开，接触器 KM1 线路断电释放，电动机 M 断电；与此同时，位置开关 SQ1 的常开触点闭合，接触器 KM2 线圈得电吸合，使电动机反转，拖动工作台向右移动，此时位置开关 SQ1 虽复位，但接触器 KM2 的自锁触点已闭合，故电动机 M 继续拖动工作台向右移动；当工作台向右移动到一定位置时，挡铁碰撞位置开关 SQ2，SQ2 的常开触点闭合，接触器 KM1 线圈又得电动作，电动机 M 再次正转，拖动工作台向左移动。如此循环，工作台在预定的距离内自动往复运动。

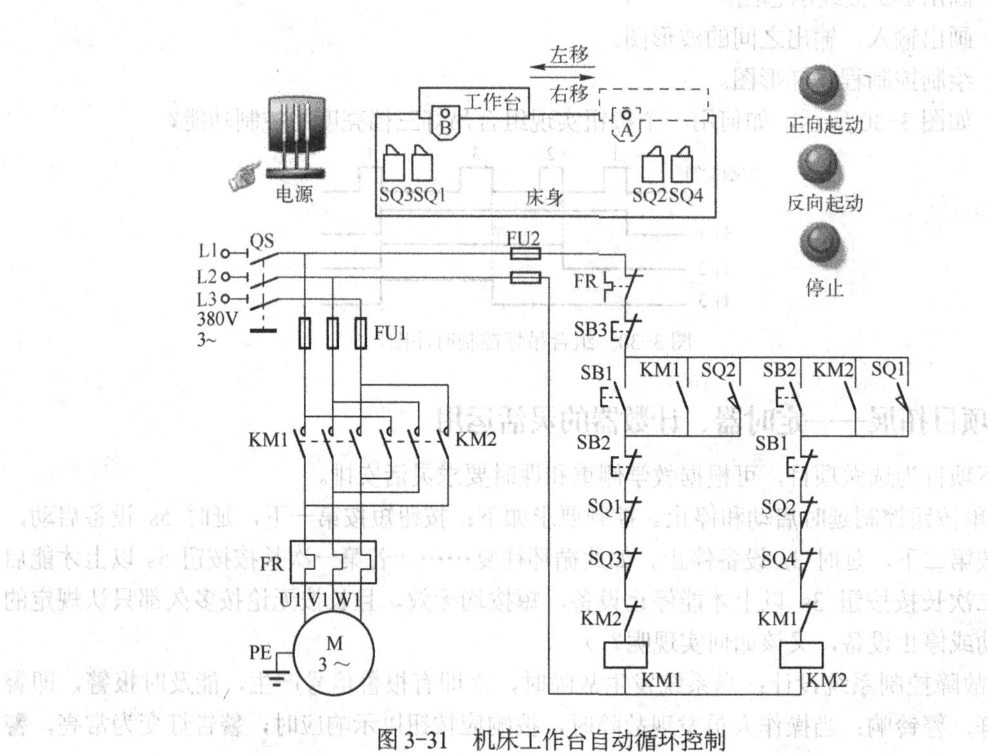

图 3-31　机床工作台自动循环控制

图中位置开关 SQ3 和 SQ4 安装在工作台往复运动的极限位置上，以防止位置开关 SQ1 和 SQ2 失灵，导致工作台继续运动不停止而引起事故。

2．学习目标

该项目完成后，可使学生熟悉传统的继电接触器控制与 PLC 控制的区别与特点，了解传统控制转换成 PLC 控制的改进方法。了解 OMRON PLC 的 IL/ILC 指令用法或者 S7-200 PLC 中堆栈的概念及堆栈指令的用法。

知识链接

3.4.1 CPM1A/CPM2A PLC 的分支和分支结束指令

分支（互锁）指令/分支结束（清除互锁）指令梯形图表示如下

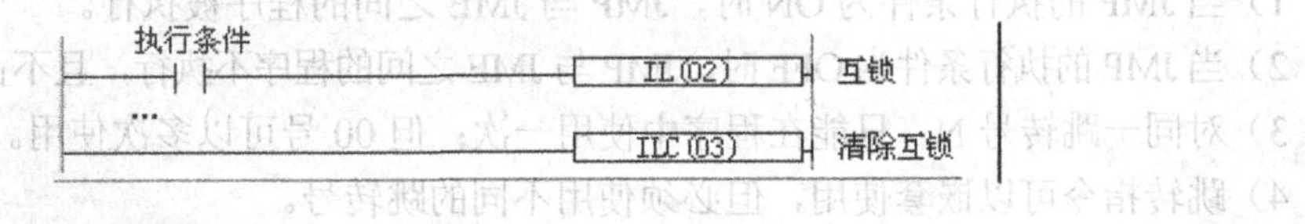

指令符：IL（02）/ILC（03）；

操作数：无；

编程器按键操作：FUN、0、2（计算机上编程只需输入字母 IL 即可）；FUN、0、3（计算机上编程只需输入字母 ILC 即可，以后此说明略）；

功能：形成分支电路/表示互锁程序段的结束。

当梯形图中，某点右侧有两个或两个以上分支，且每个分支都有触点要控制时，需要用到分支指令。IL（Interlock）为程序分支开始指令，ILC（Interlock Clear）为程序分支结束指令，这两条指令的执行结果不影响标志位。

使用 IL（02）/ILC（03）指令的注意事项如下。

1）不论 IL 的条件是 ON 还是 OFF，CPU 都要对 IL 与 ILC 之间的程序段进行扫描。

2）当 IL 的输入条件为 ON 时，IL 与 ILC 之间的程序按满足条件的情况正常执行。

3）当 IL 的输入条件为 OFF 时，IL 与 ILC 之间的程序按不满足条件的情况去执行。此时所有输出指令（OUT）的线圈均失电（均为 OFF）；所有定时器都复位；计数器、移位寄存器、KEEP 指令、SET 和 RESET 指令的操作位保持前面的状态。

4）允许多个 IL 指令与一条 ILC 指令配合，但不允许嵌套（即不允许出现 IL-IL-ILC-ILC 的嵌套结构）使用。

3.4.2 CPM1A/CPM2A PLC 的暂存继电器

CPM1A/CPM2A PLC 的暂存继电器共 8 个，编号为 TR0～TR7，用来暂存指令执行的中间结果，进行分支处理，仅在语句表中使用。

3.4.3 CPM1A/CPM2A PLC 的跳转和跳转结束指令

跳转指令/跳转结束指令梯形图表示如下

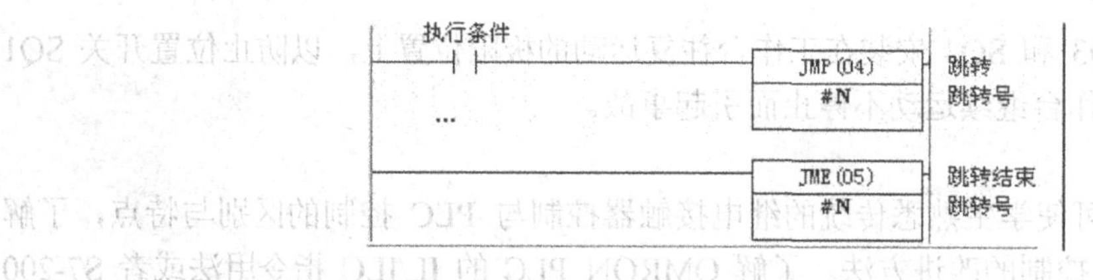

指令符：JMP（04）/JME（05）；

操作数：跳转号（00～49）；

功能：程序转移/程序转移结束。

JMP（04）N 为跳转开始指令（N 为跳转号，对于 CPM1A/CPM2A PLC 来讲，N 的取值范围均为 00～49），JME（05）N 为跳转结束指令，用于控制程序的流向。

使用 JMP（04）/JME（05）指令的注意事项如下。

1）当 JMP 的执行条件为 ON 时，JMP 与 JME 之间的程序被执行。

2）当 JMP 的执行条件为 OFF 时，JMP 与 JME 之间的程序不执行，且不占用扫描时间。

3）对同一跳转号 N，只能在程序中使用一次；但 00 号可以多次使用。

4）跳转指令可以嵌套使用，但必须使用不同的跳转号。

5）当跳转号为 00 时，多个 JMP #00 可以共用一个 JME #00，尽管在程序编译时会出现警告信息，但程序仍可正常执行。

3.4.4 S7-200 PLC 的堆栈指令

（1）堆栈（stack）的概念

堆栈在计算机领域中其实就是指一个特殊的数据存储区，最底部的数据叫作栈底数据，最顶部的数据叫作栈顶数据。S7-200 PLC 有一个 9 位的堆栈，栈顶用来存储逻辑运算的结果，栈顶下面的 8 位则是用来存储中间结果。PLC 有些操作往往需要把当前的一些数据送到堆栈中保存，待需要时再把存入的数据取出来，这就是入栈和出栈，也叫作压栈和弹出。通常堆栈中的数据一般按“先进后出”的原则存取。S7-200 PLC 在使用语句表编程时就可能用到堆栈指令，这种用法类似于 OMRON PLC 的暂存继电器，或者 OMRON PLC 的 IL/ILC 指令。S7-200 PLC 进行逻辑操作时的块与块的操作、子程序操作、顺控操作、高速计数器操作和中断操作等都会接触到堆栈。S7-200 PLC 堆栈共有 8 层（IV1～IV8），栈顶是 IV0，如图 3-32 所示。

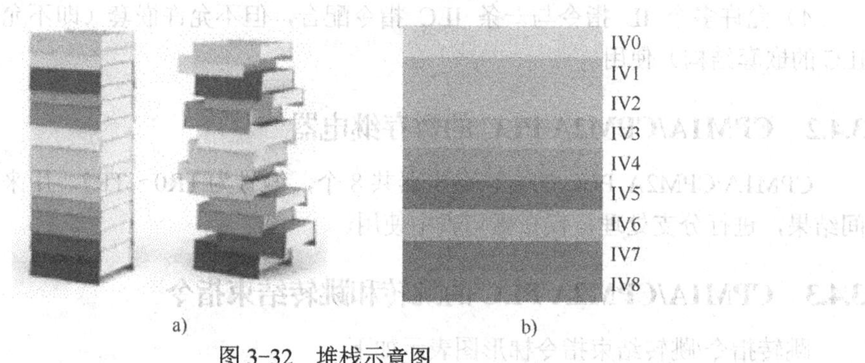

图 3-32 堆栈示意图

a) 堆栈 b) S7-200 PLC 的 9 位堆栈

堆栈指令见表 3-4。

表 3-4 与堆栈有关的指令

语　　句	描　　述
ALD	栈装载与，电路块串联连接
OLD	栈装载或，电路块并联连接
LPS	压栈指令，逻辑入栈
LRD	读栈指令，逻辑读栈
LPP	弹出指令，逻辑出栈
LDS　n	装栈指令，装载堆栈

（2）压栈指令 LPS

压栈指令由压栈指令助记符 LPS 表示。该指令只能用语句表表示，没有操作数。执行压栈指令就是复制栈顶的数据并将其入栈，堆栈底部的值被推出丢失。

（3）读栈指令 LRD

读栈指令由读栈指令助记符 LRD 表示。该指令只能用语句表表示，没有操作数。执行读栈指令就是使栈顶的数据被推出。堆栈第一数据称为堆栈新的顶部值。堆栈没有入栈或出栈的操作，但旧的栈顶值被新的复制值取代。

（4）弹出指令 LPP

弹出指令由指令助记符 LPP 表示。该指令只能用语句表表示，没有操作数。执行弹出指令就是弹出栈顶部的数据，堆栈第一数据成为新的栈顶值。

（5）装栈指令 LDS　n

装栈指令由指令助记符 LDS 和操作数 n 构成。该指令只能用语句表表示，操作数范围为 1～8。执行装栈指令就是复制堆栈上的第 n 层的值到栈顶，堆栈中原有的数据依次向下一层推移，堆栈底部的值被推出丢失。

如图 3-33 所示，在执行堆栈指令之前，堆栈内的数据为 8 项，IV1～IV8。执行压栈指令，则数据 IV0 进栈；执行读栈指令，则把 IV0 读出；执行弹出指令，则 IV0 出栈；执行装栈指令，则 IV0 进栈且读出 IV3。

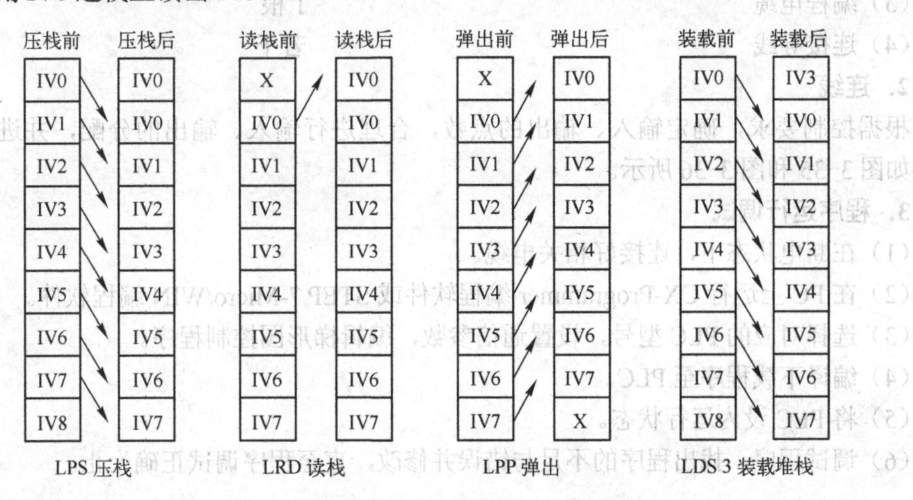

图 3-33　堆栈的操作

3.4.5 S7-200 PLC的跳转指令和标号指令

S7-200 PLC 在执行的程序中出现分支时，有时可以用跳转指令和标号指令来实现跳转操作，跳转操作就是由跳转指令和标号指令这两部分组成。

跳转指令由跳转条件、跳转助记符 JMP 和跳转标号 n 构成。标号指令由标号指令助记符 LBL 和标号 n 构成。跳转指令和标号指令的梯形图和语句表如图 3-34 所示。

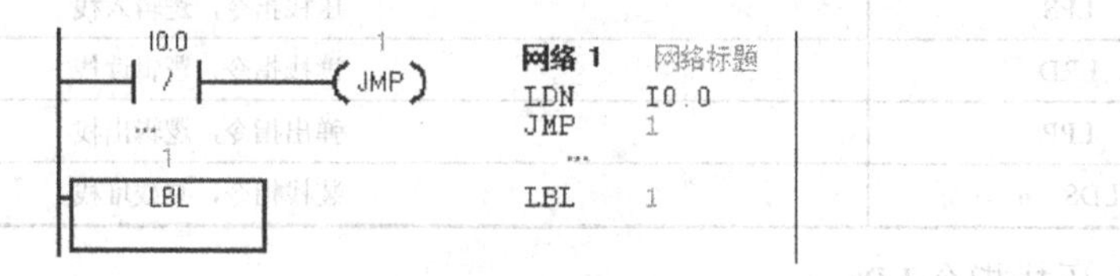

图 3-34 跳转指令和标号指令梯形图和语句表

跳转指令可以使程序跳转到具体的标号（n）处。当跳转条件满足时，程序由 JMP 指令控制转至标号 n 的程序段去执行。如果完成转移，堆栈顶的值总是逻辑 1。

注意：跳转指令和标号指令必须位于主程序、子程序或中断程序内。不能从主程序转移至子程序或中断程序内的标号，也不能从子程序或中断程序转移至该子程序或中断程序之外的标号。标号 n 的数据范围为 0～255。

在跳转期间，线圈在跳转区内的位元件的 ON/OFF 状态保持不变。如果跳转开始时跳转区内的定时器正在定时，则 100ms 的定时器将停止定时，当前值保持不变，跳转结束后继续定时；但是 1ms 定时器和 10ms 定时器将继续定时，定时时间到时，它们的定时器位变为 1 状态，并且可以在跳转区外起作用。

项目实施

1. 所需器材

（1）PLC（可编程序逻辑控制器）实训台　　1 台

（2）PC（个人计算机）　　1 台

（3）编程电缆　　1 根

（4）连接导线　　若干

2. 连线

根据控制要求，确定输入、输出的点数，合理进行输入、输出的分配，并进行实训连线。如图 3-35 和图 3-36 所示。

3. 程序运行调试

（1）在断电状态下，连接好相关电缆。

（2）在 PC 上运行 CX-Programmer 编程软件或 STEP 7-Micro/WIN 编程软件。

（3）选择对应的 PLC 型号，设置通信参数，编辑梯形图控制程序。

（4）编译下载程序至 PLC。

（5）将 PLC 设为运行状态。

（6）调试程序，找出程序的不足与错误并修改，直至程序调试正确为止。

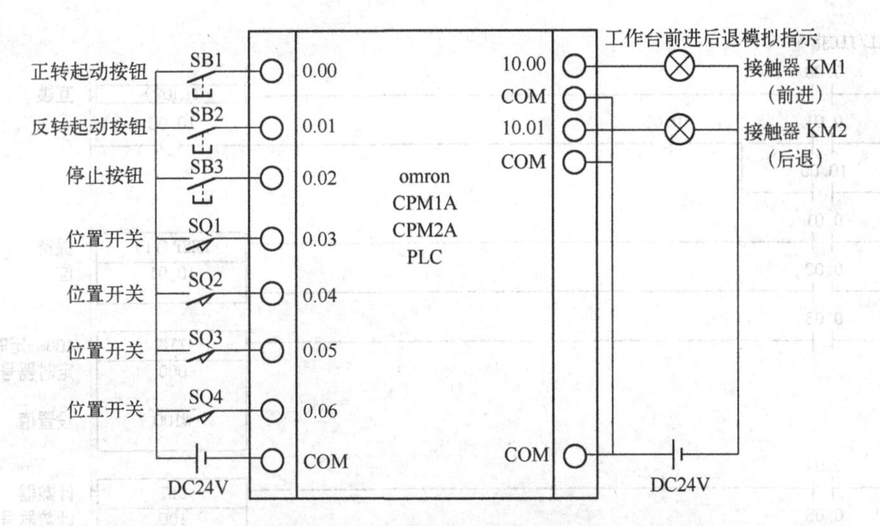

图 3-35　工作台自动循环往复 PLC 控制模拟的 I/O 接线图（CPM1A/CPM2A PLC）

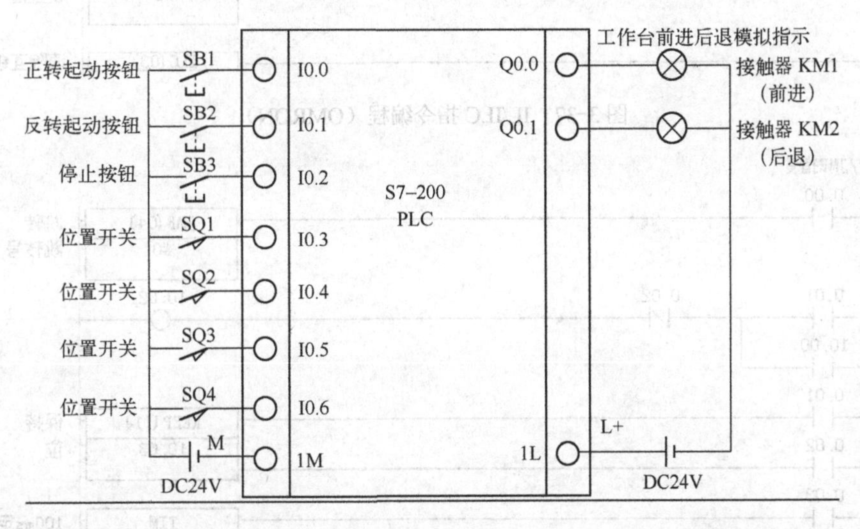

图 3-36　工作台自动循环往复 PLC 控制模拟的 I/O 接线图（S7-200 PLC）

4. 完成项目报告

（1）根据项目引入控制要求，确定输入、输出数量，列出 I/O 分配表。

（2）画出 I/O 接线示意图。

（3）绘制控制程序梯形图。

（4）程序调试过程中，碰到哪些问题？是如何解决的？

（5）机床工作台循环控制中具有哪些基本控制环节和保护环节（如自锁环节、互锁环节、过载保护等）？在 PLC 梯形图中这些环节是如何实现的？

3.4.6　项目拓展——OMRON 及 SIEMENS PLC 跳转指令的运用注意事项

1）图 3-37 和图 3-38 是使用 OMRON PLC 的 IL/ILC 指令和 JMP/JME 指令编程的例子。当 0.00 执行条件为 ON 以及再由 ON 变为 OFF 时，试调试它们的执行结果有何不同。

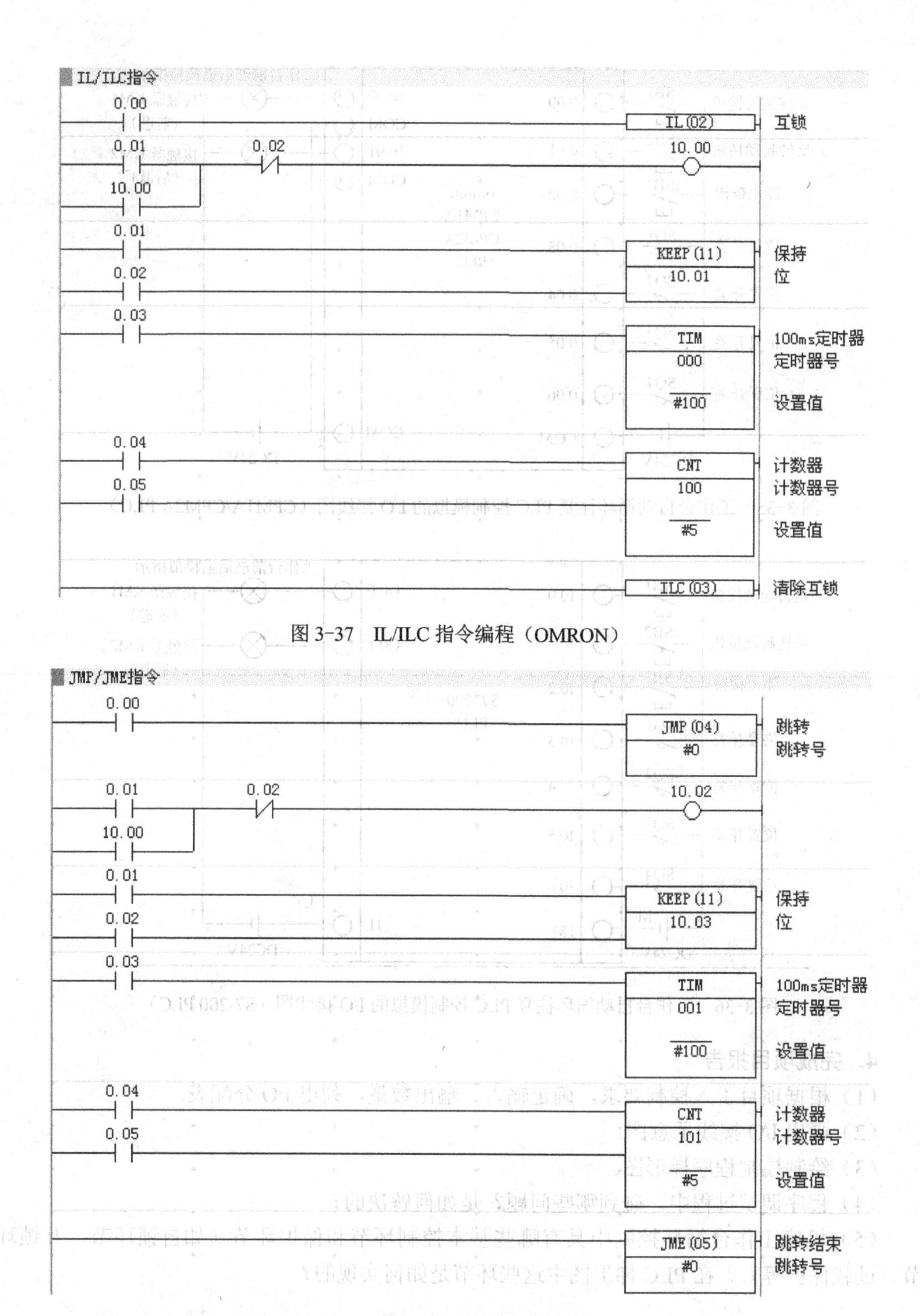

图 3-37 IL/ILC 指令编程（OMRON）

图 3-38 JMP/JME 指令编程（OMRON）

2）用 S7-200 PLC 编程软件 STEP 7-Micro/WIN 将下面的语句表转换成梯形图程序输入计算机，并下载到 S7-200 PLC 后运行程序。具体操作步骤如下。

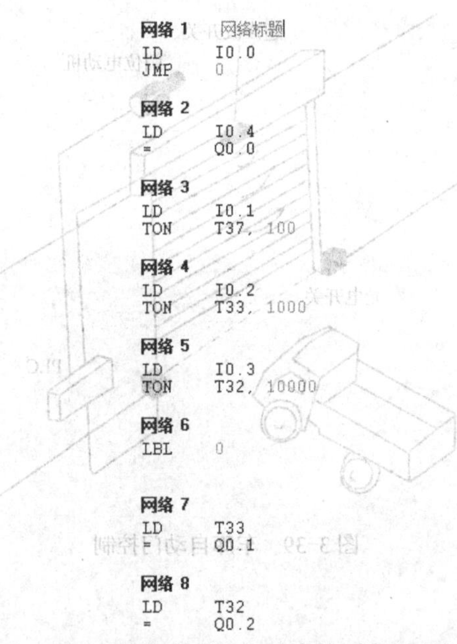

```
网络 1  网络标题
LD      I0.0
JMP     0

网络 2
LD      I0.4
=       Q0.0

网络 3
LD      I0.1
TON     T37, 100

网络 4
LD      I0.2
TON     T33, 1000

网络 5
LD      I0.3
TON     T32, 10000

网络 6
LBL     0

网络 7
LD      T33
=       Q0.1

网络 8
LD      T32
=       Q0.2
```

① 当跳转条件不满足时，I0.0 对应的拨动开关处于断开状态，检查 I0.4 是否能控制 Q0.0，I0.1～I0.3 是否能控制各定时器。

② 当跳转条件满足时，I0.0 对应的拨动开关处于接通状态，程序将从跳转指令 JMP 0 跳到标号 LBL 0 处。检查 I0.4 能否控制 Q0.0，是否能用 I0.1～I0.3 对应的拨动开关启动各个定时器定时。

③ 断开拨动开关 I0.0，用 I0.1～I0.3 启动各定时器开始定时。定时时间未到，接通 I0.0 对应的拨动开关，观察哪些定时器停止定时，当前值保持不变；哪些定时器继续定时，当前值继续增大。观察继续定时的定时器的定时时间到时，跳转区之外的 T32 和 T33 的触点是否能控制 Q0.1 和 Q0.2。

项目 3.5　车库自动门控制

项目引入

1．控制要求

使用 PLC 来完成自动开、关车库大门的任务，以便让汽车进、出车库。图 3-39 所示为该系统的工作示意图。这里采用了一个可发射和接收超声波的开关，用于检测出、入车辆的回波；一个光电开关，汽车通过大门时遮断光束，汽车进门后，光束恢复，光电开关便检测到已有车通过，可关门；PLC 控制电动机，以驱动车库门的上、下拖动；还配置有车库门上、下限检测开关。现应用 CPM1A/CPM2A 型 PLC 或 S7-200 型 PLC 相应指令实现控制要求。

2．学习目标

该项目完成后，可使学生进一步熟悉基本逻辑指令，同时了解 OMRON PLC 的锁存指令、置位/复位指令和微分指令的用法，熟练使用 SIEMENS PLC 的置位/复位操作、触发器指令、上微分/下微分操作指令实现相应功能。

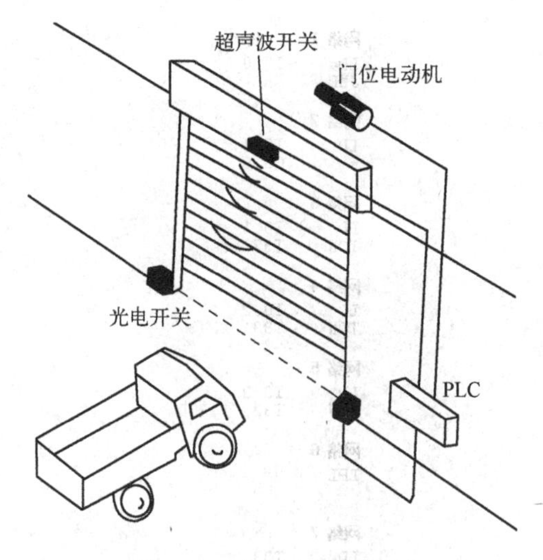

图 3-39　车库自动门控制

**知识链接**

3.5.1　CPM1A/CPM2A PLC 的置位/复位指令

置位/复位指令的表示如下

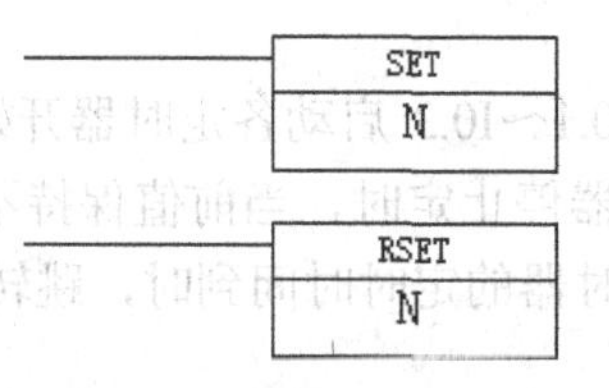

其中，N 为操作数，取值范围为：IR、SR、HR、AR、LR。

功能为：SET　N 指令使继电器 N 置为 ON 且保持；RSET　N 指令使继电器 N 置为 OFF 且保持。这两条指令的执行结果不影响标志位。

3.5.2　CPM1A/CPM2A PLC 的锁存指令

锁存指令的表示如下

```
S ┌─────────┐
  │KEEP(11) │
R │    N    │
  └─────────┘
```

格式：条件 S

条件 R

KEEP(11)　N

其中，N 为操作数，取值范围为：IR、SR、HR、AR、LR。

功能：当置位输入端 S 为 ON 时，继电器 N 保持为 ON 状态直至复位输入端 R 为 ON 时才使其变为 OFF 状态。复位端具有更高的优先级，即当两个输入端同时为 ON 时继电器 N 处于复位状态（OFF）。KEEP 指令执行结果不影响标志位。

3.5.3 CPM1A/CPM2A PLC 的上升沿微分/下降沿微分指令

上升沿微分/下降沿微分指令的表示如下

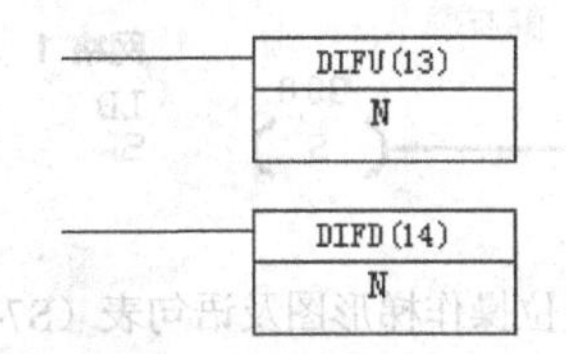

其中，N 为操作数，取值范围为：IR、SR、HR、AR、LR。

功能：当 DIFU（13）N 的条件由 OFF 变为 ON（即上升沿）时，它使继电器 N 维持一个扫描周期（通常为几毫秒至几十毫秒）的 ON 状态，随后又变为 OFF 状态；而 DIFD（14）N 的条件由 ON 变为 OFF（即下降沿）时，它使继电器 N 维持一个扫描周期的 ON 状态，随后又变成 OFF 状态。这两条指令的执行结果不影响标志位。其梯形图及时序图如图 3-40 所示。

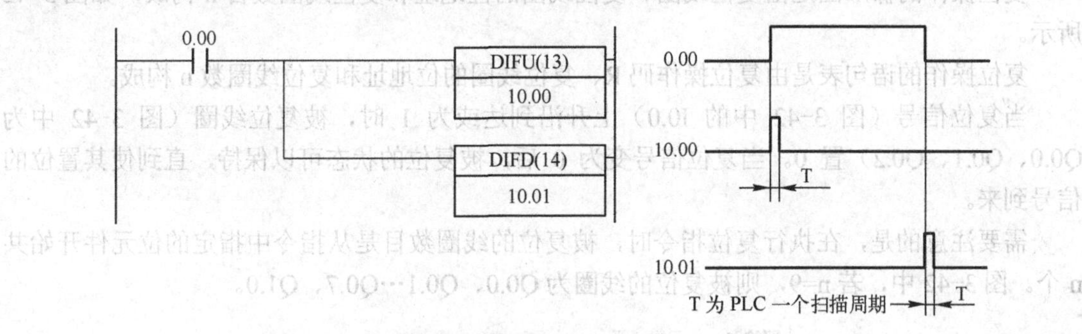

图 3-40 DIFU/DIFD 指令的梯形图及时序图（OMRON PLC）

当然，在 OMRON PLC 中还有其他一些方法，比如指令的微分形式，来实现微分作用。其实就是在某指令前加符号“@”，此时有“@”符号的指令的执行方式为：该指令在前方的执行条件上升沿到达时被执行一个扫描周期。过了这个周期指令不再被执行，直到该指令重新有上升沿到达时，指令又执行一个扫描周期，即指令在每个执行条件的上升沿开始执行一个扫描周期。

3.5.4 S7-200 PLC 的置位操作和复位操作

S7-200 PLC 的置位操作和复位操作不同于 OMRON PLC 的置位/复位指令，S7-200 PLC 的置位操作和复位操作可以对某字节最低位开始的若干位同时进行置位和复位，最大可同时置位或复位近 32B 共 255 位。

（1）置位操作

置位操作的梯形图是由置位线圈、置位线圈的位地址和置位线圈数目 n 构成，如图 3-41 所示。

置位操作的语句表是由置位操作码 S、置位线圈的位地址和置位线圈数目 n 构成，如图 3-41 所示。

当置位信号（图 3-41 中的 I0.0）上升沿到达或为 1 时，被置位线圈（图 3-41 中为 Q0.0、Q0.1）置 1。当置位信号变为 0 后，被置位的状态可以保持，直到使其复位的信号到来。

需要注意的是，在执行置位指令时，被置位的线圈数目是从指令中指定的位元件开始共 n 个。图 3-41 中，若 n=8，则被置位的线圈为 Q0.0、Q0.1…Q0.7。

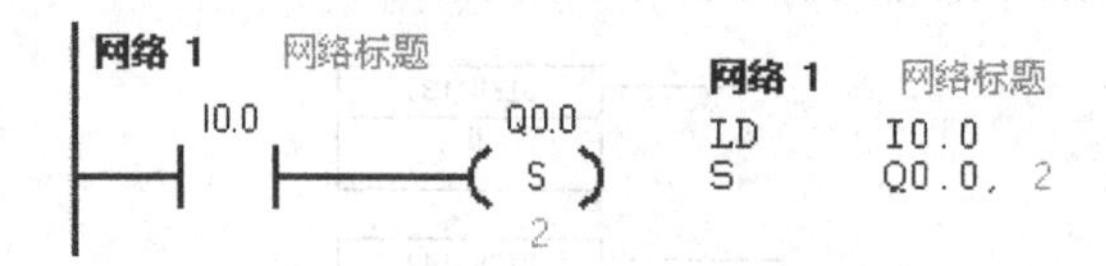

图 3-41 置位操作梯形图及语句表（S7-200 PLC）

操作数的范围：

置位线圈为 I、Q、M、SM、T、C、V、S、L（位）；

置位线圈数目为 VB、IB、QB、MB、SB、LB、AC、常数、*VD、*AC、*LD。

（2）复位操作

复位操作的梯形图是由复位线圈、复位线圈的位地址和复位线圈数目 n 构成，如图 3-42 所示。

复位操作的语句表是由复位操作码 R、复位线圈的位地址和复位线圈数 n 构成。

当复位信号（图 3-42 中的 I0.0）上升沿到达或为 1 时，被复位线圈（图 3-42 中为 Q0.0、Q0.1、Q0.2）置 0。当复位信号变为 0 后，被复位的状态可以保持，直到使其置位的信号到来。

需要注意的是，在执行复位指令时，被复位的线圈数目是从指令中指定的位元件开始共 n 个。图 3-42 中，若 n=9，则被复位的线圈为 Q0.0、Q0.1…Q0.7、Q1.0。

网络 1 网络标题
I0.0
Q0.0
R
3
网络 1 网络标题
LD I0.0
R Q0.0, 3

图 3-42 复位操作梯形图及语句表（S7-200 PLC）

操作数的范围：

复位线圈为 I、Q、M、SM、T、C、V、S、L（位）；

复位线圈数目为 VB、IB、QB、MB、SB、LB、AC、常数、*VD、*AC、*LD。

3.5.5 S7-200 PLC 的立即置位和立即复位操作

（1）立即置位操作

立即置位操作的梯形图是由立即置位线圈、立即置位线圈的位地址和立即置位线圈数目 n 构成，如图 3-43 所示。

立即置位操作的语句表是由立即置位操作码 SI、立即置位线圈的位地址和立即置位线圈数目 n 构成，如图 3-43 所示。

立即指令执行时，CPU 直接读取其物理输入的值，而不更新映像寄存器。当立即置位信号（图 3-43 中的 I0.0）上升沿到达或为 1 时，被置位线圈（图 3-43 中为 Q0.0、Q0.1）置 1。当置位信号变为 0 后，被置位的状态可以保持，直到使其复位的信号到来。

需要注意的是，在执行立即置位指令时，被立即置位的线圈数目是从指令中指定的位元件开始共 n 个。图 3-43 中，若 n=8，则被置位的线圈为 Q0.0、Q0.1…Q0.7。

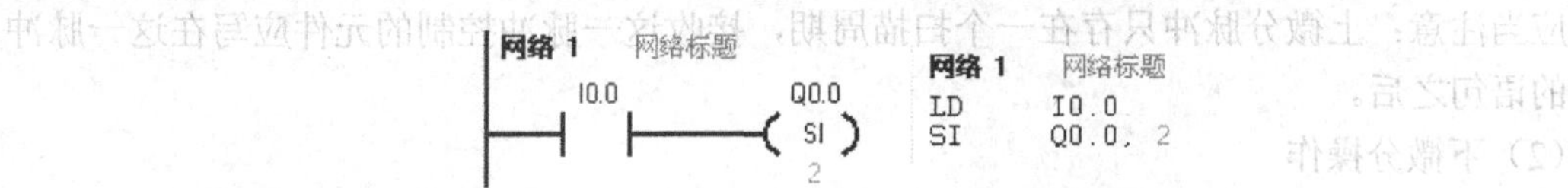

图 3-43　立即置位操作梯形图及语句表（S7-200 PLC）

操作数的范围：

置位线圈为 I、Q、M、SM、T、C、V、S、L（位）。

置位线圈数目为 VB、IB、QB、MB、SB、LB、AC、常数、*VD、*AC、*LD。

（2）立即复位操作

立即复位操作的梯形图是由立即复位线圈、立即复位线圈的位地址和立即复位线圈数目 n 构成，如图 3-44 所示。

立即复位操作的语句表是由立即复位操作码 RI、立即复位线圈的位地址和立即复位线圈数 n 构成，如图 3-44 所示。

当立即复位信号（图 3-44 中的 I0.0）上升沿到达或为 1 时，被复位线圈（图 3-44 中为 Q0.0、Q0.1、Q0.2）置 0。当立即复位信号变为 0 后，被复位的状态可以保持，直到使其置位的信号到来。

需要注意的是，在执行立即复位指令时，被复位的线圈数目是从指令中指定的位元件开始共 n 个。图 3-44 中，若 n=9，则被复位的线圈为 Q0.0、Q0.1…Q0.7、Q1.0。

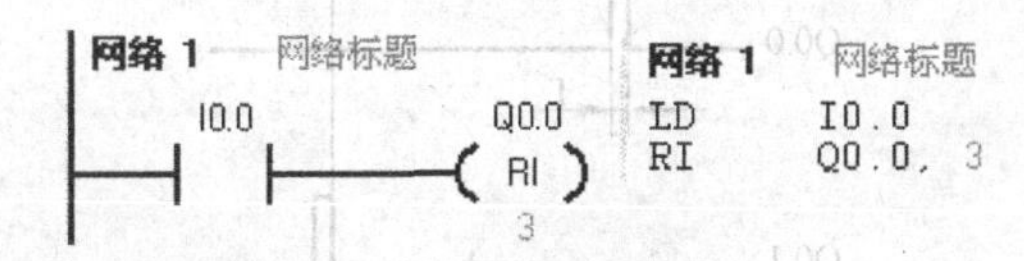

图 3-44　立即复位操作梯形图和指令表（S7-200 PLC）

操作数的范围：

复位线圈为 I、Q、M、SM、T、C、V、S、L（位）。

复位线圈数目为 VB、IB、QB、MB、SB、LB、AC、常数、*VD、*AC、*LD。

3.5.6　S7-200 PLC 的微分操作

（1）上微分操作

上微分操作的梯形图是由一个常开触点加上一个微分符“P”构成，如图 3-45 所示。

上微分操作的语句表是由上微分操作码“EU”构成，如图 3-45 所示。

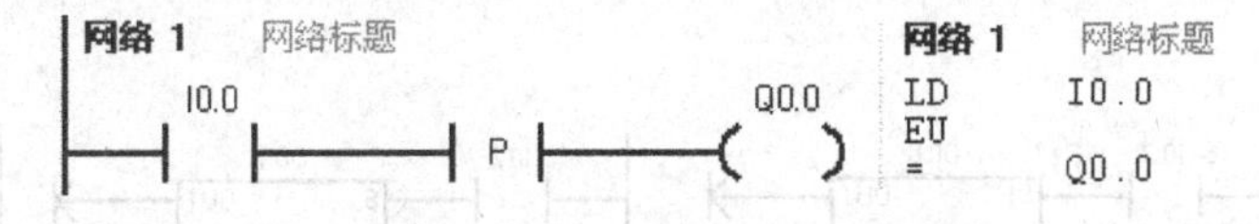

图 3-45　上微分操作梯形图和指令表（S7-200 PLC）

所谓上微分是指某一位操作数的状态由 0 变为 1 的过程，即出现上升沿的过程，上微分指令在这种情况下可以形成 ON 一个扫描周期的脉冲。这个脉冲可以用来启动下一个控制程序、启动一个运算过程和结束一段控制等。

应当注意：上微分脉冲只存在一个扫描周期，接收这一脉冲控制的元件应写在这一脉冲出现的语句之后。

（2）下微分操作

下微分操作的梯形图是由一个常开触点加上一个微分符“N”构成，如图 3-46 所示。

下微分操作的语句表是由上微分操作码“ED”构成。

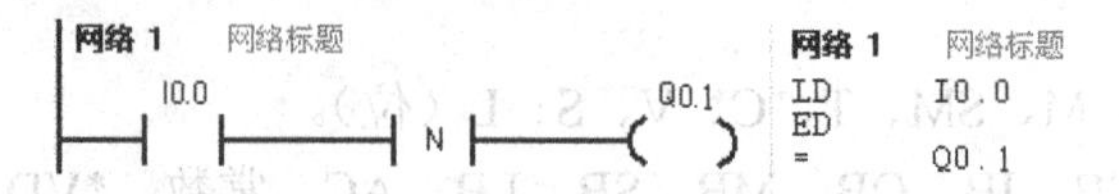

图 3-46　下微分操作梯形图和指令表（S7-200 PLC）

所谓下微分是指某一位操作数的状态由 1 变为 0 的过程，即出现下降沿的过程，下微分指令在这种情况下可以形成 ON 一个扫描周期的脉冲。该脉冲类似于上微分脉冲，也可以用来启动下一个控制程序、启动一个运算过程和结束一段控制等。

应当注意：下微分脉冲也只存在一个扫描周期，接收这一脉冲控制的元件应写在这一脉冲出现的语句之后。

上微分操作和下微分操作时序图如图 3-47 所示。

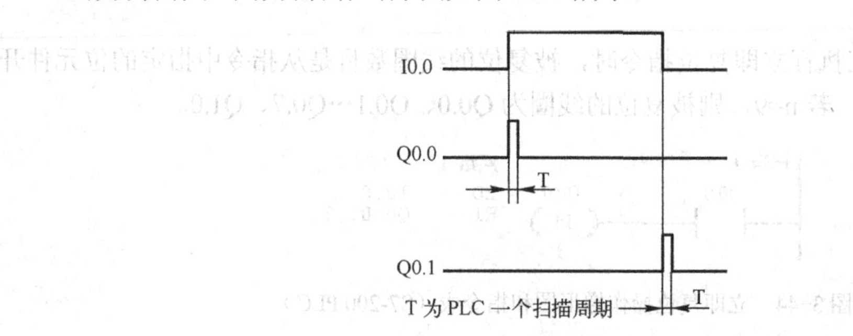

图 3-47　上微分和下微分操作时序图（S7-200 PLC）

3.5.7　S7-200 PLC 的触发器指令

触发器指令的基本功能与置位指令 S 和复位指令 R 的功能相同。不过触发器指令一次只能触发一个位。

置位优先（SR）触发器的置位信号 SI 和复位信号 R 同时为 1 时，Q0.0 被置位为 1，如图 3-48 所示。

复位优先（RS）触发器的置位信号 S 和复位信号 RI 同时为 1 时，Q0.1 被复位为 0，如图 3-48 所示。

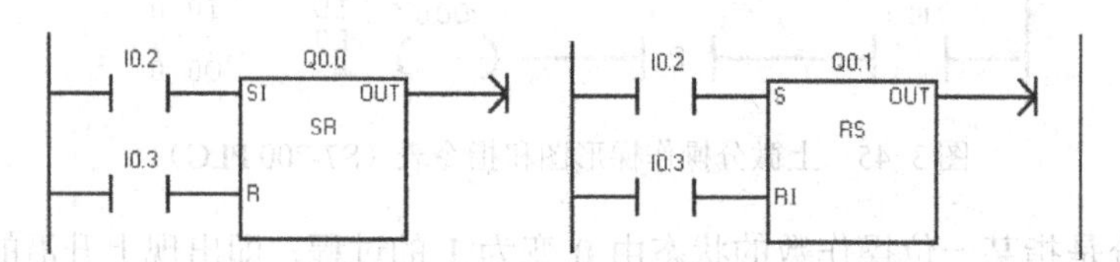

图 3-48　置位优先与复位优先触发器指令梯形图（S7-200 PLC）

项目实施

1. 所需器材

（1）PLC（可编程序逻辑控制器）实训台　　1 台

（2）PC（个人计算机）　　1 台

（3）编程电缆　　1 根

（4）连接导线　　若干

2. 连线

根据控制要求，确定输入、输出的点数，合理进行输入、输出的分配，并进行实训连线。如图 3-49 或图 3-50 所示。

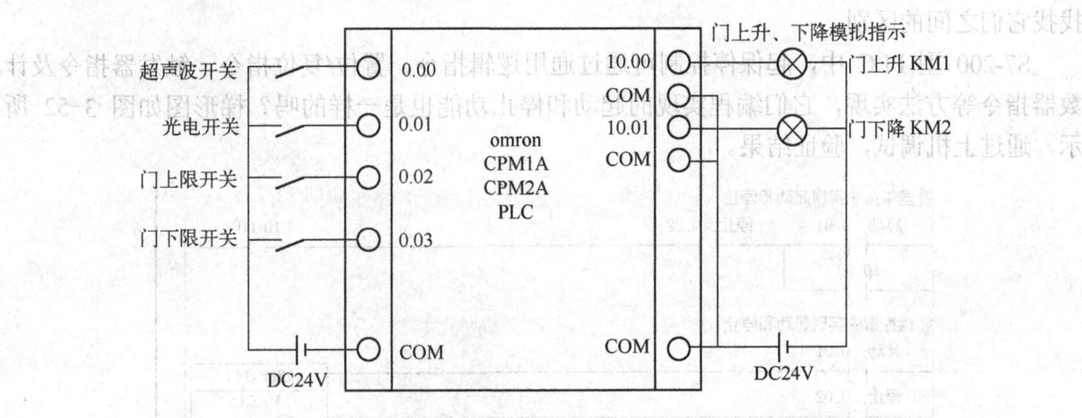

图 3-49　车库自动门 PLC 控制模拟的 I/O 接线图（CPM1A/CPM2A PLC）

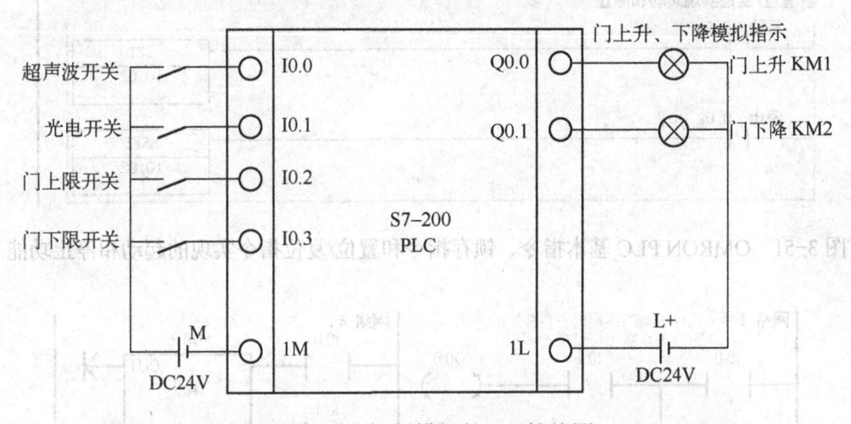

图 3-50　车库自动门 PLC 控制模拟的 I/O 接线图（S7-200 PLC）

3. 程序运行调试

（1）在断电状态下，连接好相关电缆。

（2）在 PC 上运行 CX-Programmer 编程软件或 STEP 7-Micro/WIN 编程软件。

（3）选择对应的 PLC 型号，设置通信参数，编辑梯形图控制程序。

（4）编译下载程序至 PLC。

（5）将 PLC 设为运行状态。

（6）调试程序，找出程序的不足与错误并修改，直至程序调试正确为止。

4．完成项目报告

（1）根据项目引入控制要求，确定输入、输出数量，列出I/O分配表。

（2）画出I/O接线示意图。

（3）“门升”“门降”在梯形图控制程序中是如何实现互锁？

（4）绘制控制程序梯形图。

3.5.8 项目拓展——几种不同的起保停控制编程方法

试想一下，CPM1A/CPM2A型PLC中，基本指令、锁存指令、置位/复位指令或者计数器指令编程实现的起动和停止功能是一样的吗？梯形图如图3-51所示，通过上机调试，来找找它们之间的区别。

S7-200型PLC中，起保停控制可通过通用逻辑指令、置位/复位指令、触发器指令及计数器指令等方法实现，它们编程实现的起动和停止功能也是一样的吗？梯形图如图3-52所示，通过上机调试，验证结果。

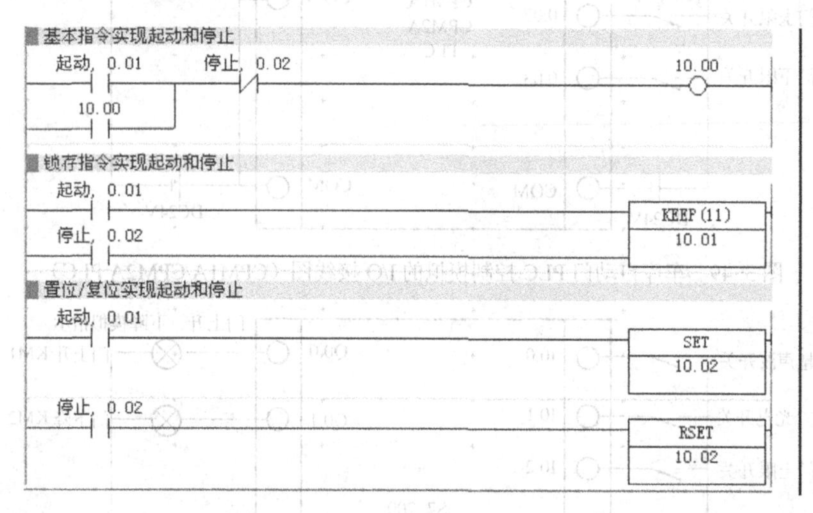

图3-51 OMRON PLC基本指令、锁存指令和置位/复位指令实现的起动和停止功能

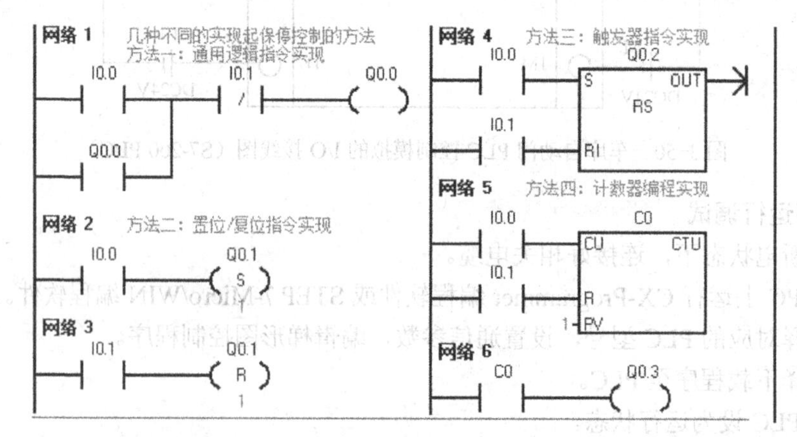

图3-52 S7-200 PLC通用逻辑指令、置位/复位指令、触发器指令及计数器指令实现的起动和停止功能

项目 3.6　天塔之光控制

项目引入

1. 控制要求

天塔之光控制系统，它有 2 个输入按钮 SB1 和 SB2，用于系统的启动和停止，其控制要求如下。

按下启动按钮 SB1，要求 9 个输出指示灯灯 1～灯 9（L1～L9）按以下规律显示：L1 亮 1s→L1、L2、L3、L4、L5 同时亮 1s→L1、L2、L3、L4、L5、L6、L7、L8、L9 同时亮 1s→9 盏指示灯同时闪烁 3s（每秒闪烁 1 次，其中 0.5s 为 OFF，0.5s 为 ON）→L1、L2、L3、L4、L5 同时亮 1s→L1 亮 1s→灯全灭 1s→L1 亮 1s……如此循环，周而复始。按下停止按钮 SB2，所有灯全灭。其控制示意图如图 3-53 所示。

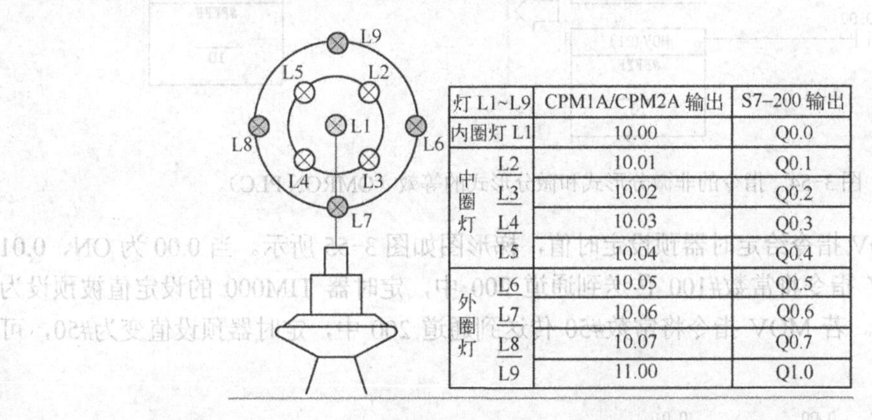

灯 L1~L9		CPM1A/CPM2A 输出	S7-200 输出
内圈灯 L1		10.00	Q0.0
中圈灯	L2	10.01	Q0.1
	L3	10.02	Q0.2
	L4	10.03	Q0.3
	L5	10.04	Q0.4
外圈灯	L6	10.05	Q0.5
	L7	10.06	Q0.6
	L8	10.07	Q0.7
	L9	11.00	Q1.0

图 3-53　天塔之光控制示意图

2. 学习目标

该项目完成后，可使学生进一步熟悉基本逻辑指令、定时器指令，同时了解传送等功能指令的用法和特点，做到巧妙运用合适的功能指令，实现相应的控制要求。

知识链接

3.6.1　CPM1A/CPM2A PLC 的单字传送指令

单字传送指令的表示如下：

MOV(21)	传送
S	源字
D	目标

指令符：MOV（21）

S 是源数据，其范围为：#、IR、SR、HR、AR、LR、TC、DM、*DM；若源数据为 TC，则传送 TC 的当前值。D 是目标通道，其范围为：IR、SR、HR、AR、LR、DM、*DM。

功能：当执行条件为 ON 时，将源数据 S 传送到目标通道 D 中。当间接寻址的 DM 通道不存在时，出错标志位 255.03 为 ON；当指令执行后 D 中的数据为 0000 时，相等标志位 255.06 为 ON。

说明： OMRON PLC 的指令有微分和非微分两种形式。对于指令的微分形式，要在指令前加@符号，仅在执行条件的上升沿执行一个扫描周期，直到下一次上升沿才再被执行一个扫描周期；对于指令的非微分形式，指令前不加@符号，只要执行条件为 ON，则每个扫描周期该指令都会一直执行。如 MOV（21）指令和@MOV（21）指令，它们在执行过程中是有区别的，要想使 MOV（21）和@MOV（21）执行相同，可以在执行 MOV（21）之前先执行 DIFU（13）指令，如图 3-54 所示。

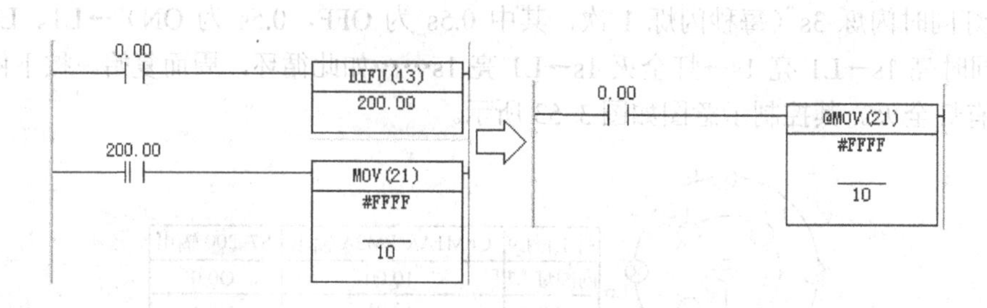

图 3-54 指令的非微分形式和微分形式的等效（OMRON PLC）

例如：用 MOV 指令给定时器预设定时值，梯形图如图 3-55 所示。当 0.00 为 ON、0.01 为 OFF 时，MOV 指令将常数#100 传送到通道 200 中，定时器 TIM000 的设定值被预设为#100，可定时 10s。若 MOV 指令将常数#50 传送到通道 200 中，定时器预设值变为#50，可定时 5s。

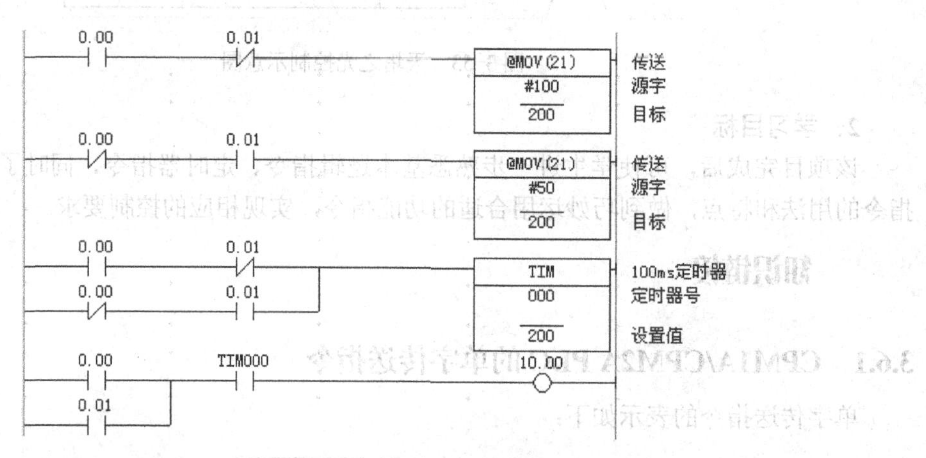

图 3-55 OMRON PLC 中用 MOV 指令修改定时器设定值的程序

OMRON PLC 中的数据存储区是按通道（字）来划分的，每个通道有 16 位，从 00～15，见表 3-5，表格中通道 200 里的几组对应的状态值为 16 位二进制数，可简写为 4 位十六进制数（或者 4 位 BCD 码），其值分别是：#0001 #9876 #BCAF（前缀“#”表示数值类型为十六进制数或 BCD 码，如果是无符号的十进制数，则用“&”符号作为前缀，有符号的十进制分别用“+”、“－”作为前缀）。

表 3-5　通道 200 中 16 位对应的状态值

位编号	15	14	13	12	11	10	09	08	07	06	05	04	03	02	01	00
状态	0	0	0	0	0	0	0	0	0	0	0	0	0	0	0	1
状态	1	0	0	1	1	0	0	0	0	1	1	1	0	1	1	0
状态	1	0	1	1	1	1	0	0	1	0	1	0	1	1	1	1

3.6.2　CPM1A/CPM2A PLC 的单字求反传送指令

单字求反传送指令的表示如下：

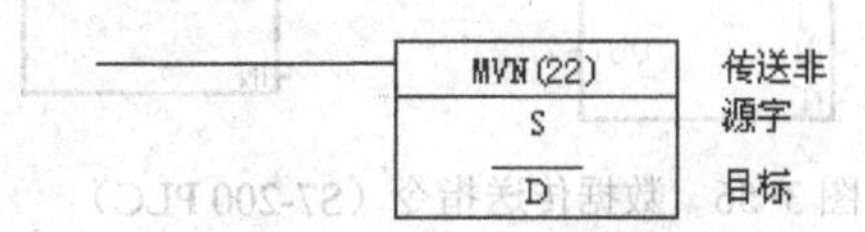

指令符：MVN（22）

其中，源数据 S 和目标通道 D 的选取范围与 MOV 指令相同。

功能：当执行条件为 ON 时，将源数据 S 按位求反后再传送到目标通道 D 中。当间接寻址的 DM 通道不存在时，出错标志位 255.03 为 ON；当指令执行后 D 中的数据为 0000 时，相等标志位 255.06 为 ON。

3.6.3　S7-200 PLC 的数据传送指令

以输出元件为例，在使用数据传送指令时，S7-200 PLC 元件地址分配见表 3-6。

表 3-6　S7-200 PLC 元件地址分配规律（1）

<table>
<tr><td colspan="32">QD0（双字，Double Word）</td></tr>
<tr><td colspan="16">QW0（字，Word）</td><td colspan="16">QW2</td></tr>
<tr><td colspan="8">QB0（字节，Byte）</td><td colspan="8">QB1</td><td colspan="8">QB2</td><td colspan="8">QB3</td></tr>
<tr><td>7</td><td>6</td><td>5</td><td>4</td><td>3</td><td>2</td><td>1</td><td>0</td><td>7</td><td>6</td><td>5</td><td>4</td><td>3</td><td>2</td><td>1</td><td>0</td><td>7</td><td>6</td><td>5</td><td>4</td><td>3</td><td>2</td><td>1</td><td>0</td><td>7</td><td>6</td><td>5</td><td>4</td><td>3</td><td>2</td><td>1</td><td>0</td></tr>
</table>

QB*是一个字节，包含 Q*.0～Q*.7 共 8 个位，其中最低位为 Q*.0，最高位为 Q*.7；QW0 是一个字，包含 QB0 和 QB1 两个字节；QW1 包含 QB1 和 QB2、QW2 包含 QB2 和 QB3……；QD0 是一个双字，包含 QW0 和 QW2 两个字，QW0 的右字节和 QW2 的左字节构成 QW1，即包含 QB1 和 QB2。例如 Q2.0 状态为 1，对于 QW1，可以写成 16#0001；对于 QW2，则可以写成 16#0100；对于 QW0 双字，写成 16#00000100，其分配规律也可见表 3-7。

表 3-7　S7-200 PLC 元件地址分配规律（2）

<table>
<tr><td colspan="4">双字、字、字节、位地址分配规律</td><td>7</td><td>6</td><td>5</td><td>4</td><td>3</td><td>2</td><td>1</td><td>0</td></tr>
<tr><td rowspan="4">QD0</td><td></td><td rowspan="2">QW0</td><td>QB0</td><td></td><td></td><td></td><td></td><td></td><td></td><td></td><td></td></tr>
<tr><td rowspan="2">QW1</td><td>QB1</td><td></td><td></td><td></td><td></td><td></td><td></td><td></td><td></td></tr>
<tr><td rowspan="2">QW2</td><td>QB2</td><td></td><td></td><td></td><td></td><td></td><td></td><td></td><td>1</td></tr>
<tr><td rowspan="2">QW3</td><td>QB3</td><td></td><td></td><td></td><td></td><td></td><td></td><td></td><td></td></tr>
<tr><td rowspan="4">QD4</td><td rowspan="2">QW4</td><td>QB4</td><td></td><td></td><td></td><td></td><td></td><td></td><td></td><td></td></tr>
<tr><td rowspan="2">QW5</td><td>QB5</td><td></td><td></td><td></td><td></td><td></td><td></td><td></td><td></td></tr>
<tr><td rowspan="2">QW6</td><td>QB6</td><td></td><td></td><td></td><td></td><td></td><td></td><td></td><td></td></tr>
<tr><td rowspan="2">QW7</td><td>QB7</td><td></td><td></td><td></td><td></td><td></td><td></td><td></td><td></td></tr>
<tr><td rowspan="2"></td><td rowspan="2">QW8</td><td>QB8</td><td></td><td></td><td></td><td></td><td></td><td></td><td></td><td></td></tr>
<tr><td></td><td>……</td><td></td><td></td><td></td><td></td><td></td><td></td><td></td><td></td></tr>
</table>

（1）字节、字、双字和实数的传送

传送指令将输入 IN 指定的数据传送到 OUT 指定的输出地址，传送过程不改变数据的原始值。如图 3-56 所示。

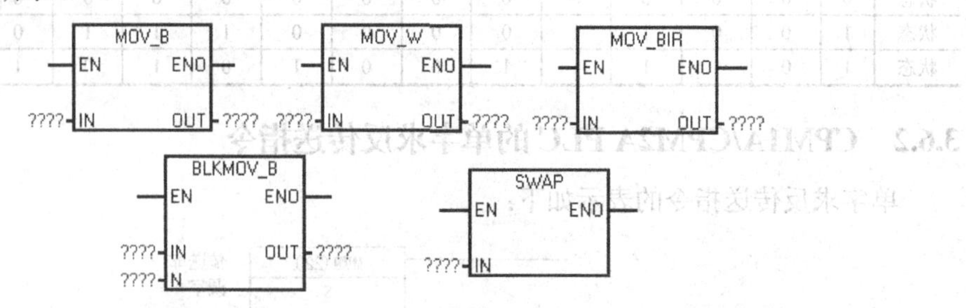

图 3-56　数据传送指令（S7-200 PLC）

指令助记符中最后的 B、W、DW（或 D）和 R（不包括 BIR）分别表示操作数为字节、字、双字和实数。梯形图中的指令助记符与语句表中的指令助记符并不完全相同。

（2）字节立即读写指令

字节立即读指令 MOV BIR 读取输入 IN 指定的一个物理输入字节，并将结果写入 OUT 指定的地址，但是并不刷新输入过程映像寄存器。字节立即写指令 MOV BIW 将输入 IN 中的一个字节的数值写入 OUT 指定的物理输出地址，同时刷新相应的输出过程映像区。这两条指令的 IN 和 OUT 都是字节变量。

（3）字节、字、双字的块传送指令

块传送指令 BLKMOV 将从地址 IN 开始的 N 个数据传送到从地址 OUT 开始的 N 个单元，N=1～255，N 为字节变量。以块传送指令语句“BMB　VB20，VB100，4”为例，执行后 VB20～VB23 中的数据被传送到 VB100～VB103 中。

（4）字节交换指令

字节交换指令 SWAP 用来交换输入字 IN 的高字节与低字节。

项目实施

1．所需器材

（1）PLC（可编程序逻辑控制器）实训台　　1 台

（2）PC（个人计算机）　　1 台

（3）编程电缆　　1 根

（4）连接导线　　若干

2．连线

天塔之光 PLC 模拟控制的 OMRON PLC I/O 接线图如图 3-57 所示。需要注意的是，本实训项目的实训台 CPM2A PLC 主机单元如果未提供 10.08 输出端子，例如 10 通道的端子是从 10.00～10.07，接着就是 11 通道的端子，从 11.00～11.07，总共 16 个输出端子，则程序中可把 10.08 的状态转送给 11.00，这样本来接 10.08 输出端子的输出设备就可接在 11.00 端子上。若多个输出负载可共用一个输出端子，比如将 10.08 的输出负载和 10.07 的输出负载共用一个端子 10.07，则可将接线及程序进行简化。倘若将内圈灯 L1 占用一个输出端子 10.00，中圈灯 L2～L5 共用一个输出端子 10.01，外圈灯 L6～L9 共用一个端子 10.02，则接线及程序可进一步简化。

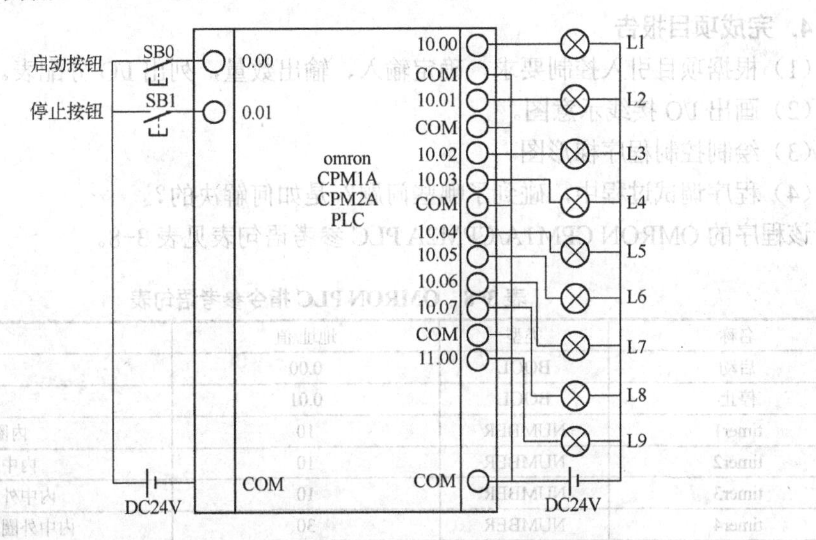

图 3-57　天塔之光 PLC 控制模拟的 I/O 接线图（OMRON PLC）

S7-200 PLC 情况和 CPM2A PLC 类似，其 I/O 接线图如图 3-58 所示，S7-200 PLC 是以字节划分存储区的，不存在 Q0.8 这样的位，实训台 S7-200 PLC 主机单元 CPU224 也不可能提供 Q0.8 输出端子，比如 Q0 字节的端子是从 Q0.0～Q0.7，接着就是 Q1 字节的端子，从 Q1.0～Q1.1，总共 10 个输出端子。这时，L6 和 L8 可共用一个端子 Q0.5，L7 和 L9 共用一个端子 Q0.6。9 个输出负载可共用 7 个输出端子 Q0.0～Q0.6。倘若将内圈灯 L1 占用一个输出端子 Q0.0，中圈灯 L2、L3、L4、L5 共用一个输出端子 Q0.1，外圈灯 L6、L7、L8、L9 共用一个输出端子 Q0.2，则接线及程序可进一步简化。读者不妨试试。

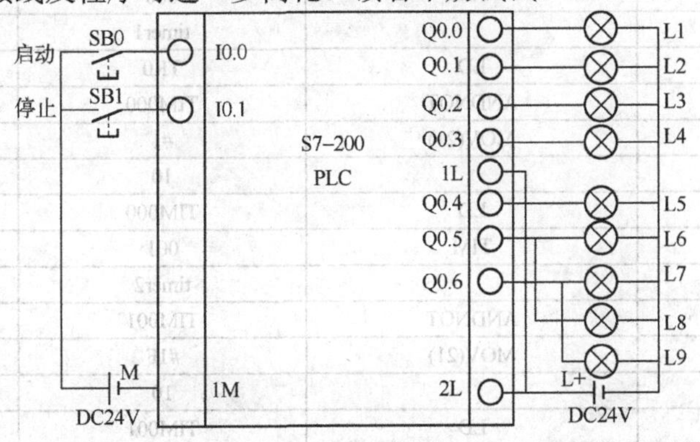

图 3-58　天塔之光 PLC 控制模拟的 I/O 接线图（S7-200 PLC）

3. 程序运行调试

（1）在断电状态下，连接好相关电缆。

（2）在 PC 上运行 CX-Programmer 编程软件或 STEP 7-Micro/WIN 编程软件。

（3）选择对应的 PLC 型号，设置通信参数，编辑梯形图控制程序。

（4）编译下载程序至 PLC。

（5）将 PLC 设为运行状态。

（6）调试程序，找出程序的不足与错误并修改，直至程序调试正确为止。

4．完成项目报告

（1）根据项目引入控制要求，确定输入、输出数量，列出 I/O 分配表。

（2）画出 I/O 接线示意图。

（3）绘制控制程序梯形图。

（4）程序调试过程中，碰到了哪些问题？是如何解决的？

该程序的 OMRON CPM1A/CPM2A PLC 参考语句表见表 3-8。

表 3-8　OMRON PLC 指令参考语句表

名称	类型	地址/值	注释
启动	BOOL	0.00	
停止	BOOL	0.01	
timer1	NUMBER	10	内圈灯亮 1s
timer2	NUMBER	10	内中圈灯亮 1s
timer3	NUMBER	10	内中外圈灯齐亮 1s
timer4	NUMBER	30	内中外圈灯一齐闪烁 3s
timer5	NUMBER	10	内中圈灯再亮 1s
timer6	NUMBER	10	内圈灯再亮 1s
timer7	NUMBER	10	内中外圈灯齐灭 1s

段 1

条	步	指令	操作数	注释
0	0	LD	启动	
	1	SET	200.00	
1	2	LD	200.00	
	3	OUT	TR0	
	4	ANDNOT	TIM006	
	5	TIM	000	
			timer1	内圈灯亮 1s
	6	LD	TR0	
	7	ANDNOT	TIM000	
	8	MOV(21)	#1	
			10	
2	9	LD	TIM000	
	10	TIM	001	
			timer2	内中圈灯亮 1s
	11	ANDNOT	TIM001	
	12	MOV(21)	#1F	
			10	
3	13	LD	TIM001	
	14	TIM	002	
			timer3	内中外圈灯齐亮 1s
	15	ANDNOT	TIM002	
	16	MOV(21)	#1FF	
			10	
4	17	LD	TIM010	
	18	TIM	011	
			#5	
	19	MOV(21)	#1FF	
			10	

（续）

条	步	指令	操作数	注释
			段1	
条	步	指令	操作数	注释
5	20	LD	TIM002	
	21	OUT	TR0	
	22	TIM	003	
			timer4	内中外圈灯一齐闪烁 3s
	23	ANDNOT	TIM003	
	24	ANDNOT	TIM011	
	25	TIM	010	
			#5	
	26	LD	TR0	
	27	ANDNOT	TIM010	
	28	MOV(21)	#0	
			10	
6	29	LD	TIM003	
	30	TIM	004	
			timer5	内中圈灯再亮 1s
	31	ANDNOT	TIM004	
	32	MOV(21)	#1F	
			10	
7	33	LD	TIM004	
	34	TIM	005	
			timer6	内圈灯再次亮 1s
	35	ANDNOT	TIM005	
	36	MOV(21)	#1	
			10	
8	37	LD	TIM005	
	38	TIM	006	
			timer7	内中外圈灯齐灭 1s
	39	ANDNOT	TIM006	
	40	MOV(21)	#0	
			10	
9	41	LD	停止	
	42	RSET	200.00	
	43	MOV(21)	#0	
			10	
10	44	LD	10.08	
		OUT	11.00	
			END	
条	步	指令	操作数	注释
0	46	END(01)		

若 S7-200 PLC 只用 3 个输出端子 Q0.0、Q0.1、Q0.2 分别接内、中、外圈 3 组灯，实现相同的控制，其语句表参考程序如图 3-59 所示。

```
网络 1    网络标题
LD      I0.0
AN      T44
TON     T37, +0

网络 2
LD      T37
LPS
EU
MOVB    16#1, QB0
LPP
TON     T38, +10

网络 3
LD      T38
LPS
EU
MOVB    16#03, QB0
LPP
TON     T39, +10

网络 4
LD      T39
LPS
EU
MOVB    16#07, QB0
LPP
TON     T40, +10

网络 5
LD      T40
EU
MOVB    16#0, QB0

网络 6
LD      T40
LPS
AN      T41
AN      T61
TON     T60, +5
LPP
TON     T41, +200

网络 7
LD      T60
TON     T61, +5

网络 8
LD      T60
EU
MOVB    16#07, QB0

网络 9
LD      T61
MOVB    16#0, QB0

网络 10
LD      T41
LPS
EU
MOVB    16#03, QB0
LPP
TON     T42, +10

网络 11
LD      T42
LPS
EU
MOVB    16#1, QB0
LPP
TON     T43, +10

网络 12
LD      T43
LPS
EU
MOVB    16#0, QB0
LPP
TON     T44, +10

网络 13
LD      I0.0
ED
MOVB    16#0, QB0
```

图 3-59　S7-200 PLC 参考语句表

3.6.4 项目拓展——OMRON 及 SIEMENS PLC 传送指令的灵活运用

运用 CPM1A/CPM2A PLC 或者 S7-200 PLC 编写程序控制天塔之光按以下规律显示。

1）内圈灯亮 1s→中圈灯亮 1s→外圈灯亮 1s→内中外圈灯一齐闪烁 5s→内圈灯亮 1s→内中圈灯齐亮 1s→内中外圈灯齐亮 1s→内中外圈灯一齐闪烁 3s→内中圈灯亮 1s→内外圈灯亮 1s→中外圈灯亮 1s（完成一个周期）→……如此循环，周而复始（闪烁周期为 1s，其中 0.5s 关，0.5s 开）。

2）内中圈灯亮 1s→内外圈灯亮 1s→中外圈灯亮 1s→一齐闪烁 3s→内圈灯亮 1s→内中圈灯齐亮 1s→内中外圈灯齐亮 1s→内中外圈灯一齐闪烁 5s→内圈灯亮 1s→中圈灯亮 1s→外圈灯亮 1s（完成一个周期）→……如此循环，周而复始（闪烁周期为 1s，其中 0.5s 关，0.5s 开）。

3）内圈灯亮 1s→内中圈灯齐亮 1s→内中外圈灯齐亮 1s→内中外圈灯一齐闪烁 3s→内圈灯亮 1s→中圈灯亮 1s→外圈灯亮 1s→内中外圈灯一齐闪烁 5s→内中圈灯亮 1s→内外圈灯亮 1s→中外圈灯亮 1s（完成一个周期）→……如此循环，周而复始（闪烁周期同上题）。

4）内圈灯亮 1s→中圈灯亮 1s→外圈灯亮 1s→内中外圈灯一齐闪烁 5s→内中圈灯亮 1s→内外圈灯亮 1s→中外圈灯亮 1s→内中外圈灯一齐闪烁 3s→内圈灯亮 1s→内中圈灯齐亮 1s→内中外圈灯齐亮 1s（完成一个周期）→……如此循环，周而复始（闪烁周期同上题）。

项目 3.7　单个数码管显示控制

项目引入

1. 控制要求

使用七段发光 LED 数码管来实现数码“0～F”的逐个依次显示，数码显示间隔时间为 0.5s。数值“0～F”的位（4 位）内容被转换成七段 LED 数码管显示的数据见表 3-9。

2. 学习目标

该项目完成后，可使学生进一步熟悉基本逻辑指令、定时器指令，同时熟练传送等功能指令的用法和特点，做到巧妙运用合适的功能指令，实现相应的控制要求。尤其要注意使用定时器实现循环控制的编程方法。

表 3-9　七段数码管数据转换关系表

变换前数据					变换结果数据									七段显示
数值	位内容					g	f	e	d	c	b	a	十六进制	
0	0	0	0	0	0	0	1	1	1	1	1	1	3F	
1	0	0	0	1	0	0	0	0	0	1	1	0	06	
2	0	0	1	0	0	1	0	1	1	0	1	1	5B	
3	0	0	1	1	0	1	0	0	1	1	1	1	4F	
4	0	1	0	0	0	1	1	0	0	1	1	0	66	
5	0	1	0	1	0	1	1	0	1	1	0	1	6D	
6	0	1	1	0	0	1	1	1	1	1	0	1	7D	
7	0	1	1	1	0	0	1	0	0	1	1	1	27	
8	1	0	0	0	0	1	1	1	1	1	1	1	7F	
9	1	0	0	1	0	1	1	0	1	1	1	1	6F	
A	1	0	1	0	0	1	1	1	0	1	1	1	77	
B	1	0	1	1	0	1	1	1	1	1	0	0	7C	
C	1	1	0	0	0	0	1	1	1	0	0	1	39	
D	1	1	0	1	0	1	0	1	1	1	1	0	5E	
E	1	1	1	0	0	1	1	1	1	0	0	1	79	
F	1	1	1	1	0	1	1	1	0	0	0	1	71	

LSB

a
b
c
d
e
f
g
0

MSB

知识链接

3.7.1　七段数码管的显示规律

用七段数码管显示的十六进制数码如图 3-60 所示。其中数字“7”的显示通常有两种，分别是“7”和“7”，其对应的数据变换也不同。

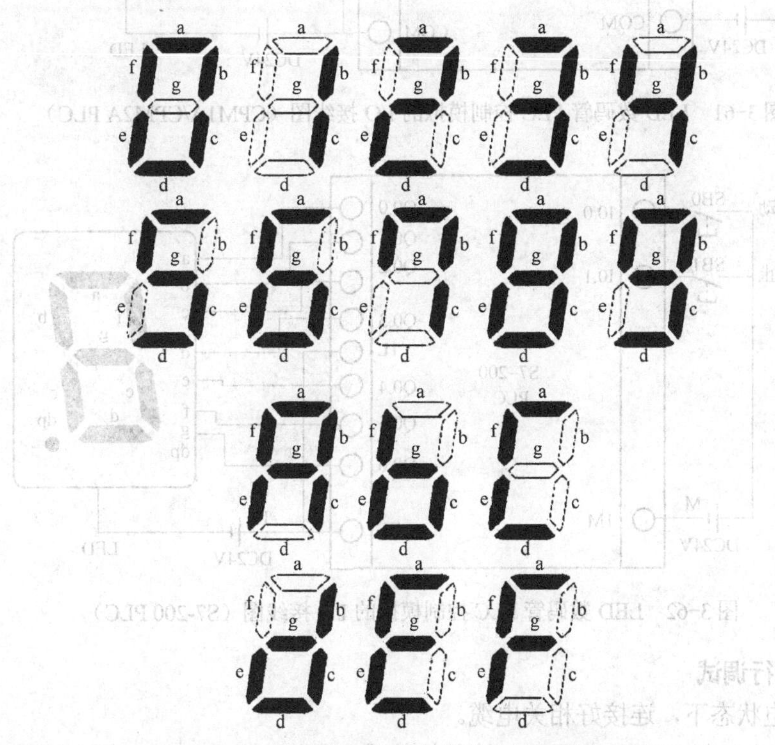

图 3-60　七段数码管显示十六进制数码示意图

要通过不断的编程练习灵活掌握数码显示的规律以及传送指令的编程技巧，并注意指令的微分形式与非微分形式的区别。使用传送指令编程有时可以大大减少编程工作量。

项目实施

1. 所需器材

（1）PLC（可编程序逻辑控制器）实训台　　1台

（2）PC（个人计算机）　　1台

（3）编程电缆　　1根

（4）连接导线　　若干

2. 连线

根据控制要求，确定输入、输出的点数，合理进行输入、输出的分配，并进行实训连线。如图3-61和图3-62所示。

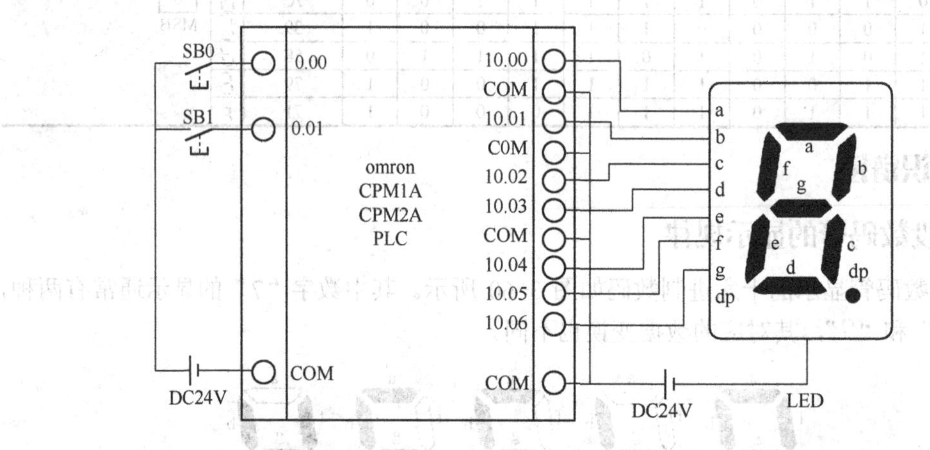

图3-61　LED数码管PLC控制模拟的I/O接线图（CPM1A/CPM2A PLC）

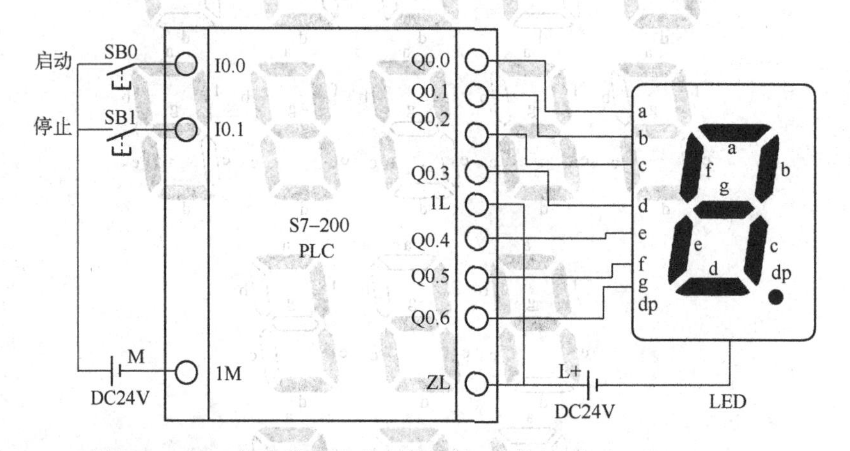

图3-62　LED数码管PLC控制模拟的I/O接线图（S7-200 PLC）

3. 程序运行调试

（1）在断电状态下，连接好相关电缆。

（2）在PC上运行CX-Programmer编程软件或STEP 7-Micro/WIN编程软件。

（3）选择对应的PLC型号，设置通信参数，编辑梯形图控制程序。

（4）编译下载程序至PLC。

（5）将PLC设为运行状态。

（6）调试程序，找出程序的不足与错误并修改，直至程序调试正确为止。

4．完成项目报告

（1）根据项目引入控制要求，确定输入、输出数量，列出I/O分配表。

（2）画出I/O接线示意图。

（3）绘制控制程序梯形图。

（4）程序调试过程中，碰到了哪些问题？是如何解决的？

3.7.2 项目拓展——七段LED数码管显示任意数码排序规律

使用七段发光LED数码管来实现数码“6～0”的循环显示，显示的顺序依次是6→5→4→3→2→1→0→6……，不断循环往复，数码显示间隔时间为0.7s（该项目在学习了移位指令后，可再用移位指令来实现）。

项目3.8 双数码管显示控制

1．控制要求

使用两个七段发光LED数码管来实现数码“00～FF”的逐个依次显示，数码显示间隔时间为0.7s。

2．学习目标

该项目完成后，可使学生进一步充分熟悉基本逻辑指令、定时器指令和传送指令的用法和特点，同时初步掌握移位寄存器指令的用法。

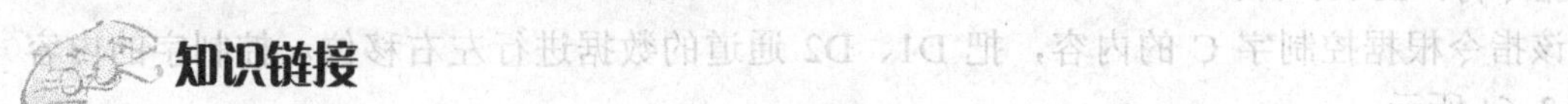

3.8.1 CPM1A/CPM2A PLC移位寄存器指令

移位寄存器指令的表示如下：

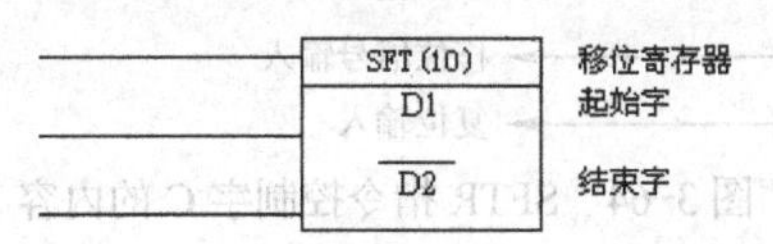

指令符：SFT（10）

其中，D1是移位的开始通道号（起始字），D2是移位的结束通道号（结束字），它们的选取范围是IR、SR、HR、AR、LR。D1和D2必须在同一区域，且D1≤D2。

功能：当复位输入端R为OFF时，在移位信号输入端SP的每个移位脉冲的上升沿，从D1到D2通道中的所有数据按二进制位依次左移一位。D2中最高位溢出丢失，D1中最低位则移进从数据输入端 IN 输入的数据；SP 端无脉冲输入时不移位；当复位端 R 为 ON 时，D1、D2 所有通道均复位为零，且移位指令不执行。

图 3-63 是使用 SFT（10）指令的例子。253.15 是通电初始化脉冲对移位寄存器进行通电复位，255.02 产生的秒脉冲作为移位脉冲。

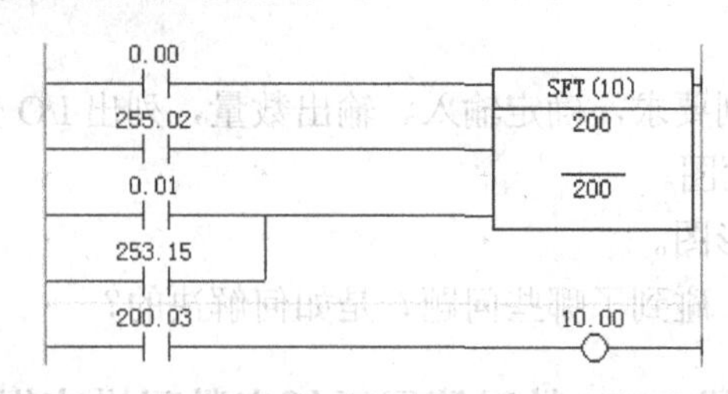

图 3-63 使用 SFT 指令梯形图（OMRON PLC）

通电初始化，通道 200 中各位均为 OFF。当 0.01 为 OFF 后，在 0.00 端外加一个宽度为 0.5～1s 的脉冲，在 SP 端输入第一个脉冲上升沿，0.00 的 ON 状态移入 200.00，200.00 原来 OFF 状态移入 200.01，其他位左移 1 位；第二个移位脉冲上升沿，0.00 的 OFF 状态移入 200.00，200.00 原来的 ON 状态移入 200.01，其他位左移 1 位；第三个移位脉冲上升沿，200.02 为 ON；第四个移位脉冲上升沿，200.03 为 ON；第五个移位脉冲上升沿，200.04 为 ON；然后 0.01 为 ON，将通道 200 复位；同时，10.00 在 200.03 为 ON 时，也由 OFF 变为 ON。

3.8.2 CPM1A/CPM2A PLC 可逆移位寄存器指令

可逆移位寄存器指令的表示如下：

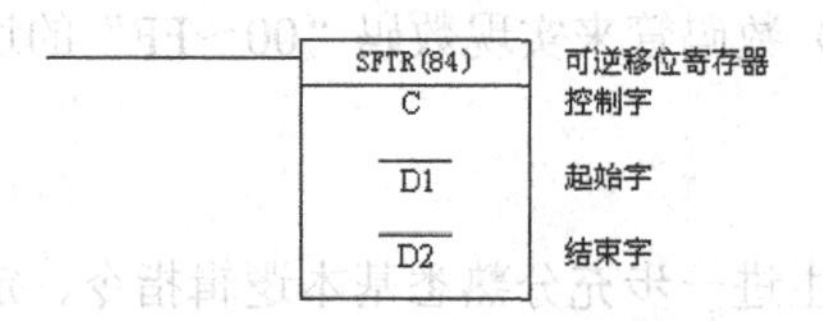

指令符：SFTR（84）

该指令根据控制字 C 的内容，把 D1、D2 通道的数据进行左右移位。控制字的内容如图 3-64 所示。

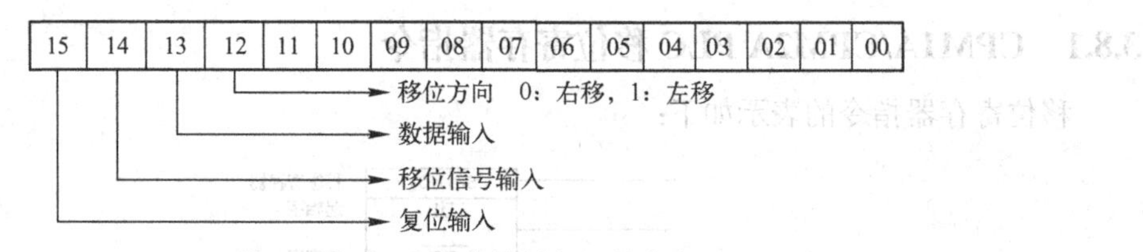

图 3-64 SFTR 指令控制字 C 的内容

其中， D1 是移位的起始字，D2 是移位的结束字，C 是控制字，它们的选取范围是 IR、SR、HR、AR、LR、DM。D1 和 D2 必须在同一区域。

功能：如图 3-65 所示，当执行条件为 ON 时，SFTR 开始工作。如果控制字复位端（bit15）为 ON，则 D1、D2 通道的数据及进位标志位 CY（255.04）全部复位为 0，SFTR 不能接收输入数据。如果控制字复位端（bit15）为 OFF，则在控制通道移位脉冲端（bit14）为 ON 时，D1、D2 通道的数据根据控制字规定的移位方向（bit12）移位。

如果是左移，则 D1、D2 通道的数据在每个扫描周期左移一位，控制字输入端（bit13）的数据移入开始通道 D1 的 bit 00 位，结束通道 D2 的 bit15 位的数据移入进位标志位 CY。如果是右移，则 D1、D2 通道的数据在每个扫描周期右移一位，控制字输入端（bit13）的数据移入结束通道 D2 的 bit15 位，开始通道 D1 的 bit00 位的数据移入进位标志位 CY。当 SFTR 的执行条件为 OFF 时，停止工作，此时复位信号不起作用，即当复位信号为 ON 时，D1、D2 通道的数据及进位标志位 CY 保持不变。当 D1、D2 通道有故障、D1>D2 时，ER（255.03）为 ON。

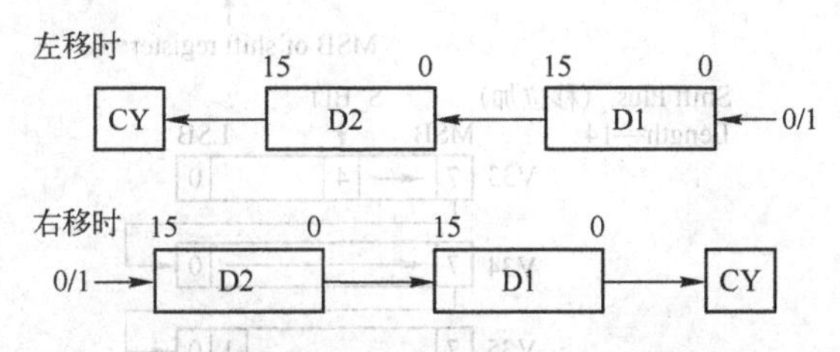

图 3-65 SFTR 指令移位示意图（OMRON PLC）

数据移位指令应用十分广泛。因为生产中许多装置的操作，如传送带、自动流水线、顺序控制等的移动是单方向的，工作过程是一步一步的，这时用 SFT 指令非常方便。只需赋予起始数据位 1（最低位），其余为 0，并把每一步的结束信号（时间或工序完成信号）接到 CP 端，将移位寄存器相应位送输出继电器就能实现顺序控制。

3.8.3 S7-200 PLC 移位寄存器指令

S7-200 PLC 的移位寄存器指令 SHRB（shift register）在使能端（EN）的作用下，将 DATA 端数值移入移位寄存器中（送至移位区间的最高位或者最低位，根据移位方向确定）。S_BIT 端指定移位寄存器移位区间的最低位。N（Length）指定移位寄存器的区间长度。N 的值有正负之分，其正负号用于确定移位方向，“+”表示左移位，也称为移位加（shift plus）；“-”表示右移位，也称为移位减（shift minus）。

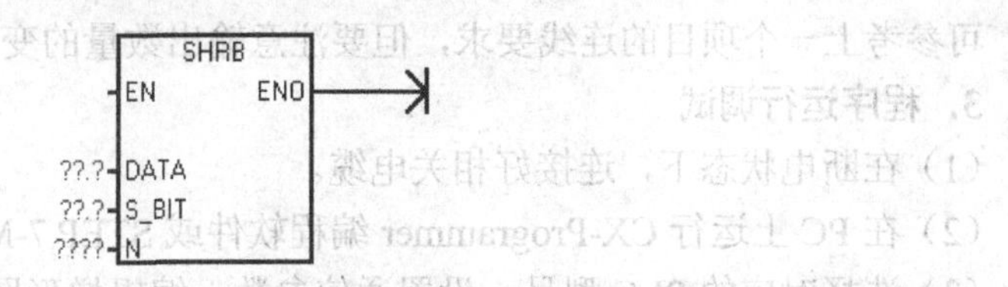

S_BIT 和 N 一起确定一个移位寄存器区间，不管移位方向如何，移位区间的最低位均为 S_BIT，移位区间的最高位地址可通过 N 值累加计算确定，具体计算公式可参考 STEP 7-Micro/WIN 编程软件中的帮助。

在进行右移位（移位减）时，DATA 端输入数据移入移位区间的最高位中，并逐步移出最低位 S_BIT。移出的数据被放置在溢出内存位（SM1.1）中。

在进行左移位（移位加）时，DATA 端输入数据移入移位区间的最低位中，并逐步移出最高位。移出的数据被放置在溢出内存位（SM1.1）中。

移位寄存器的最大长度为 64 位（无论正负）。

例如，如果 S_BIT 是 V33.4，N 为 14，则移位区间的最高位为 V35.1。其右移位和左移位的情况如图 3-66 所示。

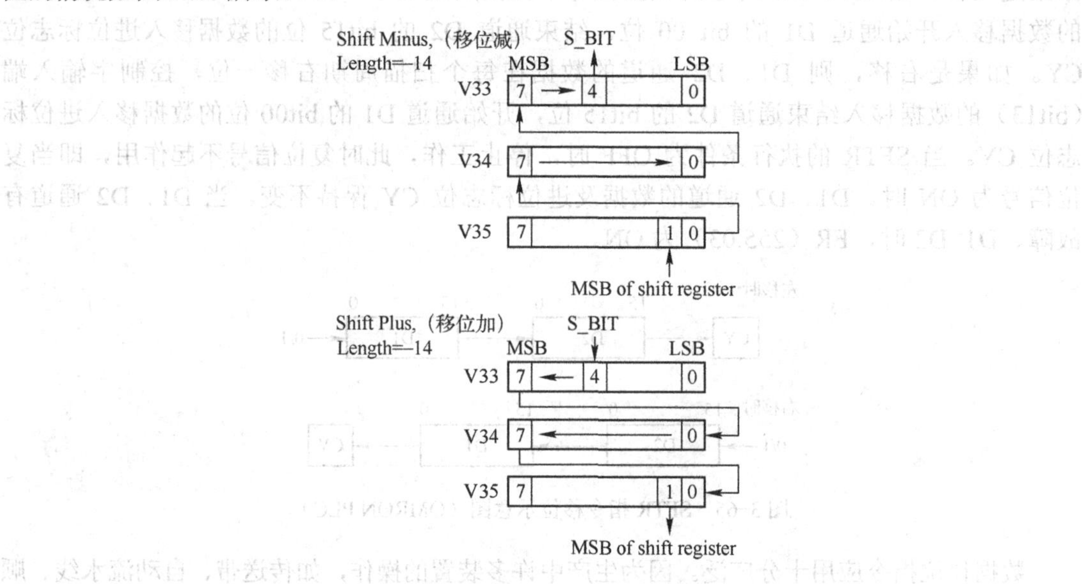

图 3-66 SHRB 指令右移位（移位减）和左移位（移位加）示意图（S7-200 PLC）

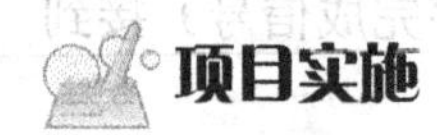

项目实施

1. 所需器材

（1）PLC（可编程序逻辑控制器）实训台　　1 台

（2）PC（个人计算机）　　1 台

（3）编程电缆　　1 根

（4）连接导线　　若干

2. 连线

根据控制要求，确定输入、输出的点数，合理进行输入、输出的分配，并进行实训连线。可参考上一个项目的连线要求，但要注意输出数量的变化。

3. 程序运行调试

（1）在断电状态下，连接好相关电缆。

（2）在 PC 上运行 CX-Programmer 编程软件或 STEP 7-Micro/WIN 编程软件。

（3）选择对应的 PLC 型号，设置通信参数，编辑梯形图控制程序。

（4）编译下载程序至 PLC。

（5）将 PLC 设为运行状态。

（6）调试程序，找出程序的不足与错误并修改，直至程序调试正确为止。

4. 完成项目报告

（1）根据项目引入控制要求，确定输入、输出数量，列出 I/O 分配表。

（2）画出 I/O 接线示意图。

（3）绘制控制程序梯形图。

（4）程序调试过程中，碰到了哪些问题？是如何解决的？

3.8.4 项目拓展——双数码管显示任意双数码或单数码排序规律

1）用移位寄存器编程实现一个七段发光 LED 数码管的数码循环显示，其一个周期的显示规律如下：0、2、4、6、8、8 闪两次、1、3、5、7、9、9 闪 3 次，七段数码管全灭，各个时段持续时间为 0.8s，闪烁周期也为 0.8s（0.4s 关，0.4s 开）。

2）使用两个七段发光 LED 数码管来实现数码“00～99”的逐个依次显示，数码显示间隔时间为 0.9s。

3）使用两个七段发光 LED 数码管来实现数码“59～00”的逐个依次显示，数码显示间隔时间为 1s。

项目 3.9 艺术灯控制

项目引入

1. 控制要求

艺术灯的灯光控制可以使用 PLC 实现，例如灯光的闪烁、移位及各种时序的变化等。如图 3-67 所示为艺术灯控制模型。该模型整体呈现一个大的圆形灯区，共 7 个小灯区组成，编号为 1～7。每个小灯区又由 7 个 LED 发光二极管组成，它们并联在一起同时亮灭。

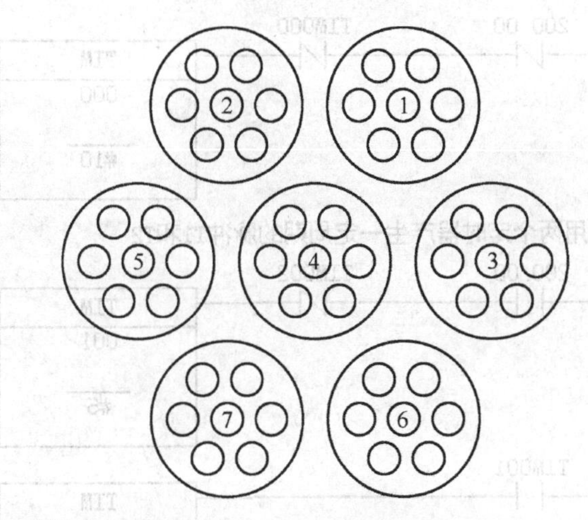

图 3-67 艺术灯控制模型

现在要求编号为 1～7 号灯区闪亮的时序如下：从 1 号灯区开始，按顺时针方向转动，使处在同一直线上的 3 个灯区同时点亮，其他灯区熄灭，直至转动一周后，所有灯熄灭，接着所有灯点亮，最后所有灯又熄灭，至此完成一个完整的工作过程，总共 9 个时序，每个时序间隔的时间为 0.8s，然后重复上述过程，循环往复。9 个时序分别为：①灯区 1、4、7 亮；②灯区 3、4、5 亮；③灯区 6、4、2 亮；④灯区 7、4、1 亮；⑤灯区 5、4、3 亮；⑥灯区 2、4、6 亮；⑦所有灯灭；⑧所有灯亮；⑨所有灯灭。

2. 学习目标

该项目完成后，可使学生进一步熟悉基本逻辑指令、定时器指令的用法和特点，同时掌握移位寄存器指令的用法。

知识链接

3.9.1 一定周期脉冲的编程及在移位寄存器指令中的应用

本项目仍考虑使用移位寄存器指令编程。对任何型号的 PLC，可利用一个定时器编程或者两个定时器组合编程，形成一个固定频率的脉冲源，给移位寄存器提供移位脉冲。通过修改程序中定时器设定值，改变移位寄存器移位脉冲的频率，改变频率可改变艺术灯闪烁的快慢，如图 3-68 所示，使用 CPM1A/CPM2A 型 PLC 产生的 T0 和 T2 均为一个瞬间脉冲（微分脉冲），周期为 1s；T1 周期也为 1s，但占空比为 0.5。对 S7-200 PLC，也可用 T37 和 T38 实现类似功能，读者可自行分析。另外，用一个定时器和比较指令也可轻松实现任意脉冲的编程，关于比较指令，会在以后的项目中涉及。

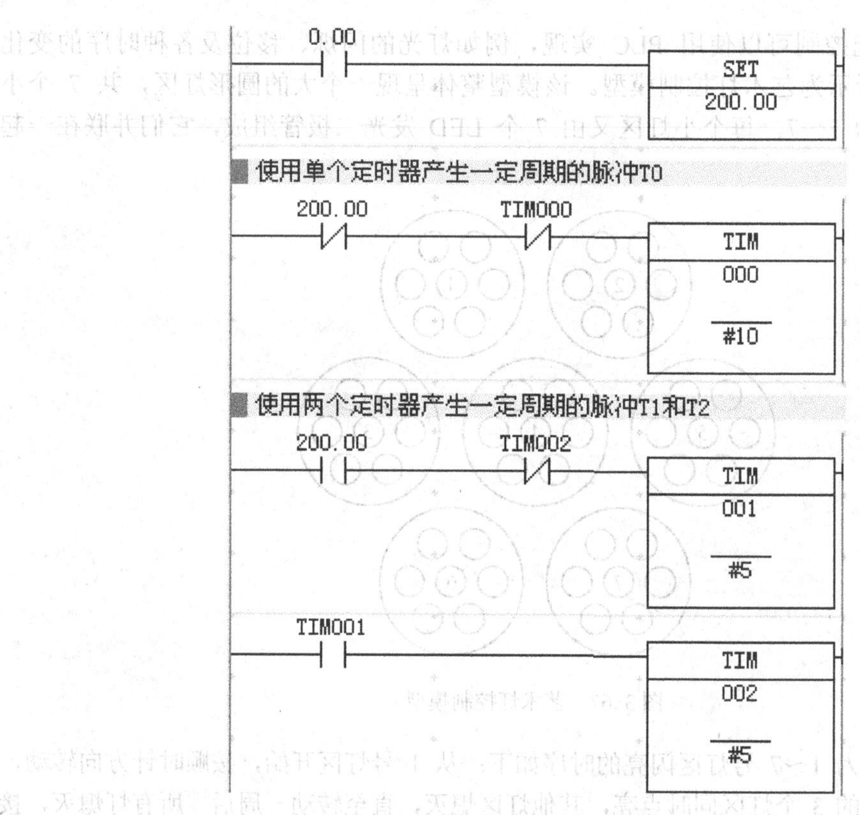

图 3-68 利用定时器产生一定周期的脉冲（OMRON PLC）

S7-200 PLC 的脉冲编程方法比 OMRON PLC 更多，除了上述方法外，还可使用比较指令实现，关于比较指令的用法，见项目 3.10 的知识链接。

思考：对于 OMRON PLC，控制要求实现的时序只有 9 个，若超过 16 个，用移位寄存器编程该如何解决？换成 S7-200 PLC，又该如何解决？

项目实施

1．所需器材

（1）PLC（可编程序逻辑控制器）实训台　　1 台

（2）PC（个人计算机）　　1 台

（3）编程电缆　　1 根

（4）连接导线　　若干

2．连线

根据控制要求，确定输入、输出的点数，合理进行输入、输出的分配，并进行实训连线。如图 3-69 和图 3-70 所示。

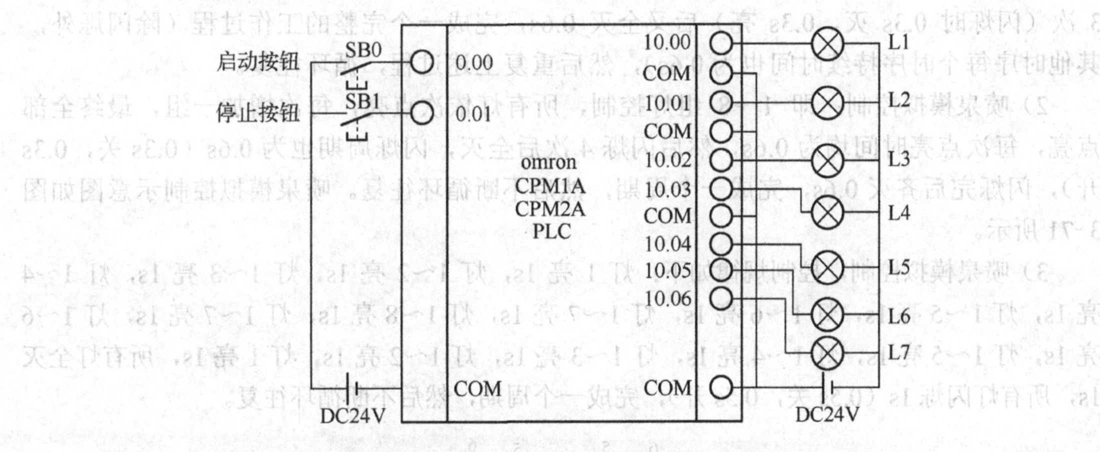

图 3-69　艺术灯的 PLC 控制模拟 I/O 接线图（CPM1A/CPM2A PLC）

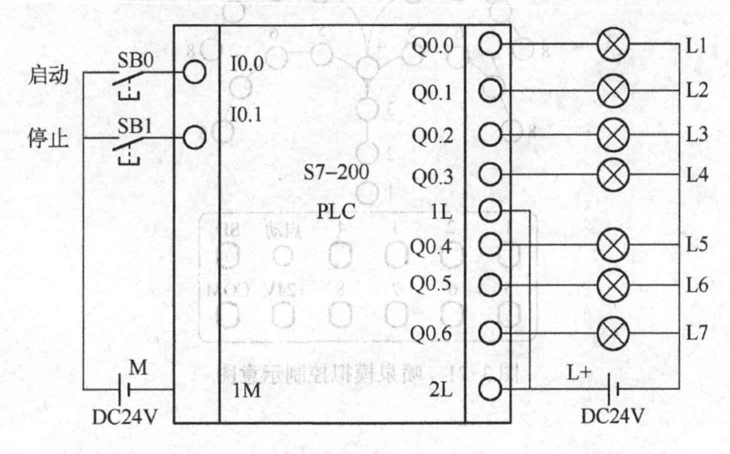

图 3-70　艺术灯的 PLC 控制模拟 I/O 接线图（S7-200 PLC）

3．程序运行调试

（1）在断电状态下，连接好相关电缆。

（2）在 PC 上运行 CX-Programmer 编程软件或 STEP 7-Micro/WIN 编程软件。

（3）选择对应的 PLC 型号，设置通信参数，编辑梯形图控制程序。

（4）编译下载程序至 PLC。

（5）将 PLC 设为运行状态。

（6）调试程序，找出程序的不足与错误并修改，直至程序调试正确为止。

4．完成项目报告

（1）根据项目引入控制要求，确定输入、输出数量，列出 I/O 分配表。

（2）画出 I/O 接线示意图。

（3）绘制控制程序梯形图。

（4）程序调试过程中，碰到了哪些问题？是如何解决的？

3.9.2 项目拓展——喷泉的 PLC 模拟控制

1）从 1 号灯区开始，按灯区号依次点亮，直至灯区 1～7 全部点亮后，所有灯闪烁 3 次（闪烁时 0.3s 灭，0.3s 亮）后又全灭 0.6s，完成一个完整的工作过程（除闪烁外，其他时序每个时序持续时间也为 0.6s），然后重复上述过程，循环往复。

2）喷泉模拟控制：即 1～8 组灯控制，所有灯依次点亮，每次增加一组，最终全部点亮，每次点亮时间均为 0.6s，然后闪烁 4 次后全灭，闪烁周期也为 0.6s（0.3s 关，0.3s 开），闪烁完后齐灭 0.6s，完成一个周期，然后不断循环往复。喷泉模拟控制示意图如图 3-71 所示。

3）喷泉模拟控制，控制规律如下：灯 1 亮 1s，灯 1～2 亮 1s，灯 1～3 亮 1s，灯 1～4 亮 1s，灯 1～5 亮 1s，灯 1～6 亮 1s，灯 1～7 亮 1s，灯 1～8 亮 1s，灯 1～7 亮 1s，灯 1～6 亮 1s，灯 1～5 亮 1s，灯 1～4 亮 1s，灯 1～3 亮 1s，灯 1～2 亮 1s，灯 1 亮 1s，所有灯全灭 1s，所有灯闪烁 1s（0.5s 关，0.5s 开），完成一个周期，然后不断循环往复。

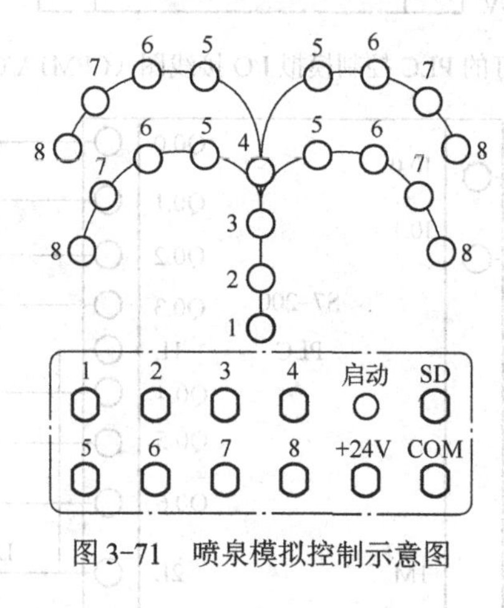

图 3-71　喷泉模拟控制示意图

项目 3.10　装配流水线控制

项目引入

1．控制要求

传送带共有 8 个工位，工件从 A 号位装入，分别在 B（操作 1）、D（操作 2）、F（操作

3）三个工位完成三种装配操作，中间经过C、E、G工位，经最后一个工位G后送入仓库H。

如图3-72所示，按下起动按钮，工件装入A工位，之后每按下一次移位按钮，工件被依次送入B（操作1），C工位，D（操作2），E工位，F（操作3），G工位，H仓库。中途按下停止按钮，所有工位指示灯均熄灭，操作停止。

应用数据传送指令、数据比较指令、数据移位指令等实现控制要求。

2．学习目标

该项目完成后，可使学生进一步熟悉基本逻辑指令、数据传送指令，同时了解数据比较指令及数据移位指令等功能指令的用法和特点，做到巧妙运用合适的功能指令，可在完成相同控制功能的情况下使程序量大大减少。

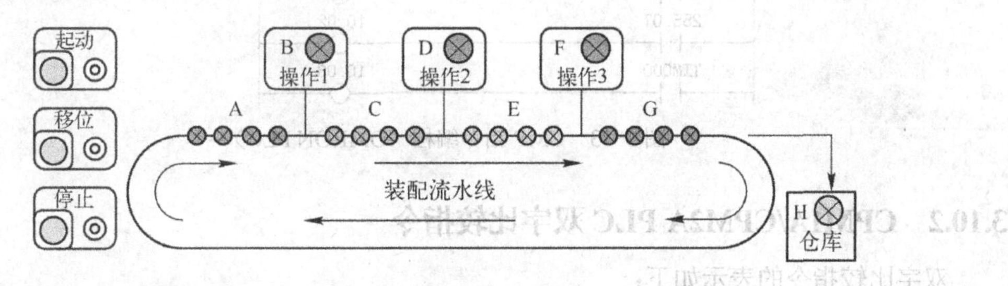

图3-72　装配流水线控制

知识链接

3.10.1　CPM1A/CPM2A PLC单字比较指令

单字比较指令的表示如下：

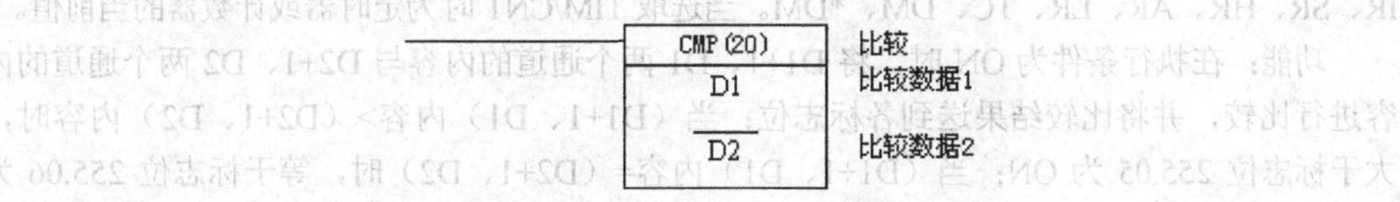

指令符：CMP（20）

其中，D1是比较数1，　D2是比较数2，它们的选取范围是#、IR、SR、HR、AR、LR、TC、DM、*DM。当选取TIM/CNT时为定时器或计数器的当前值。

功能：在执行条件为ON时，将D1和D2进行比较，并将比较结果送到各标志位：当D1>D2时，大于标志位255.05为ON；当D1=D2时，等于标志位255.06为ON；当D1<D2时，小于标志位255.07为ON。

例如，在0.00为ON时，TIM000的当前值每隔0.1s要减1。若TIM000的当前值大于200时，255.05和10.00均为ON；若TIM000的当前值等于200时，255.06和10.01均为ON；当TIM000的当前值小于200时，255.07和10.02均为ON；当TIM000的当前值为0000时，10.02和10.03均为ON。由图3-73可知，配合CMP指令，一个定时器可以控制多个输出位。

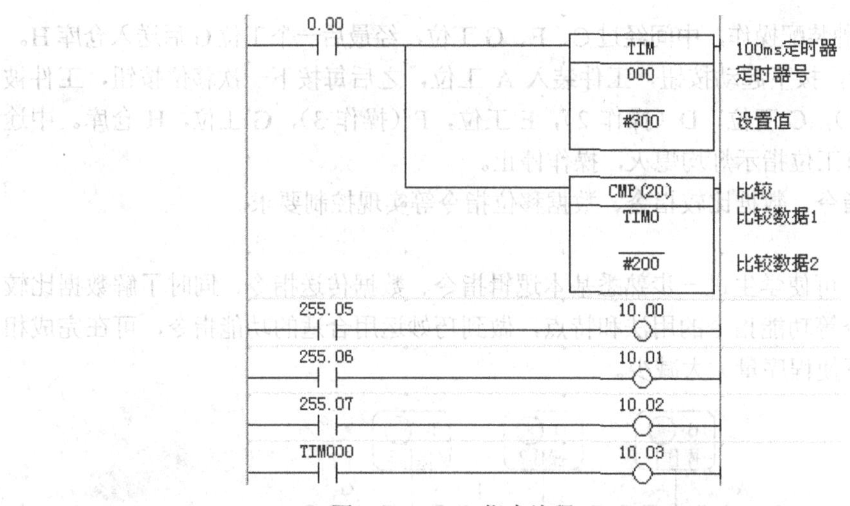

图 3-73　CMP 指令编程（OMRON PLC）

3.10.2　CPM1A/CPM2A PLC 双字比较指令

双字比较指令的表示如下：

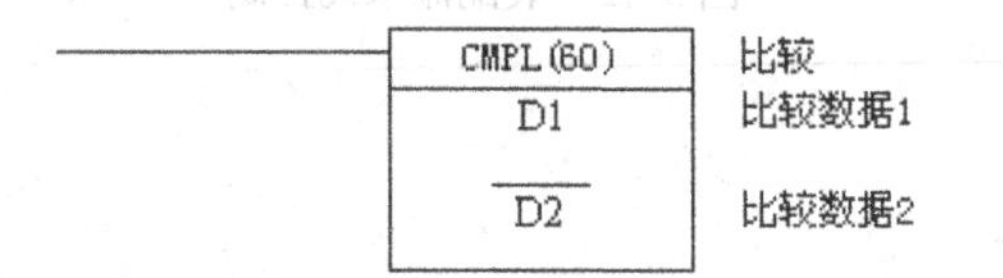

指令符：CMPL（60）

其中，D1 是第一个双字的开始通道，D2 是第二个双字的开始通道，它们的选取范围是IR、SR、HR、AR、LR、TC、DM、*DM。当选取 TIM/CNT 时为定时器或计数器的当前值。

功能：在执行条件为 ON 时，将 D1+1、D1 两个通道的内容与 D2+1、D2 两个通道的内容进行比较，并将比较结果送到各标志位：当（D1+1、D1）内容>（D2+1、D2）内容时，大于标志位 255.05 为 ON；当（D1+1、D1）内容=（D2+1、D2）时，等于标志位 255.06 为 ON；当（D1+1、D1）内容<（D2+1、D2）时，小于标志位 255.07 为 ON。

3.10.3　CPM1A/CPM2A PLC 算术左移位指令

算数左移位指令的表示如下：

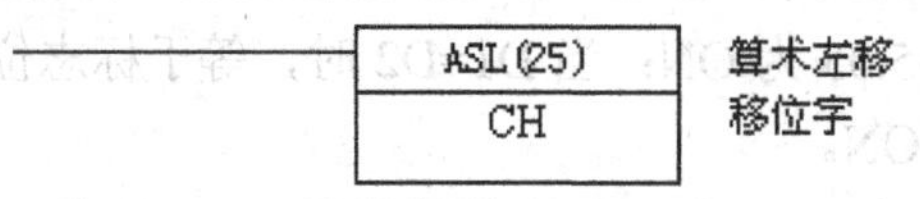

指令符：ASL（25）/@ASL（25）

其中，CH 是移位通道，其范围是 IR、SR、HR、AR、LR、DM、*DM。

功能：在执行条件为 ON 时，在每个扫描周期，ASL 都执行一次。每执行一次算术左移位指令，CH 通道中的数据以二进制位为单位左移一位操作，最高位进入 CY，0 移进最低位。当间接寻址 DM 通道不存在时，出错标志位 255.03 为 ON； 当 CH 通道中的内容为 0000 时，相等标志位 255.06 为 ON。注意：@ASL 只在执行条件为 ON 时的一个扫描周期中执行唯一一次。

3.10.4 CPM1A/CPM2A PLC 算术右移位指令

算术右移位指令的表示如下：

ASR(26)
CH
算术右移位字

指令符：ASR（26）/@ASR（26）

其中，CH 是移位通道，其范围是 IR、SR、HR、AR、LR、DM、*DM。

功能：在执行条件为 ON 时，在每个扫描周期，ASR 都执行一次。每执行一次算术右移指令，CH 通道中的数据以二进制位为单位右移一位操作，最低位进入 CY，0 移进最高位。当间接寻址 DM 通道不存在时，出错标志位 255.03 为 ON； 当 CH 通道中的内容为 0000 时，相等标志位 255.06 为 ON。注意：@ASR 只在执行条件为 ON 时的一个扫描周期中执行唯一一次。

3.10.5 CPM1A/CPM2A PLC 循环左移位指令

循环左移位指令的表示如下：

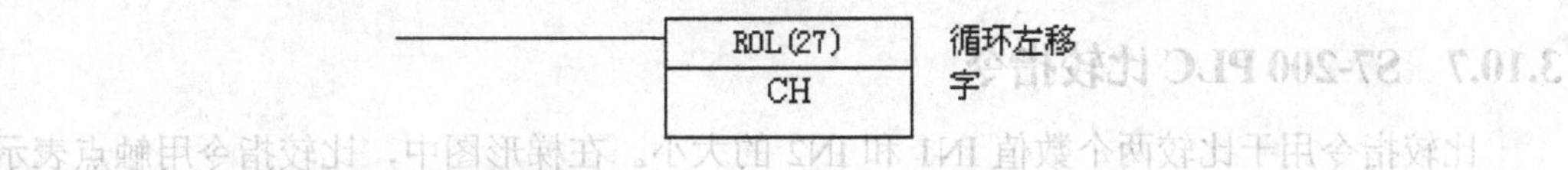

指令符：ROL（27）/@ROL（27）

其中，CH 是移位通道，其范围是 IR、SR、HR、AR、LR、DM、*DM。

功能：在执行条件为 ON 时，在每个扫描周期，ROL 都执行一次。每执行一次循环左移指令，CH 通道中的数据连同 CY 的内容以二进制位为单位左移一位操作，最高位进入 CY，原来 CY 的内容移进最低位。当间接寻址 DM 通道不存在时，出错标志位 255.03 为 ON；当 CH 通道中的内容为 0000 时，相等标志位 255.06 为 ON。注意：@ROL 只在执行条件为 ON 时的一个扫描周期中执行唯一一次。

3.10.6 CPM1A/CPM2A PLC 循环右移位指令

循环右移位指令的表示如下：

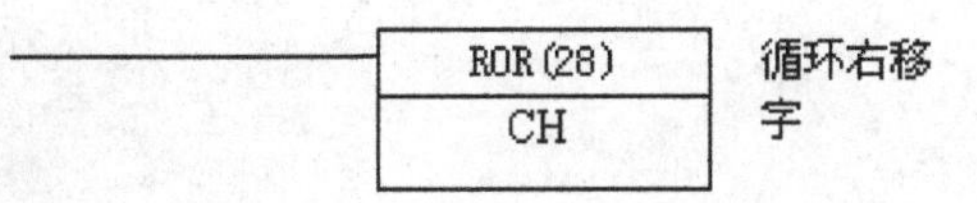

指令符：ROR（28）/@ROR（28）

其中，CH 是移位通道，其范围是 IR、SR、HR、AR、LR、DM、*DM。

功能：在执行条件为 ON 时，在每个扫描周期，ROR 都执行一次。每执行一次循环右移指令，CH 通道中的数据连同 CY 的内容以二进制位为单位右移一位操作，最低位进入 CY，原来 CY 的内容移进最高位。当间接寻址 DM 通道不存在时，出错标志位 255.03 为 ON；当 CH 通道中的内容为 0000 时，相等标志位 255.06 为 ON。注意：@ROR 只在执行条件为 ON 时的一个扫描周期中执行唯一一次。

OMRON PLC 算术移位、循环移位指令的功能见表 3-10。其应用也很广泛，有时用算术移位、循环移位指令编程比移位寄存器指令编程更加简洁，在应用中要注意不同移位指令的使用及编程技巧。

表 3-10　算术移位、循环移位指令功能表（OMRON PLC）

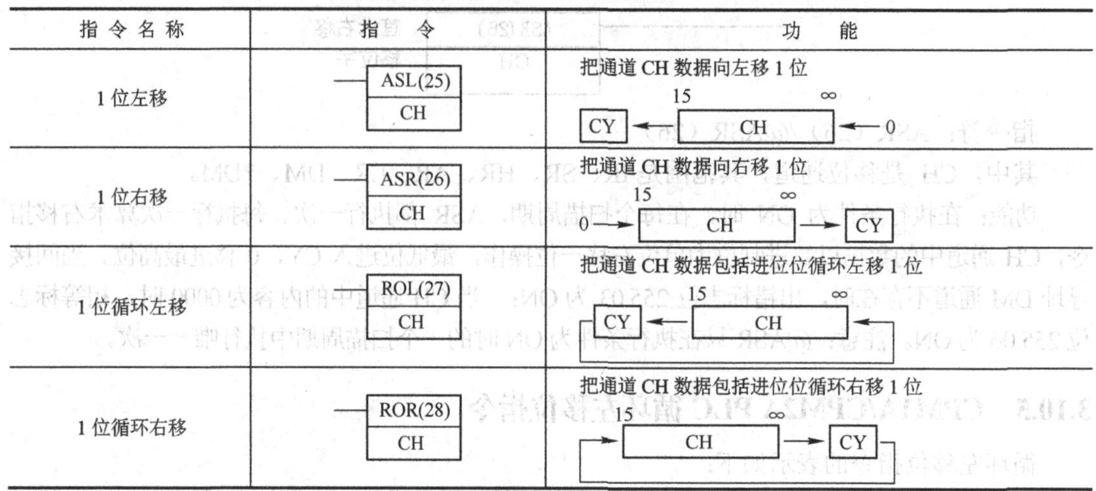

指令名称	指　令	功　能
1 位左移	ASL(25) CH	把通道 CH 数据向左移 1 位
1 位右移	ASR(26) CH	把通道 CH 数据向右移 1 位
1 位循环左移	ROL(27) CH	把通道 CH 数据包括进位位循环左移 1 位
1 位循环右移	ROR(28) CH	把通道 CH 数据包括进位位循环右移 1 位

3.10.7　S7-200 PLC 比较指令

比较指令用于比较两个数值 IN1 和 IN2 的大小。在梯形图中，比较指令用触点表示，当比较条件成立时，触点接通。在语句表中，满足条件时，将堆栈的栈顶置 1。

比较结果无非是以下几种情况：

IN1 = IN2、 IN1 >= IN2、 IN1 <= IN2

IN1 > IN2、 IN1 < IN2、 IN1 <> IN2

字节比较操作是无符号的；整数比较操作是有符号的（例如：16#7FFF > 16#8000，后者为负数）；双字比较操作是有符号的；实数比较操作是有符号的。

在梯形图（LAD）中，比较为真实时，触点接通；在功能块图（FBD）中，比较为真实时，输出接通；在语句表（STL）中，比较为真实时，1 位于堆栈顶端，指令执行载入、AND（与）或 OR（或）操作。使用比较指令时，参与比较的两个输入数据 IN1 和 IN2 的类型必须一致。例如字节数据的比较，数据类型为 Byte，简写为 B，则两个数据必须是字节类型的。

字节比较指令如下：

IN1 ==B IN2　　???? <>B ????　　???? >=B ????　　???? <=B ????　　???? >B ????　　???? <B ????

整数比较指令如下：

???? ==I ????　　???? <>I ????　　???? >=I ????　　???? <=I ????　　???? >I ????　　???? <I ????

双字比较指令如下：

????　????　????　????　????　????

==D　<>D　>=D　<=D　>D　<D

????　????　????　????　????　????

实数比较指令如下：

????　????　????　????　????　????

==R　<>R　>=R　<=R　>R　<R

????　????　????　????　????　????

字符串比较仅有等于或不等于两种情况，如下：

????　????

==S　<>S

????　????

图 3-73 中用 CPM1A/CPM2A PLC 编写的程序也可用 S7-200 PLC 实现，如图 3-74 所示。

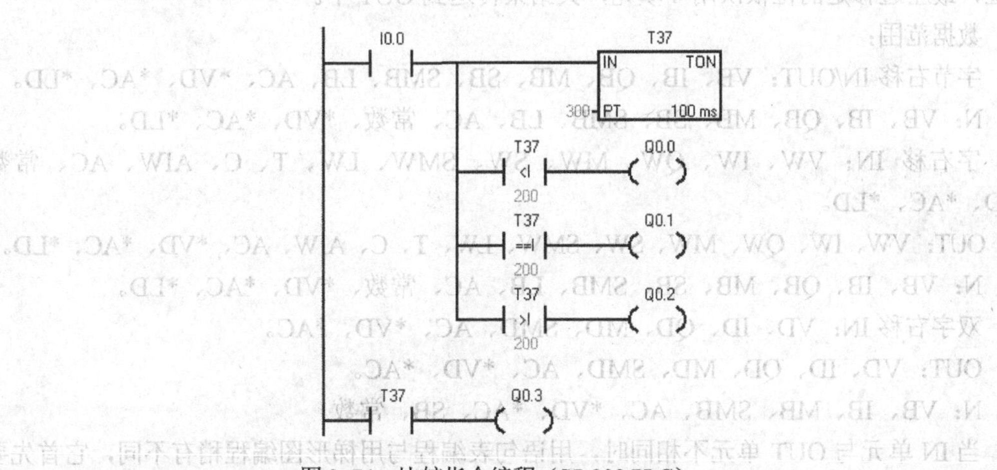

图 3-74　比较指令编程（S7-200 PLC）

例如：利用接通延时定时器和比较指令组成占空比和周期可调的脉冲发生器的程序梯形图如图 3-75 所示。

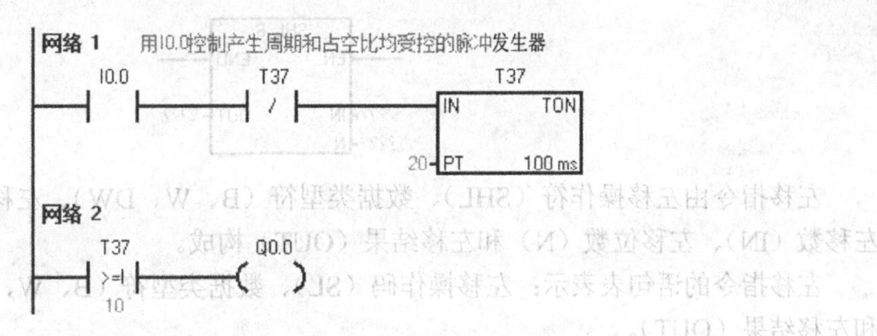

图 3-75　用比较指令实现占空比和周期可调的脉冲发生器（S7-200 PLC）

3.10.8　S7-200 PLC 数据移位指令

（1）右移指令

右移指令的梯形图表示如下：

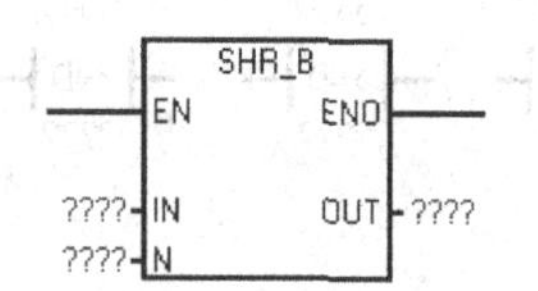

右移指令由右移操作符（SHR）、数据类型符（B、W、DW）、右移允许信号（EN）、被右移数（IN）、右移位数（N）和右移结果（OUT）构成。

右移指令的语句表表示为：右移操作码（SR）、数据类型符（B、W、D）、右移位数（N）和右移结果（OUT）。

右移指令的操作：在梯形图表示中，当右移允许信号 EN=1 时，被右移数 IN 右移 N 位，最左边移走的位依次用 0 填充，其结果传送到 OUT 中。在语句表表示中，OUT 被右移 N 位，最左边移走的位依次用 0 填充，其结果传送到 OUT 中。

数据范围：

字节右移 IN/OUT：VB、IB、QB、MB、SB、SMB、LB、AC、*VD、*AC、*LD。

N：VB、IB、QB、MB、SB、SMB、LB、AC、常数、*VD、*AC、*LD。

字右移 IN：VW、IW、QW、MW、SW、SMW、LW、T、C、AIW、AC、常数、*VD、*AC、*LD。

OUT：VW、IW、QW、MW、SW、SMW、LW、T、C、AIW、AC、*VD、*AC、*LD。

N：VB、IB、QB、MB、SB、SMB、LB、AC、常数、*VD、*AC、*LD。

双字右移 IN：VD、ID、QD、MD、SMD、AC、*VD、*AC。

OUT：VD、ID、QD、MD、SMD、AC、*VD、*AC。

N：VB、IB、MB、SMB、AC、*VD、*AC、SB、常数。

当 IN 单元与 OUT 单元不相同时，用语句表编程与用梯形图编程稍有不同，它首先要利用传送指令把 IN 的内容传送到 OUT 中，然后把 OUT 的内容右移，其结果存入 OUT 中。

（2）左移指令

左移指令的梯形图表示如下：

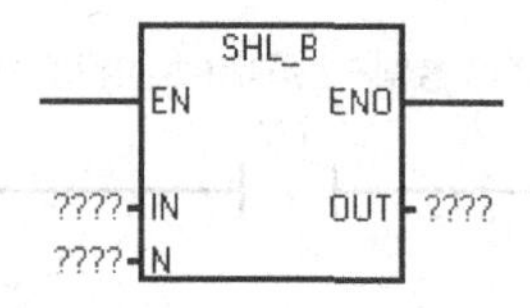

左移指令由左移操作符（SHL）、数据类型符（B、W、DW）、左移允许信号（EN）、被左移数（IN）、左移位数（N）和左移结果（OUT）构成。

左移指令的语句表表示：左移操作码（SL）、数据类型符（B、W、D）、左移位数（N）和左移结果（OUT）。

左移指令的操作：在梯形图表示中，当左移允许信号 EN=1 时，被左移数 IN 左移 N 位，最右边移出的位依次用 0 填充，其结果传送到 OUT 中。在语句表表示中，OUT 被左移 N 位，最右移出的位依次用 0 填充，其结果传送到 OUT 中。

数据范围：

字节左移 IN/OUT：VB、IB、QB、MB、SB、SMB、LB、AC、*VD、*AC、*LD。

N：VB、IB、QB、MB、SB、SMB、LB、AC、常数、*VD、*AC、*LD。

字左移 IN：VW、IW、QW、MW、SW、SMW、LW、T、C、AIW、AC、常数、*VD、*AC、*LD。

OUT：VW、IW、QW、MW、SW、SMW、LW、T、C、AIW、AC、*VD、*AC、*LD。

N：VB、IB、QB、MB、SB、SMB、LB、AC、常数、*VD、*AC、*LD。

双字左移 IN：VD、ID、QD、MD、SMD、AC、*VD、*AC。

OUT：VD、ID、QD、MD、SMD、AC、*VD、*AC。

N：VB、IB、MB、SMB、AC、*VD、*AC、SB、常数。

当 IN 单元与 OUT 单元不相同时，用语句表编程与用梯形图编程稍有不同，它首先要利用传送指令把 IN 的内容传送到 OUT 中，然后把 OUT 的内容左移，其结果存入 OUT 中。

（3）循环右移指令

循环右移指令的梯形图表示如下：

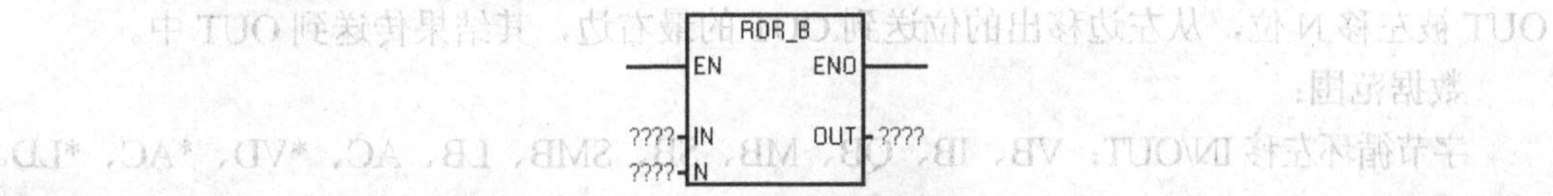

循环右移指令由循环右移操作符（ROR）、数据类型符（B、W、DW）、循环右移允许信号（EN）、被右移数（IN）、右移位数（N）和右移结果（OUT）构成。

循环右移指令的语句表表示为：循环右移操作码（RR）、数据类型符（B、W、D）、右移位数（N）和右移结果（OUT）。

循环右移指令的操作：在梯形图表示中，当循环右移允许信号 EN=1 时，被右移数 IN 右移 N 位，从右边移出的位送到 IN 的最左边，其结果传送到 OUT 中。在语句表表示中，OUT 被右移 N 位，从右边移出的位送到 OUT 的最左边，其结果传送到 OUT 中。

数据范围：

字节循环右移 IN/OUT：VB、IB、QB、MB、SB、SMB、LB、AC、*VD、*AC、*LD。

N：VB、IB、QB、MB、SB、SMB、LB、AC、常数、*VD、*AC、*LD。

字循环右移 IN：VW、IW、QW、MW、SW、SMW、LW、T、C、AIW、AC、常数、*VD、*AC、*LD。

OUT：VW、IW、QW、MW、SW、SMW、LW、T、C、AIW、AC、*VD、*AC、*LD。

N：VB、IB、QB、MB、SB、SMB、LB、AC、常数、*VD、*AC、*LD。

双字循环右移 IN：VD、ID、QD、MD、SD、SMD、LD、HC、AC、常数、*VD、*AC、*LD。

OUT：VD、ID、QD、MD、SD、SMD、LD、AC、*VD、*AC、*LD。

N：VB、IB、MB、SMB、SB、AC、常数、*VD、*AC、*LD。

当 IN 单元与 OUT 单元不相同时，用语句表编程与用梯形图编程稍有不同，它首先要利用传送指令把 IN 的内容传送到 OUT 中，然后把 OUT 的内容循环右移，其结果存入 OUT 中。

（4）循环左移指令

循环左移指令的梯形图表示如下：

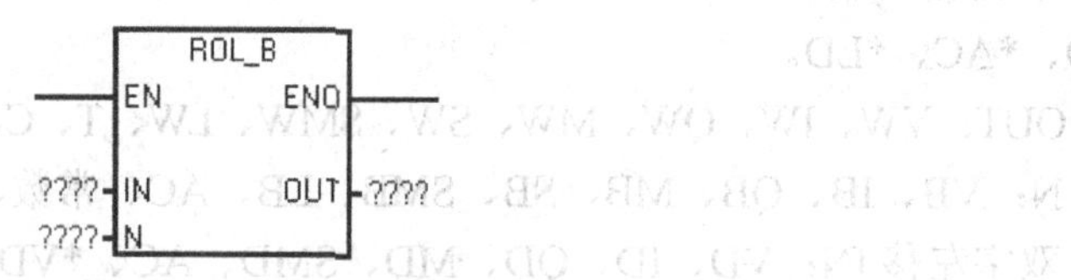

循环左移指令由循环左移操作符（ROL）、数据类型符（B、W、DW）、循环左移允许信号（EN）、被左移数（IN）、左移位数（N）和左移结果（OUT）构成。

循环左移指令的语句表表示为：循环左移操作符（RL）、数据类型符（B、W、D）、左移位数（N）和左移结果（OUT）。

循环左移指令的操作：在梯形图表示中，当循环左移允许信号 EN=1 时，被左移数 IN 左移 N 位，从左边移出的位送到 IN 的最右边，其结果传送到 OUT 中。在语句表表示中，OUT 被左移 N 位，从左边移出的位送到 OUT 的最右边，其结果传送到 OUT 中。

数据范围：

字节循环左移 IN/OUT：VB、IB、QB、MB、SB、SMB、LB、AC、*VD、*AC、*LD。

N：VB、IB、QB、MB、SB、SMB、LB、AC、常数、*VD、*AC、*LD。

字循环左移 IN：VW、IW、QW、MW、SW、SMW、LW、T、C、AIW、AC、常数、*VD、*AC、*LD。

OUT：VW、IW、QW、MW、SW、SMW、LW、T、C、AIW、AC、*VD、*AC、*LD。

N：VB、IB、QB、MB、SB、SMB、LB、AC、常数、*VD、*AC、*LD。

双字循环左移 IN：VD、ID、QD、MD、SD、SMD、LD、HC、AC、常数、*VD、*AC、*LD。

OUT：VD、ID、QD、MD、SD、SMD、LD、AC、*VD、*AC、*LD。

N：VB、IB、MB、SMB、SB、AC、常数、*VD、*AC、*LD。

当 IN 单元与 OUT 单元不相同时，用语句表编程与用梯形图编程稍有不同，它首先要利用传送指令把 IN 的内容传送到 OUT 中，然后把 OUT 的内容左移，其结果存入 OUT 中。

S7-200 PLC 的各种移位指令的表示形式及功能见表 3-11。

表 3-11　各种移位指令的表示形式及功能（S7-200 PLC）

名称	指令格式（语句表）	功　能
字节移位指令	SRB OUT，N	将字节 OUT 右移 N 位，最左边的位依次用 0 填充
	SLB OUT，N	将字节 OUT 左移 N 位，最右边的位依次用 0 填充
	RRB OUT，N	将字节 OUT 循环右移 N 位，从最右边移出的位送到 OUT 的最左位
	RLB OUT，N	将字节 OUT 循环左移 N 位，从最左边移出的位送到 OUT 的最右位
字移位指令	SRW OUT，N	将字 OUT 右移 N 位，最左边的位依次用 0 填充
	SLW OUT，N	将字 OUT 左移 N 位，最右边的位依次用 0 填充
	RRW OUT，N	将字 OUT 循环右移 N 位，从最右边移出的位送到 OUT 的最左位
	RLW OUT，N	将字 OUT 循环左移 N 位，从最左边移出的位送到 OUT 的最右位

（续）

名称	指令格式（语句表）	功　能
双字移位指令	SRD OUT，N	将双字 OUT 右移 N 位，最左边的位依次用 0 填充
	SLD OUT，N	将双字 OUT 左移 N 位，最右边的位依次用 0 填充
	RRD OUT，N	将双字 OUT 循环右移 N 位，从最右边移出的位送到 OUT 的最左位
	RLD OUT，N	将双字 OUT 循环左移 N 位，从最左边移出的位送到 OUT 的最右位
移位寄存器指令	SHRB DATA，S_BIT，N	将 DATA 的值（位型）移入移位寄存器；S_BIT 指定移位寄存器的最低位，N 指定移位寄存器的长度（正向移位=N，反向移位=-N）

项目实施

1．所需器材

（1）PLC（可编程序逻辑控制器）实训台　　1 台

（2）PC（个人计算机）　　1 台

（3）编程电缆　　1 根

（4）连接导线　　若干

2．连线

根据控制要求，确定输入、输出的点数，合理进行输入、输出的分配，并进行实训连线。如图 3-76 或图 3-77 所示。

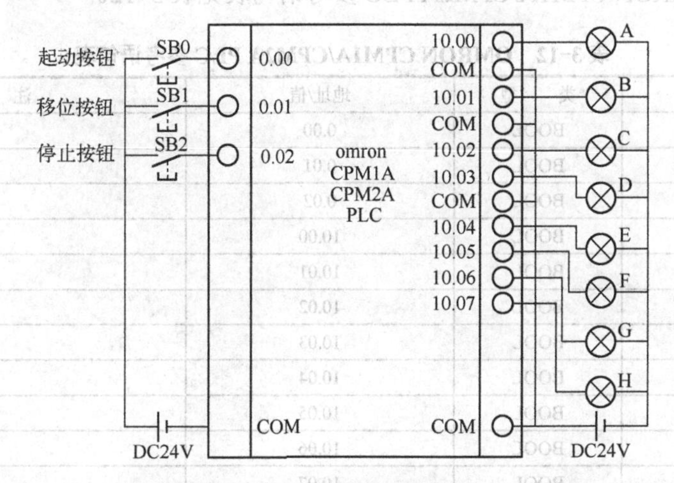

图 3-76　装配流水线的 PLC 控制模拟 I/O 接线图（OMRON PLC）

3．程序运行调试

（1）在断电状态下，连接好相关电缆。

（2）在 PC 上运行 CX-Programmer 编程软件或 STEP 7-Micro/WIN 编程软件。

（3）选择对应的 PLC 型号，设置通信参数，编辑梯形图控制程序。

（4）编译下载程序至 PLC。

（5）将 PLC 设为运行状态。

（6）调试程序，找出程序的不足与错误并修改，直至程序调试正确为止。

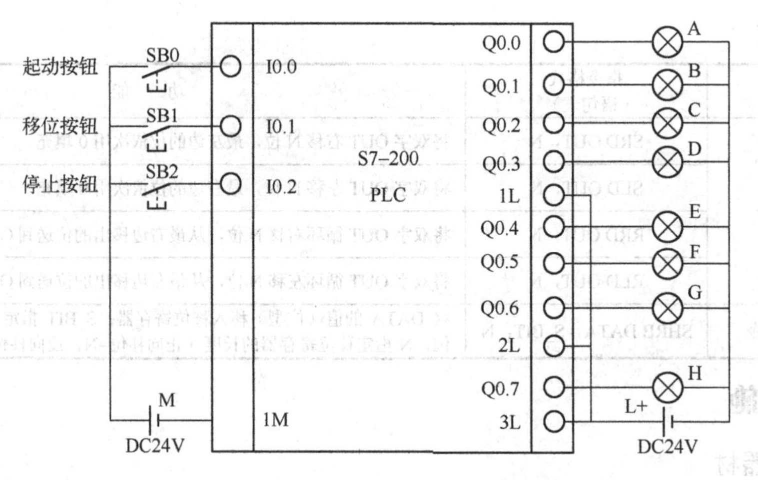

图 3-77　装配流水线的 PLC 控制模拟 I/O 接线图（S7-200 PLC）

4. 完成项目报告

（1）根据项目引入控制要求，确定输入、输出数量，列出 I/O 分配表。

（2）画出 I/O 接线示意图。

（3）绘制控制程序梯形图。

（4）程序调试过程中，碰到了哪些问题？是如何解决的？

该程序的 OMRON CPM1A/CPM2A PLC 参考语句表见表 3-12。

表 3-12　OMRON CPM1A/CPM2A PLC 参考语句表

名　　称	类　　型	地址/值	注　　释
起动	BOOL	0.00	
移位	BOOL	0.01	
停止	BOOL	0.02	
传送工位 A	BOOL	10.00	
操作 1　B	BOOL	10.01	
传送工位 C	BOOL	10.02	
操作 2　D	BOOL	10.03	
传送工位 E	BOOL	10.04	
操作 3　F	BOOL	10.05	
传送工位 G	BOOL	10.06	
仓库　　H	BOOL	10.07	

段 1

条	步	指令	操作数	注释
0	0	LD	起动	
	1	MOV(21)	#1 10	
1	2	LD	移位	
	3	DIFU（13）	20.00	
2	4	LD	20.00	
	5	ROL(27)	10	
	6	CMP(20)	#100	

（续）

段 1				
条	步	指令	操作数	注释
			10	
3	7	LD	P_EQ	等于(EQ)标志
	8	MOV（21）	#1	
			10	
4	9	LD	停止	
	10	MOV(21)	#0	
			10	
END				
条	步	指令	操作数	注释
0	46	END(01)		

注：P_EQ 为全局符号，地址为 IR255.06，常与指令 CMP（20）配合使用。

3.10.9 项目拓展——装配流水线的双向移位自动控制

1）若要求装配流水线实现自动移位功能，即按下起动按钮，工件装入 A 工位，再按下移位按钮后，工件的工位及操作（从 A 到 H）每 0.3s 移位一次，并且自动循环，试编制梯形图程序并完成调试。

2）若要求装配流水线实现反向自动移位功能，即按下起动按钮，工件装入 H 工位，再按下移位按钮后，工件的工位及操作（从 H 到 A）每 0.6s 移位一次，并且自动循环，试编制梯形图程序并完成调试。

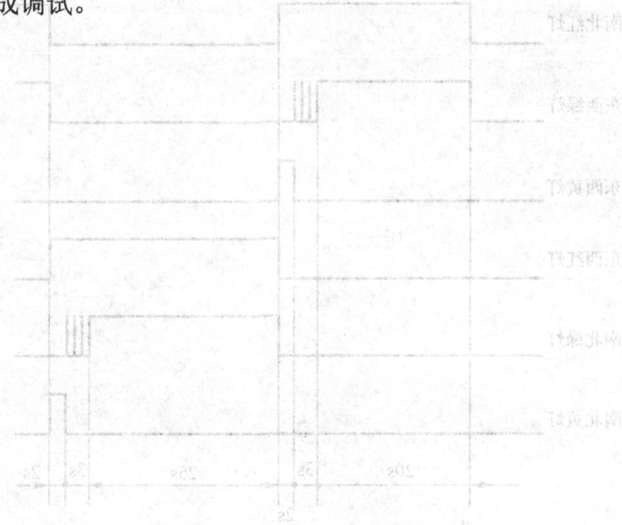

单元4　PLC程序设计方法

项目4.1　十字路口交通灯控制

项目引入

1．控制要求

十字路口交通灯受一个启动开关控制，当启动开关接通后，开始交通灯的显示规律。首先南北向红灯亮25s，东西向绿灯先亮20s后闪3s，然后东西向黄灯亮2s；接着东西向和南北向交换显示规律，东西向红灯亮30s，南北向绿灯先亮25s后闪3s，然后南北向黄灯亮2s。至此完成一个周期，之后不断循环。如图4-1所示，开关断开后，交通灯显示规律消失，所有灯灭。

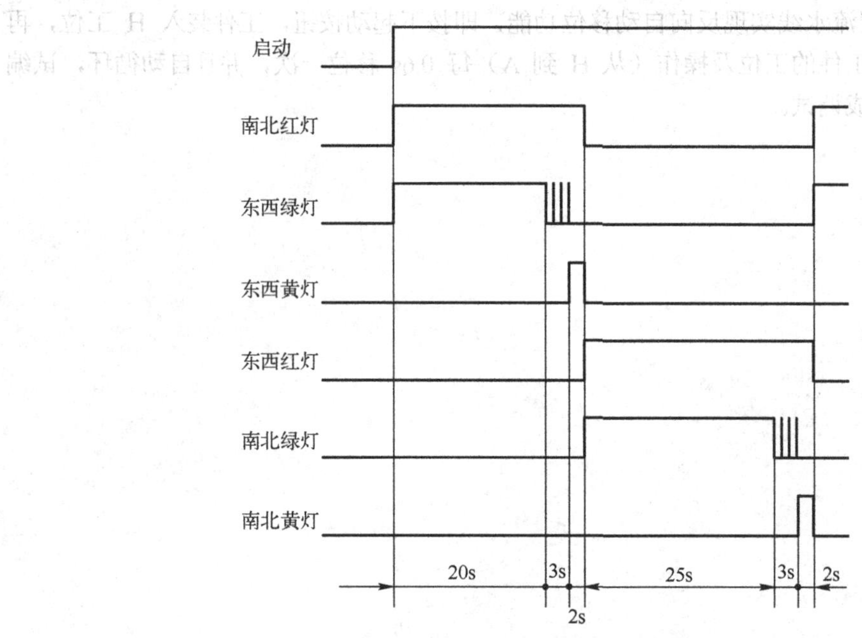

图4-1　十字路口交通灯控制时序图

2．学习目标

该项目完成后，可使学生进一步熟悉基本逻辑指令、定时器指令，实现闪烁脉冲的灵活编程，并掌握一种新的逻辑编程方法，即顺序功能图（SFC）编程。

知识链接

4.1.1 顺序功能图设计法

PLC 在逻辑控制系统中程序设计方法主要有：继电器控制电路移植法、经验设计法和逻辑设计法。

（1）继电器控制电路移植法

该方法用于传统继电接触器控制电路改造时的编程，按原电路图的逻辑关系对照翻译即可。通常电路接线，逻辑功能均比较简单。

（2）经验设计法

设计思路：在已有的一些典型梯形图编程知识的基础上，根据被控对象对控制的要求，通过多次反复地调试和修改梯形图，增加中间编程元件和触点，以得到一个较为满意的程序。

特点：没有普遍的规律可以遵循，设计所用的时间、设计的质量与编程者的经验有很大关系。

适用场合：可用于逻辑关系并不复杂的梯形图程序设计。

基本步骤：分析控制要求、选择控制原则；设计主令和检测元件，确定输入、输出设备；设计执行元件的控制程序；检查、修改和完善程序。

（3）逻辑设计法

其中最为常用的程序设计方法是功能表图设计法。它是一种逻辑设计法，在工业控制领域中应用最广，也是 PLC 程序设计方法中最为主要的方法之一。

功能表图也称为顺序功能图，英文名称为 Sequential Function Chart，简称 SFC（以下均用简称）。

SFC 图主要由步、有向连线、转换、转换条件和动作组成，如图 4-2 所示。

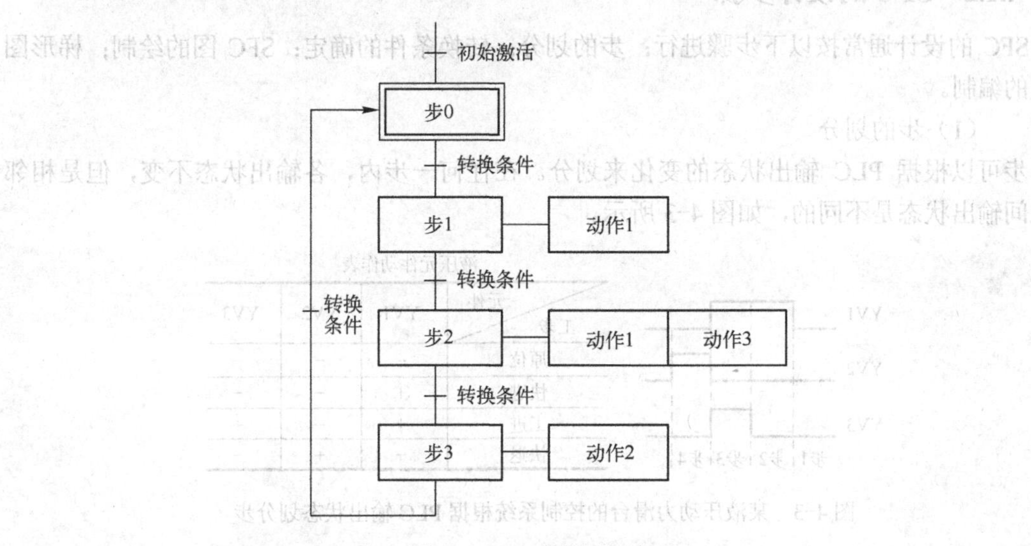

图 4-2　SFC 图的主要构成

1）步。SFC 图设计法是将控制系统的一个工作周期划分为若干个顺序相连的阶段，这些阶段称为“步”。步是 SFC 图最基本的组成部分，它是某一特定控制功能的程序段，一般用矩形框表示，框内的数字是步的编号，通常用编程元件的元件号（不同 PLC，其编程元件号有差异）作为该步的编号，这样根据 SFC 图设计梯形图时更为方便。

步是根据输出量的 ON/OFF 状态的变化来划分的，在任何一步之内，各输出量的状态不变，但是相邻两步输出量总的状态是不同的。与系统的初始状态对应的步称为“初始步”，初始状态一般是系统等待启动命令的相对静止状态。初始步用双线框表示，每个 SFC 图均应该有一个初始步。

2）转换与转换条件。“转换”是从某步到下一步的间隔标记，“转换条件”是某一步操作完成，并启动下一步的条件，当某一步操作正好完成且条件满足时就执行下一步控制程序。“转换”在图中用短线表示，短线位于有向连线上并与之垂直。“转换”旁边标注的是“转换条件”，“转换条件”是使系统由当前步进入下一步的信号，“转换条件”可以是外部的输入信号，如按钮、开关、限位开关的通/断等；也可以是 PLC 内部产生的信号，如定时器、计数器的触点提供的信号；还可能是若干个信号的与、或、非逻辑组合，可以用文字、布尔代数表达式及图形符号来描述。

3）动作与有向连线。用另一个矩形框中的文字或符号来表示与该步相对应的“动作”，该矩形框应与对应步的矩形框用“有向连线”相连接，如果“有向连线”的方向是从上至下或从左至右，则可以省略表示方向的箭头。

某一步可以没有动作，也可以包含几个动作，动作的表示方法是在步的右侧加一个或几个矩形框，并在框中加文字对动作进行说明。

动作有自锁和不自锁两种情况：动作不自锁，步结束时动作就结束；动作自锁，步结束时动作还继续，直到复位为止。

4.1.2 SFC 的设计步骤

SFC 的设计通常按以下步骤进行：步的划分；转换条件的确定；SFC 图的绘制；梯形图程序的编制。

（1）步的划分

步可以根据 PLC 输出状态的变化来划分。在任何一步内，各输出状态不变，但是相邻步之间输出状态是不同的，如图 4-3 所示。

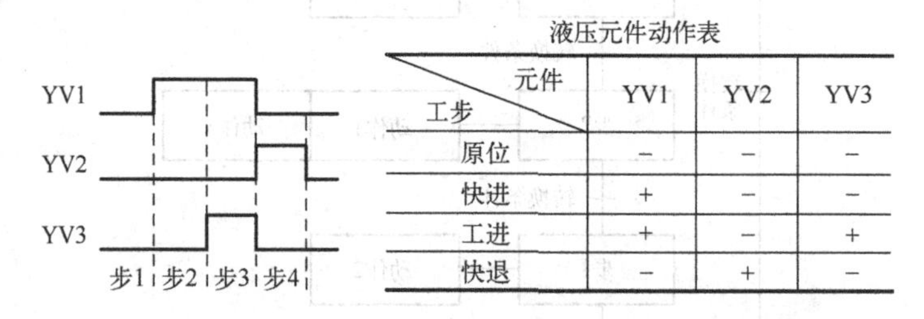

液压元件动作表

工步 \ 元件	YV1	YV2	YV3
原位	−	−	−
快进	+	−	−
工进	+	−	+
快退	−	+	−

图 4-3　某液压动力滑台的控制系统根据 PLC 输出状态划分步

步也可根据被控对象工作状态的变化来划分，但被控对象工作状态的变化应该是由 PLC 输出状态变化引起的，否则就不能这样划分。例如从快进到工进与 PLC 输出无关，那么快进和工进只能算一步。如图 4-4 所示。

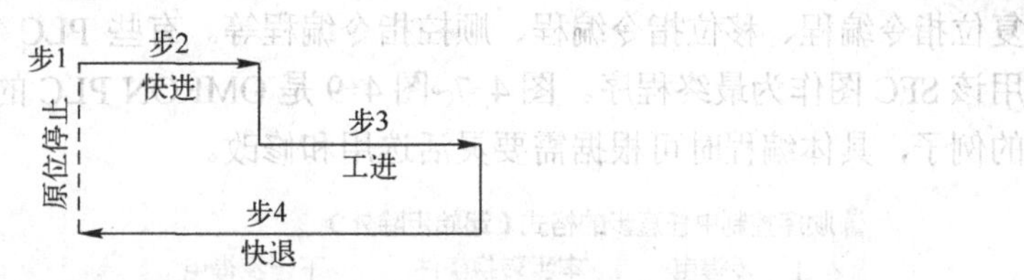

图 4-4　某液压动力滑台的控制系统根据被控对象工作状态划分步

（2）转换条件的确定

如图 4-5 所示，SB、SQ1、SQ2、SQ3 为相应步转移至下一步的转换条件。

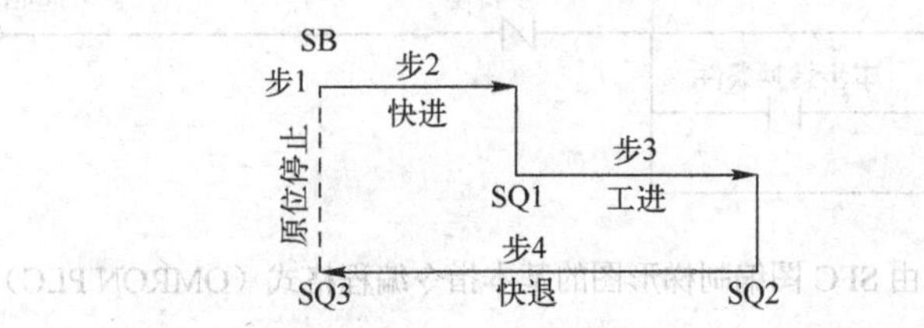

图 4-5　某液压动力滑台的控制系统各步的转换条件的确定

（3）SFC 图的绘制

根据以上分析和被控对象工作内容、步骤、顺序和控制要求画出 SFC 图。绘制 SFC 图是顺序控制设计法中最为关键的一步。

SFC 图不涉及所描述控制功能的具体技术，是一种通用的技术语言，可用于进一步设计和不同专业人员之间进行技术交流。各个 PLC 厂家都按照国际标准制定了自己的 SFC 图标准，各国家也都有相应的国家标准。图 4-6 为某液压动力滑台控制的 SFC 图。

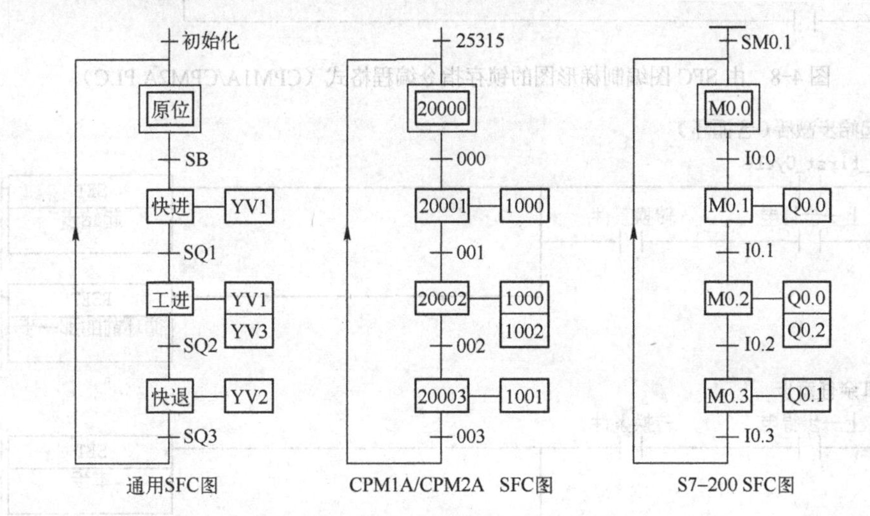

图 4-6　某液压动力滑台控制的 SFC 图

（4）梯形图程序的编制

根据画好的 SFC 图，按某种编程方式编制梯形图程序。对于 OMRON PLC，常用的编程方式有：基本指令编程、锁存指令编程、置位和复位指令编程、移位指令编程、步进指令编程。对于 S7-200 PLC，常用的编程方法有：通用逻辑指令编程、触发器指令编程、置位和复位指令编程、移位指令编程、顺控指令编程等。有些 PLC 支持 SFC 图语言，还可直接使用该 SFC 图作为最终程序。图 4-7~图 4-9 是 OMRON PLC 的几种由 SFC 图编制梯形图程序的例子，具体编程时可根据需要灵活选用和修改。

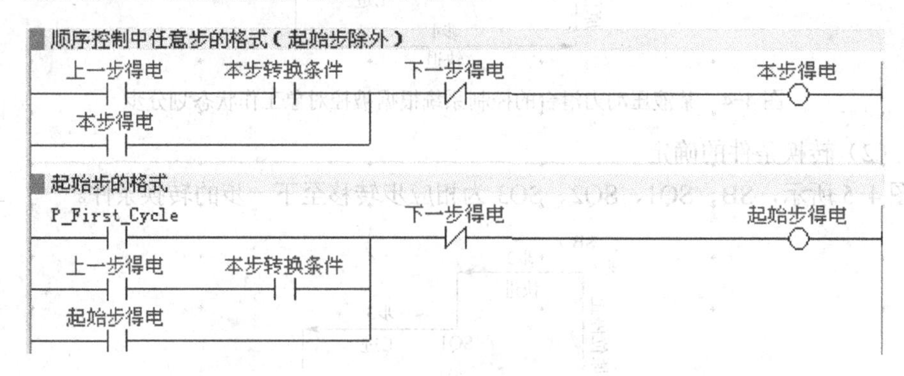

图 4-7　由 SFC 图编制梯形图的基本指令编程格式（OMRON PLC）

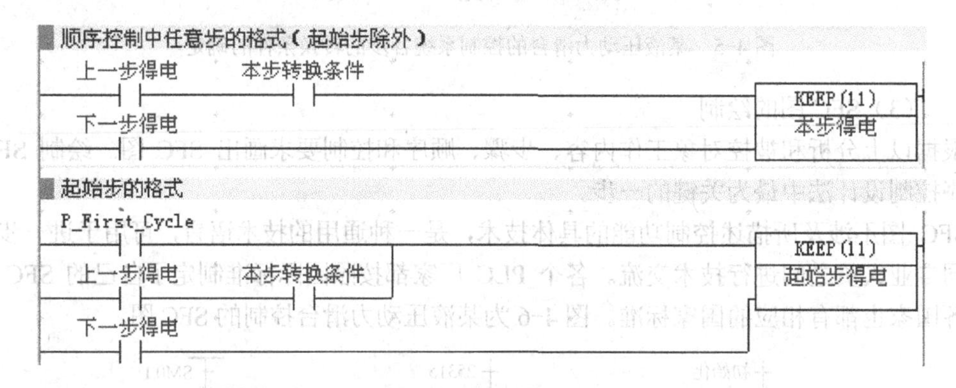

图 4-8　由 SFC 图编制梯形图的锁存指令编程格式（CPM1A/CPM2A PLC）

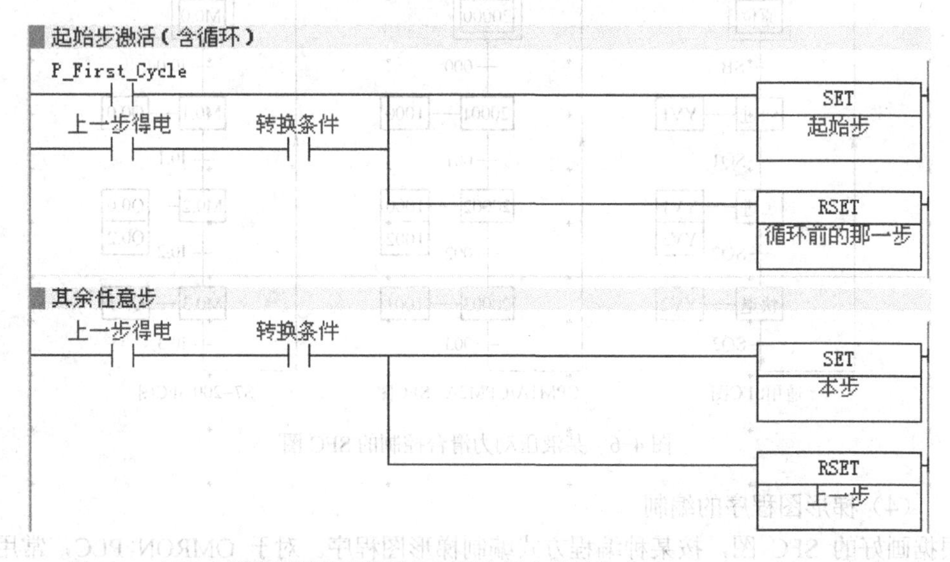

图 4-9　由 SFC 图编制梯形图的置位和复位指令编程格式（CPM1A/CPM2A PLC）

以上编程格式都能很容易地实现将 SFC 图转换成梯形图程序，不过转换成的梯形图编程格式仅仅是控制过程中“步的转换”程序部分，PLC 具体执行的动作还需要另外编程。比如，程序采用基本指令方式编程，液压动力滑台的梯形图程序如图 4-10 所示，程序中包含了“步的转换”程序以及“动作执行”程序。如果控制系统还需要其他控制要求，则程序中还需要进一步补充说明。

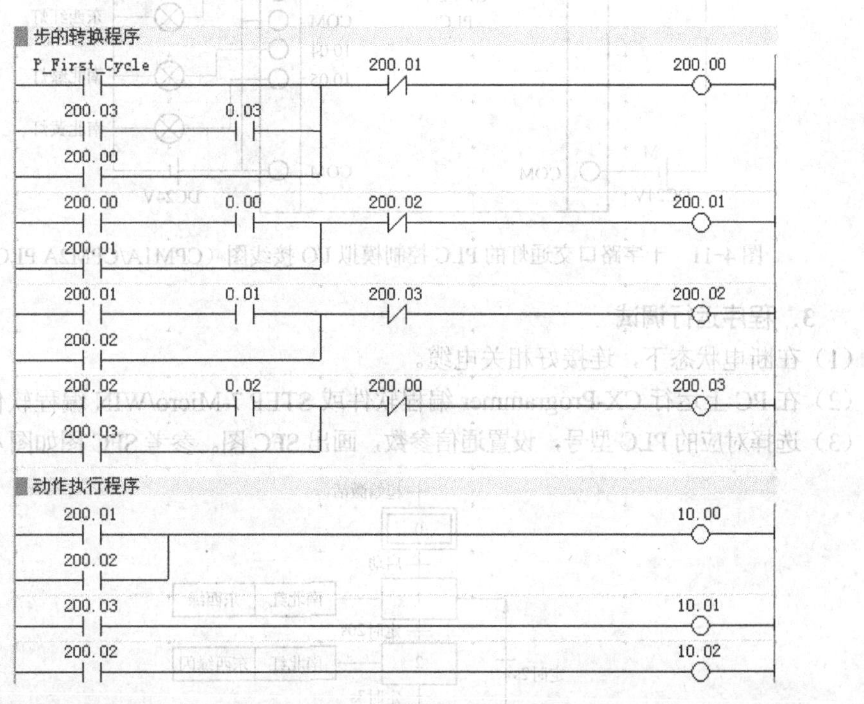

图 4-10　用基本指令方式实现的液压动力滑台的梯形图控制程序（CPM1A/CPM2A PLC）

S7-200 PLC 和 OMRON PLC 的 SFC 图编程格式类似，其中 OMRON PLC 的编程格式中 KEEP 指令在 S7-200 PLC 中可用复位优先的触发器指令（RS）实现，在使用中还要注意不同 PLC 其置位/复位指令以及移位指令用法的区别。

项目实施

1．所需器材

（1）PLC（可编程序逻辑控制器）实训台	1 台
（2）PC（个人计算机）	1 台
（3）编程电缆	1 根
（4）连接导线	若干

2．连线

根据控制要求，确定输入、输出的点数，合理进行输入、输出的分配，并进行实训连线。其中输入启动开关占用 PLC 两个端子，如图 4-11 所示，当然也可使用两个按钮代替启动和停止功能，有时也可取消输入设备，直接接输出设备运行，控制梯形图程序中也没有输入继电器。后面“项目拓展”中就有类似控制要求，读者可思考一下，该如何实现？

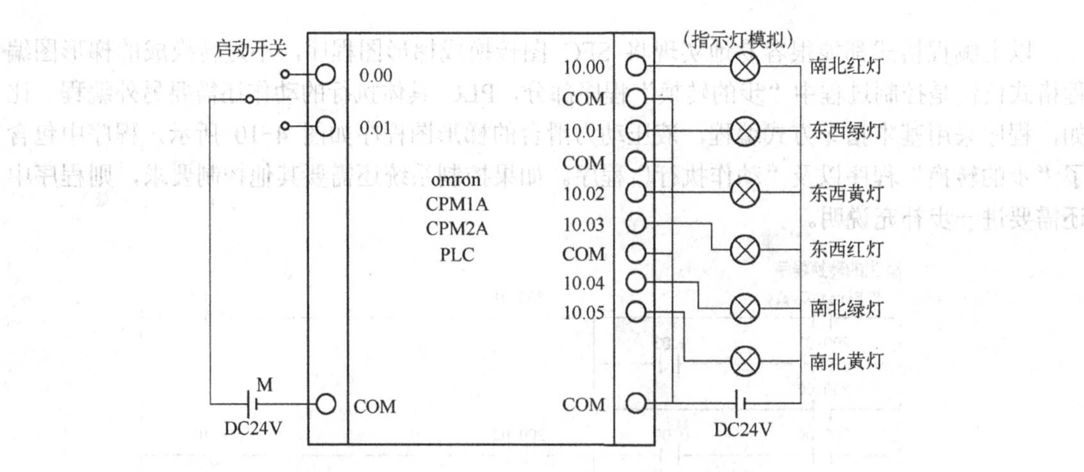

图 4-11　十字路口交通灯的 PLC 控制模拟 I/O 接线图（CPM1A/CPM2A PLC）

3．程序运行调试

（1）在断电状态下，连接好相关电缆。

（2）在 PC 上运行 CX-Programmer 编程软件或 STEP 7-Micro/WIN 编程软件。

（3）选择对应的 PLC 型号，设置通信参数，画出 SFC 图。参考 SFC 图如图 4-12 所示。

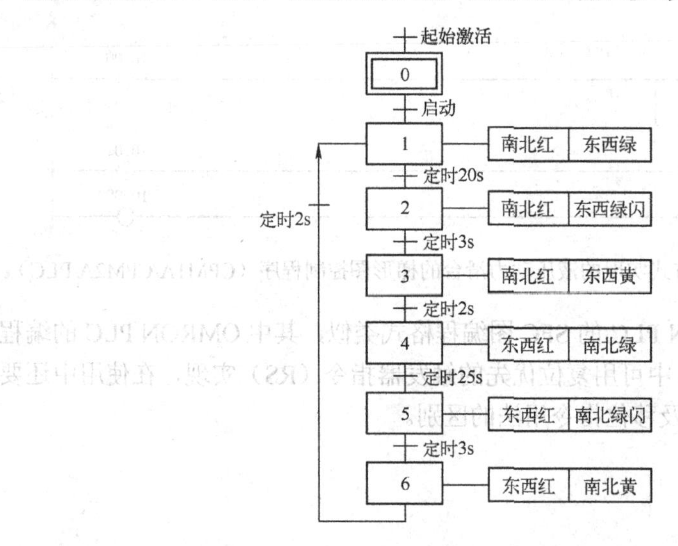

图 4-12　十字路口交通灯的 PLC 控制模拟参考 SFC 图

（4）编辑梯形图控制程序，下载程序至 PLC。

（5）将 PLC 设为运行状态。

（6）调试程序，找出程序的不足与错误并修改，直至程序调试正确为止。

4．完成项目报告

（1）根据项目引入控制要求，确定输入、输出数量，列出 I/O 分配表。

（2）画出系统控制 SFC 图。

（3）试着用两种编程方式编制梯形图控制程序。

（4）程序调试过程中，碰到了哪些问题？是如何解决的？

4.1.3 项目拓展——有人行横道的十字路口交通灯的 PLC 控制

若十字路口交通灯控制不设启动开关，在 PLC 通电运行时，自动控制交通灯的运行规律，此时，I/O 接线图中 PLC 不需要接入输入设备。同时在交通灯的控制要求中增加东西方向和南北方向人行横道的控制要求，图 4-13 所示为 OMRON PLC 对应的时序图和 SFC 图。试根据实际 PLC 类型编制梯形图程序并完成调试运行。

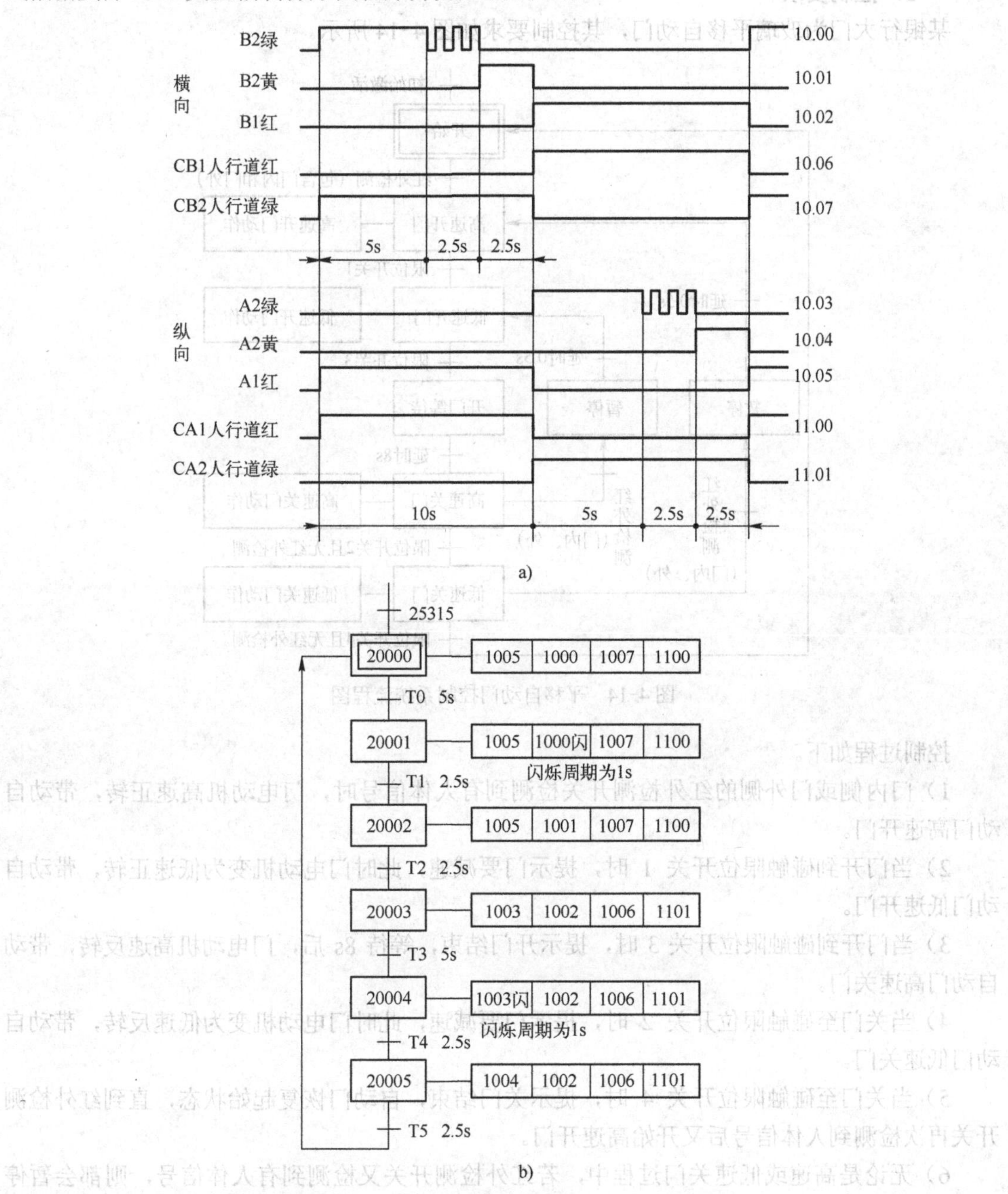

图 4-13 有人行横道的十字路口交通灯时序图及 SFC 图（CPM1A/CPM2A PLC）

a) 时序图 b) SFC 图

项目 4.2　平移自动门控制

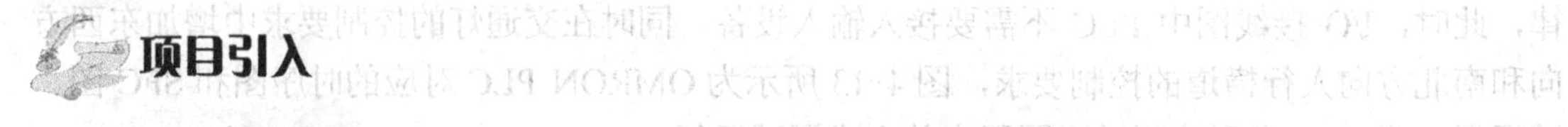

项目引入

1. 控制要求

某银行大门为玻璃平移自动门，其控制要求如图 4-14 所示。

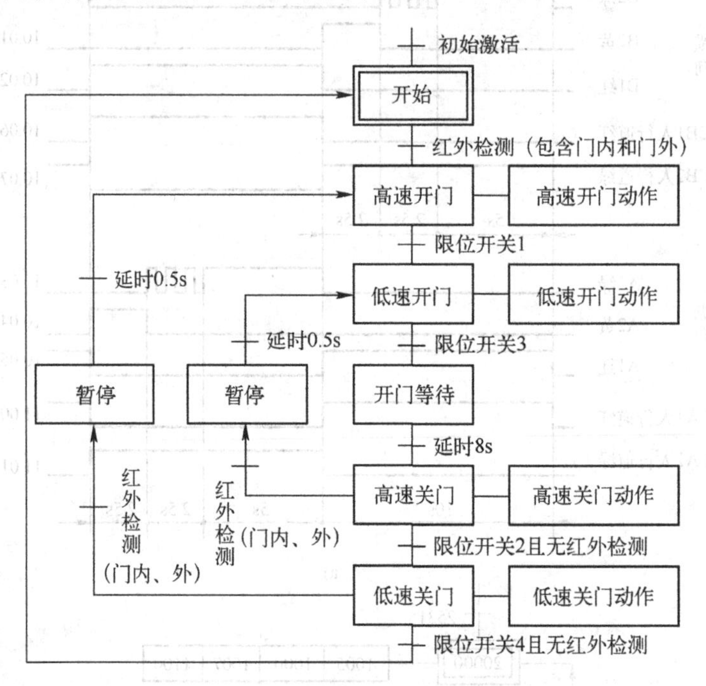

图 4-14　平移自动门控制系统流程图

控制过程如下。

1）门内侧或门外侧的红外检测开关检测到有人体信号时，门电动机高速正转，带动自动门高速开门。

2）当门开到碰触限位开关 1 时，提示门要减速，此时门电动机变为低速正转，带动自动门低速开门。

3）当门开到碰触限位开关 3 时，提示开门结束，等待 8s 后，门电动机高速反转，带动自动门高速关门。

4）当关门至碰触限位开关 2 时，提示门要减速，此时门电动机变为低速反转，带动自动门低速关门。

5）当关门至碰触限位开关 4 时，提示关门结束，自动门恢复起始状态，直到红外检测开关再次检测到人体信号后又开始高速开门。

6）无论是高速或低速关门过程中，若红外检测开关又检测到有人体信号，则都会暂停关门，延时 0.5s 后自动门又开始高速开门。

7）按下急停按钮，自动门的动作立即停止，程序停止运行。

2．学习目标

该项目完成后，可使学生进一步熟悉顺序功能（SFC）图编程，同时了解 SFC 图的几种不同结构形式。

知识链接

4.2.1　SFC 图的几种不同结构

SFC 图的基本结构主要分为：单序列、选择序列（选择性分支）、并行序列（并发性分支）、循环序列和复合结构等。

1．单序列结构

单序列是一种最简单的结构，由一系列相继激活的步组成，该结构的特点是步与步之间只有一个转换，转换和转换之间只有一个步。即每一步的后面仅接有一个转换，每一个转换的后面只有一个步。如图 4-15 所示。

图 4-15　单序列结构图

2．选择序列结构

如果在某一步后出现多个分支，各分支水平相连，每一条单一顺序的进入都有一个转换条件。每个分支的转换条件都位于水平线下方，单水平线上方没有转移。

如果某一分支转换条件得到满足，则执行这一分支。一旦进入这一分支后，就再也不能执行其他分支了。

分支结束用水平线将各个分支汇合，水平线上方的每个分支都有一个转换条件，而水平线下方没有转换条件，如图 4-16 所示。

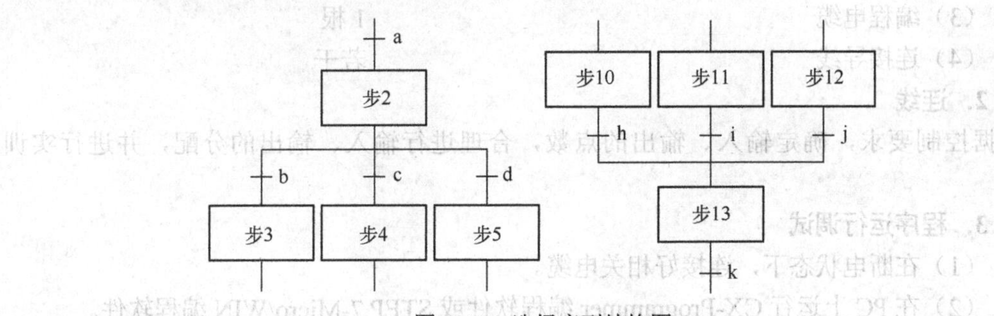

图 4-16　选择序列结构图

3．并行序列结构

如果在某一步执行完毕后，需要启动若干条分支，这种结构称为并行序列结构。并行序列结构如图 4-17 所示。分支开始时用双水平线相连，双水平线上方需一转换，转换对应的条件称为公共转换条件。如果公共转换条件满足，则同时执行下面所有分支，双水平线下方一般没有转换条件，特殊情况下允许有分支转换条件。公共转换条件满足时，同时执行多个分支，但是由于各个分支完成的时间不同，所以每个分支的最后一步通常设置一个等待步。分支结束用双水平线将各个分支汇合，双水平线上方一般无转换，下方有一个转换。

4. 循环序列结构

循环结构用于一个顺序过程的多次反复执行，如图 4-18 所示。

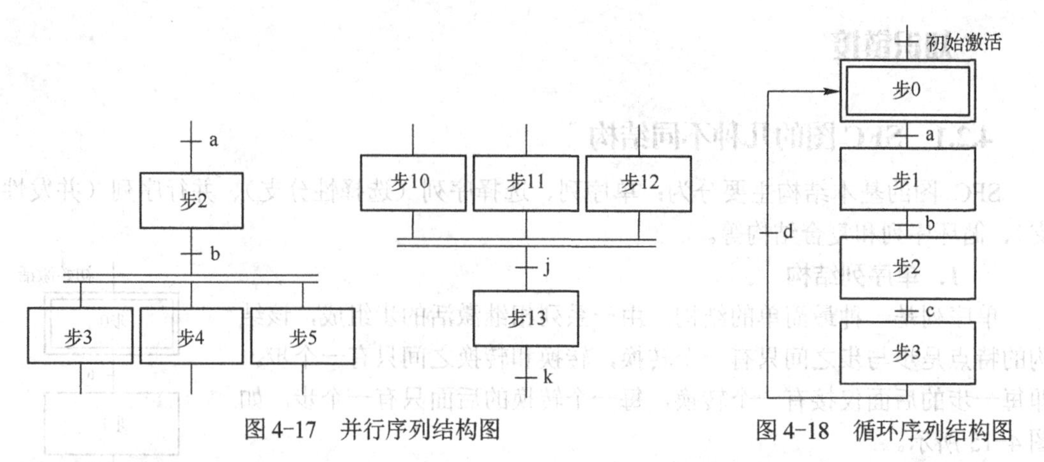

图 4-17　并行序列结构图　　　　图 4-18　循环序列结构图

5. 复合结构

复合结构就是一个集单序列、选择序列、并行序列和循环序列于一体的结构。由于结构复杂，必须仔细才能正确地描述实际问题。

项目实施

1. 所需器材

（1）PLC（可编程序逻辑控制器）实训台　　1 台

（2）PC（个人计算机）　　1 台

（3）编程电缆　　1 根

（4）连接导线　　若干

2. 连线

根据控制要求，确定输入、输出的点数，合理进行输入、输出的分配，并进行实训连线。

3. 程序运行调试

（1）在断电状态下，连接好相关电缆。

（2）在 PC 上运行 CX-Programmer 编程软件或 STEP 7-Micro/WIN 编程软件。

（3）选择对应的 PLC 型号，设置通信参数，画出 SFC 图。

（4）编辑梯形图控制程序，下载程序至 PLC。

（5）将 PLC 设为运行状态。

（6）调试程序，找出程序的不足与错误并修改，直至程序调试正确为止。

4. 完成项目报告

（1）根据项目引入控制要求，确定输入、输出数量，列出 I/O 分配表。

（2）画出系统控制 SFC 图。

（3）试用两种编程方式编制梯形图控制程序。

（4）程序调试过程中，碰到了哪些问题？是如何解决的？

4.2.2 项目拓展——带手动/自动方式选择的平移自动门控制

控制系统中设置急停、自动方式、手动方式、手动开门、手动关门按钮，其流程图如图 4-19 所示，应如何实现？

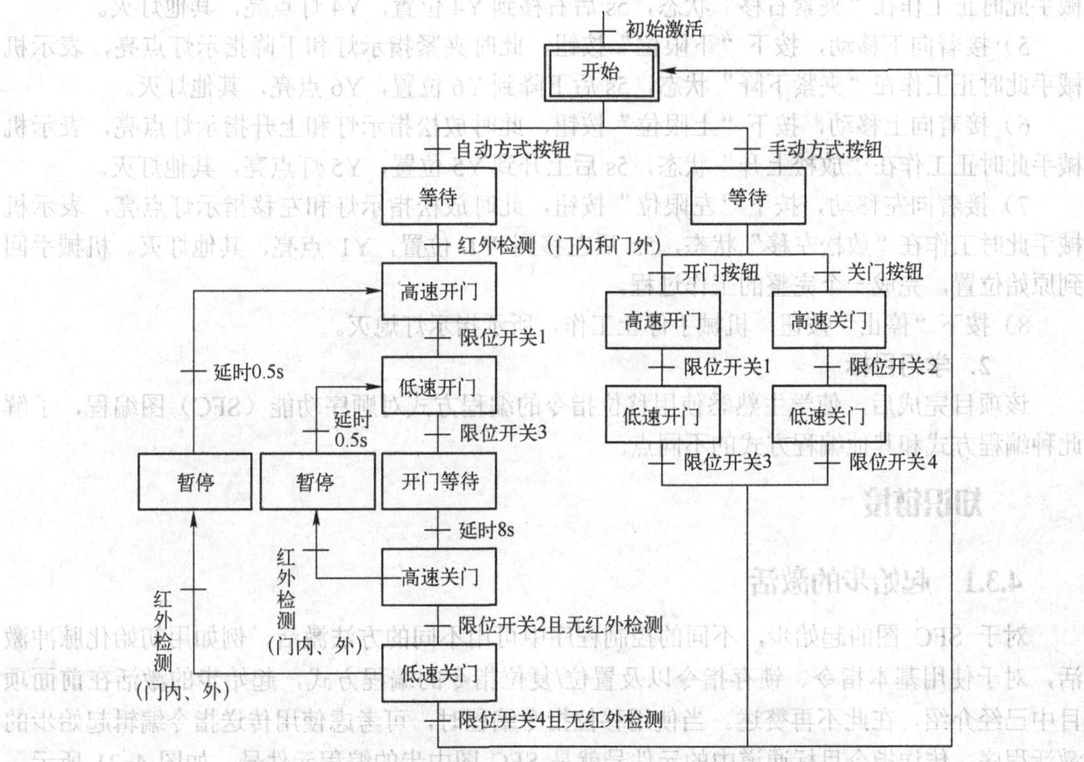

图 4-19 带手动/自动方式选择的平移自动门控制系统流程图

项目 4.3 工业机械手动作模拟（一）

1. 控制要求

工业机械手的工作示意图如图 4-20 所示，由图可知，机械手是按照箭头方向顺序工作，其上、下、左、右的移动通过限位开关来控制执行。动作过程如下。

1）按下“起动”按钮后，机械手处于原始位置，原点灯 Y1 亮。

2）根据箭头方向，机械手应该向下移动，按下“下限位”按钮，此时放松指示灯和下降指示灯点亮，表示机械手此时正工作在

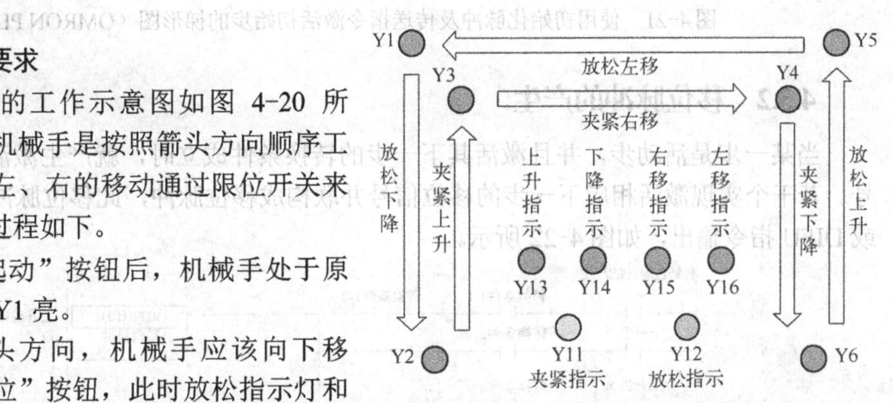

图 4-20 工业机械手动作模拟示意图

“放松下降”状态，5s 后下降到 Y2 位置，Y2 点亮，其他灯灭。

3）接着向上移动，按下“上限位”按钮，此时夹紧指示灯和上升指示灯点亮，表示机械手此时正工作在“夹紧上升”状态，5s 后上升到 Y3 位置，Y3 灯点亮，其他灯灭。

4）接着向右移动，按下“右限位”按钮，此时夹紧指示灯和右移指示灯点亮，表示机械手此时正工作在“夹紧右移”状态，5s 后右移到 Y4 位置，Y4 灯点亮，其他灯灭。

5）接着向下移动，按下“下限位”按钮，此时夹紧指示灯和下降指示灯点亮，表示机械手此时正工作在“夹紧下降”状态，5s 后下降到 Y6 位置，Y6 点亮，其他灯灭。

6）接着向上移动，按下“上限位”按钮，此时放松指示灯和上升指示灯点亮，表示机械手此时正工作在“放松上升”状态，5s 后上升到 Y5 位置，Y5 灯点亮，其他灯灭。

7）接着向左移动，按下“左限位”按钮，此时放松指示灯和左移指示灯点亮，表示机械手此时工作在“放松左移”状态，5s 后左移到 Y1 位置，Y1 点亮，其他灯灭。机械手回到原始位置，完成一个完整的工作过程。

8）按下“停止”按钮，机械手停止工作，所示指示灯熄灭。

2. 学习目标

该项目完成后，使学生熟悉使用移位指令的编程方式对顺序功能（SFC）图编程，了解此种编程方式和其他编程方式的不同点。

知识链接

4.3.1 起始步的激活

对于 SFC 图的起始步，不同的控制程序中可用不同的方法激活，例如用初始化脉冲激活，对于使用基本指令、锁存指令以及置位/复位指令的编程方式，起始步的激活在前面项目中已经介绍，在此不再赘述。当使用移位指令编程时，可考虑使用传送指令编辑起始步的激活程序，传送指令目标通道中的元件号就是 SFC 图中步的编程元件号。如图 4-21 所示，通过传送指令使某通道中最低位状态为“1”，即起始步状态为“1”，起始步状态激活。

图 4-21　使用初始化脉冲及传送指令激活初始步的梯形图（OMRON PLC）

4.3.2 移位脉冲的产生

当某一步是活动步，并且激活其下一步的转换条件成立时，就产生激活下一步的移位信号。若干个实现激活相应下一步的移位信号并联构成移位脉冲，此移位脉冲可用 OUT 指令或 DIFU 指令输出，如图 4-22 所示。

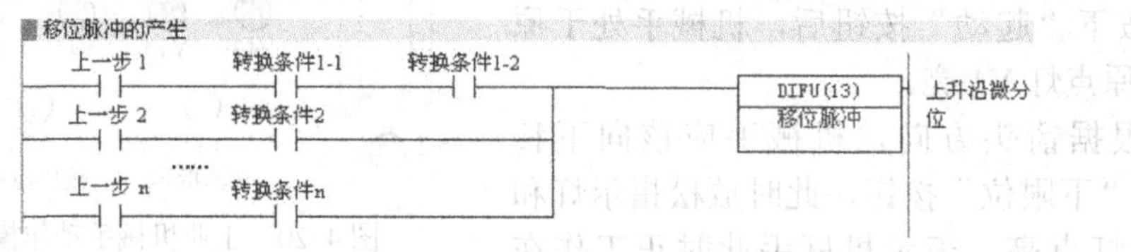

图 4-22　移位脉冲的产生（OMRON PLC）

4.3.3 用移位指令实现的编程格式

用移位指令实现的编程格式根据所用指令的不同，其格式会有差异。如图 4-23 所示，是采用 SFT 指令或 ASL 指令实现的两种不同的编程格式。

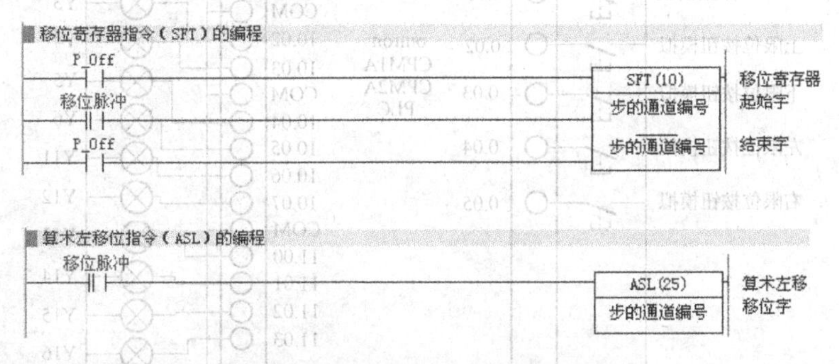

图 4-23　用不同移位指令实现的编程格式（OMRON PLC）

需要指出的是，SFT 指令能实现多个通道的位同时移位，而 ASL 指令则只能实现在一个通道中进行移位，使用 ASL 指令时，SFC 图中的步不能超过 16 个，但使用 ASL 指令更加简洁方便。

4.3.4 停机程序

对于使用 SFC 图实现的顺序控制，SFC 图中任何时刻都有一个步是活动步（并行序列中甚至有多个步为活动步）。倘若所有步均为非活动步，则 SFC 图表示的顺序控制过程无法正常运行，因此停止信号最好不要停掉所有步，必须留一个步为活动步（通常是在停止的同时激活初始步），如图 4-24 所示。

图 4-24　停机程序使控制过程停在初始步（OMRON PLC）

项目实施

1．所需器材

（1）PLC（可编程序逻辑控制器）实训台　　1 台
（2）PC（个人计算机）　　1 台
（3）编程电缆　　1 根
（4）连接导线　　若干

2．连线

根据控制要求及选用的 PLC 类型，确定输入、输出的点数，合理进行输入、输出的分配，并进行实训连线。如图 4-25 所示。S7-200 PLC 接线图与其类似，此处省略。

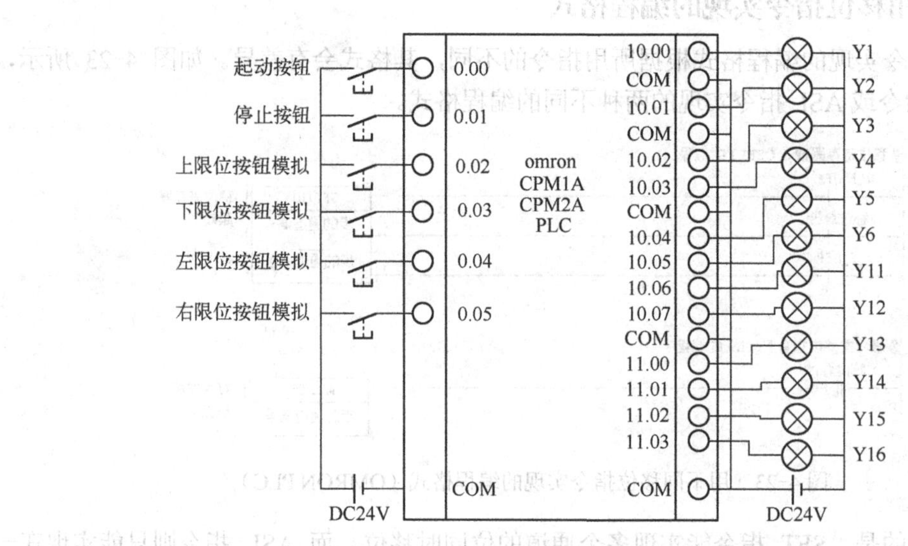

图 4-25　工业机械手动作 PLC 模拟控制 I/O 接线图（OMRON PLC）

适用于 CPM1A/CPM2A PLC 的输入、输出地址分配见表 4-1。

表 4-1　PLC 控制输入/输出地址分配（CPM1A/CPM2A PLC）

输　　入		输　　出	
输入设备	PLC 地址编号	输出设备	PLC 地址编号
起动按钮	0.00	Y1	10.00
停止按钮	0.01	Y2	10.01
上限位按钮	0.02	Y3	10.02
下限位按钮	0.03	Y4	10.03
左限位按钮	0.04	Y5	10.04
右限位按钮	0.05	Y6	10.05
		夹紧指示 Y11	10.06
		放松指示 Y12	10.07
		上升指示 Y13	11.00
		下降指示 Y14	11.01
		右移指示 Y15	11.02
		左移指示 Y16	11.03
注：其中 Y1～Y6 表示机械手的当前工作位置			

3. 程序运行调试

（1）在断电状态下，连接好相关电缆。

（2）在 PC 上运行 CX-Programmer 编程软件或 STEP 7-Micro/WIN 编程软件。

（3）选择对应的 PLC 型号，设置通信参数，画出 SFC 图。参考 SFC 图如图 4-26 所示。

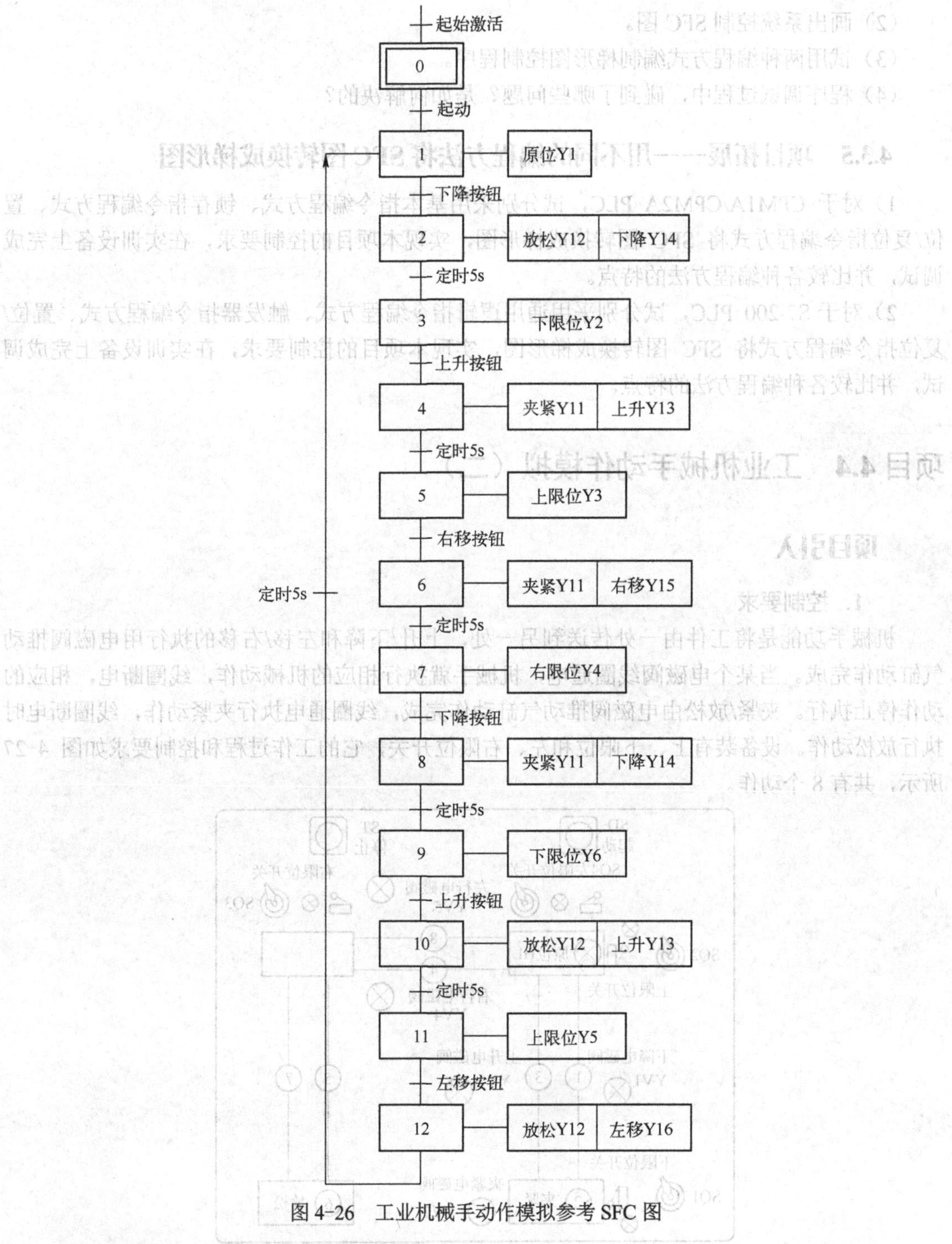

图 4-26　工业机械手动作模拟参考 SFC 图

（4）编辑梯形图控制程序，下载程序至 PLC。

（5）将 PLC 设为运行状态。

（6）调试程序，找出程序的不足与错误并修改，直至程序调试正确为止。

4. 完成项目报告

（1）根据项目引入控制要求，确定输入、输出数量，列出 I/O 分配表。

（2）画出系统控制 SFC 图。

（3）试用两种编程方式编制梯形图控制程序。

（4）程序调试过程中，碰到了哪些问题？是如何解决的？

4.3.5 项目拓展——用不同的编程方法将 SFC 图转换成梯形图

1）对于 CPM1A/CPM2A PLC，试分别采用基本指令编程方式、锁存指令编程方式、置位/复位指令编程方式将 SFC 图转换成梯形图，实现本项目的控制要求，在实训设备上完成调试，并比较各种编程方法的特点。

2）对于 S7-200 PLC，试分别采用通用逻辑指令编程方式、触发器指令编程方式、置位/复位指令编程方式将 SFC 图转换成梯形图，实现本项目的控制要求，在实训设备上完成调试，并比较各种编程方法的特点。

项目 4.4 工业机械手动作模拟（二）

1. 控制要求

机械手功能是将工件由一处传送到另一处，上升/下降和左移/右移的执行用电磁阀推动气缸动作完成。当某个电磁阀线圈通电，机械手就执行相应的机械动作，线圈断电，相应的动作停止执行。夹紧/放松由电磁阀推动气缸动作完成，线圈通电执行夹紧动作，线圈断电时执行放松动作。设备装有上、下限位和左、右限位开关，它的工作过程和控制要求如图 4-27 所示，共有 8 个动作。

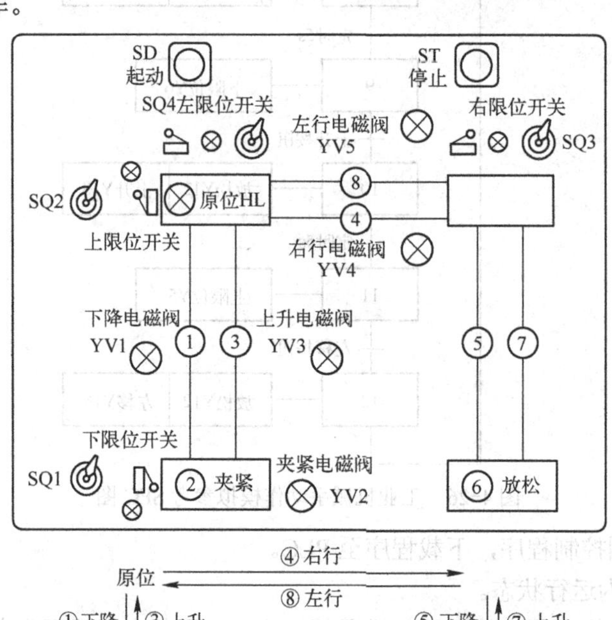

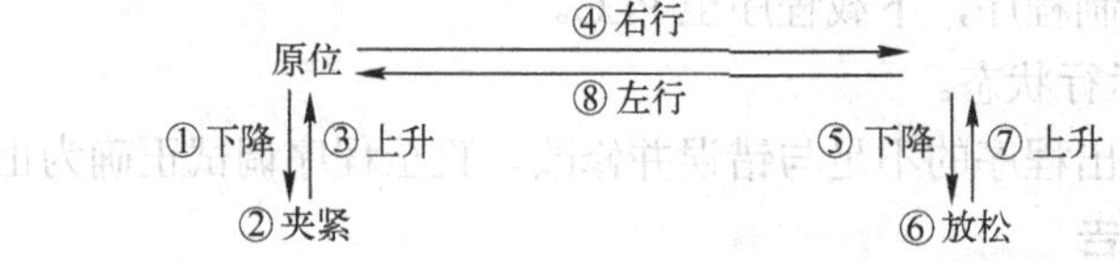

图 4-27 工业机械手动作模拟示意图

SD、ST 分别为起动、停止按钮，SQ1、SQ2、SQ3、SQ4 分别为下、上、右、左限位开关，模拟真实机械手的限位传感器。QV1、QV2、QV3、QV4、QV5 分别模拟下降、夹紧、上升、右行、左行电磁阀。HL 为原位指示灯，当上、左限位开关闭合且机械手不动作时点亮。

应用步进控制指令编程方式编辑 SFC 图对应的梯形图程序，实现控制要求。

2．学习目标

该项目完成后，使学生熟悉使用步进指令的编程方式对顺序功能图（SFC）编程，了解此种编程方式和其他编程方式的不同点。

知识链接

4.4.1　OMRON PLC 步进控制指令

（1）STEP 指令

1）STEP 指令格式如下：

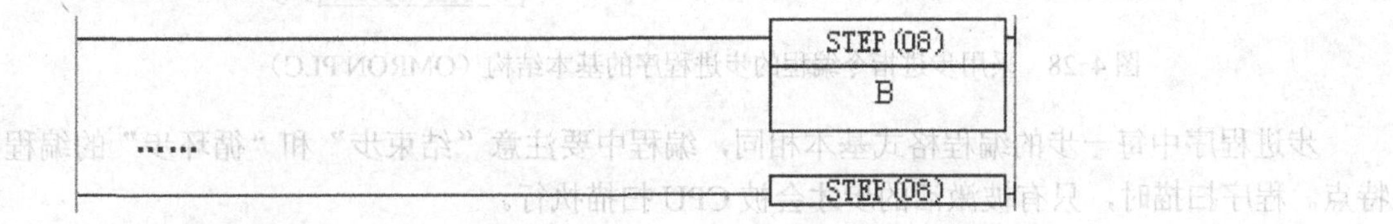

其中，B 是控制位，其范围是 IR、AR、HR、LR。

2）STEP 指令功能：无需执行条件，STEP（08）B 指令用来定义编号为 B 的步开始。执行一条无控制位的 STEP（08）指令，表示全部步的结束。

（2）SNXT 指令

1）SNXT 指令格式如下：

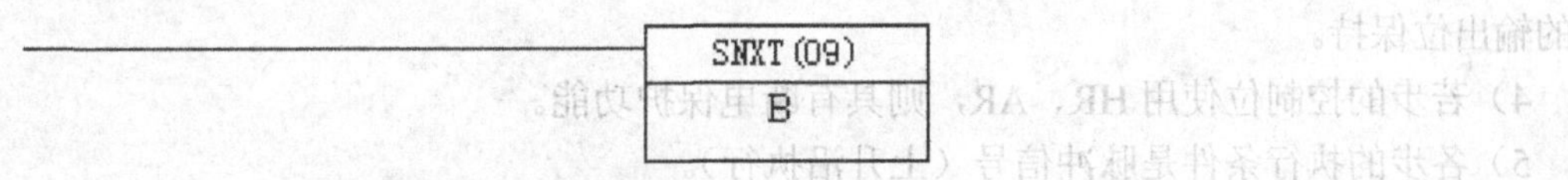

其中，B 是控制位，其范围是 IR、AR、HR、LR。

2）SNXT 指令功能：当执行条件为 ON 时，结束上一步的执行，并复位上一步用过的定时器和数据区，同时启动以 STEP（08）B 指令定义的步，上一步使用的计数器、移位寄存器和 KEEP 指令用到的位保持不变。在全部步的结束指令 STEP（08）之前，应该安排一条有执行条件的 SNXT（09）N 指令以结束最后一步的操作，其中 N 无任何意义，是一个虚拟位，可以选用程序中没有使用过的某一个位号。

4.4.2　OMRON PLC 步进程序的编写规则

（1）步进程序的基本结构

图 4-28 给出了使用步进指令编程的步进程序的基本结构。当 0.00 为 ON 时，执行 SNXT（09）HR0.00，启动 HR0.00 控制的步（由 STEP（08）HR0.00 定义的步），此步的动作被执行；当 0.01 为 ON 时，自动结束由 HR0.00 控制的步，启动由 HR0.01 控制的步，此步的动作也被执行；当 0.02 为 ON 时，自动结束由 HR0.01 控制的步，下一条是不带操作数

的 STEP（08）指令，全部步进程序到此结束。

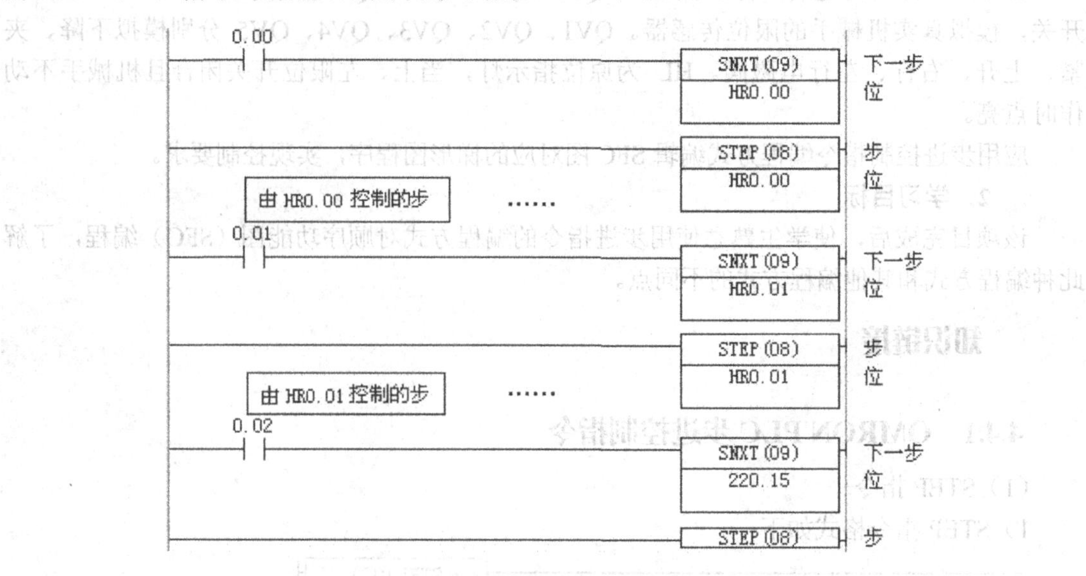

图 4-28　采用步进指令编程的步进程序的基本结构（OMRON PLC）

步进程序中每一步的编程格式基本相同，编程中要注意“结束步”和“循环步”的编程特点。程序扫描时，只有被激活的步才会被 CPU 扫描执行。

（2）编写步进程序的注意事项

1）各步的控制位必须在同一个区，并且前后步的控制位要连续。

2）步进程序段内不能使用的指令有：END、IL/ILC、JMP/JME、SBN。

3）当 SNXT（09）B 执行时，将结束前一步（B-1）的执行，并复位前一步使用的定时器和数据区（IR、HR、AR、LR 为 OFF），移位寄存器、计数器及 KEEP、SET、RSET 等指令的输出位保持。

4）若步的控制位使用 HR、AR，则具有断电保护功能。

5）各步的执行条件是脉冲信号（上升沿执行）。

6）CPU 对被启动的步进行扫描，而未启动的步，CPU 不对其扫描。

7）一个步就像一个普通的编程代码，但步程序内不能使用互锁、跳转和 END 指令，不能在步程序内编辑子程序。

8）在步状态转移过程中，会出现一个扫描周期内两个相邻步同时接通的情况。为了避免不能同时接通的一对触点同时输出的情况，可在程序上设置互锁触点。

9）在步进梯形图中，不同的步中可出现同名双线圈，因为它们在步进程序中是不会出现逻辑冲突的。

4.4.3　S7-200 PLC 顺控指令

S7-200 PLC 提供了 3 条顺序控制指令：SCR、SCRT 和 SCRE。

??.? SCR　　??.? (SCRT)　　(SCRE)

（1）顺序状态开始指令 SCR

从 SCR 指令开始到 SCRE 指令结束的所有指令组成一个顺序控制继电器（SCR）段。SCR 标记一个 SCR 段的开始。顺序控制指令的操作对象为顺序控制继电器 S，S 也称为状态器，是顺序控制指令的专用编程元件。

（2）顺序状态转移指令 SCRT

当 SCRT 指令的输入端有效（执行条件成立）时，一方面置位下一个 SCR 段的状态器，以便使下一个 SCR 段开始工作；另一方面又同时使该段的状态器复位，并使该段停止工作。

（3）顺序状态结束指令 SCRE

SCR 段必须用 SCRE 指令结束进行结束。

4.4.4 S7-200 PLC 顺序控制程序的编写规则

S7-200 PLC 用顺控指令编程，其梯形图的转换格式有所不同，图 4-29 和图 4-30 是起始步和任意步的编程转换格式。

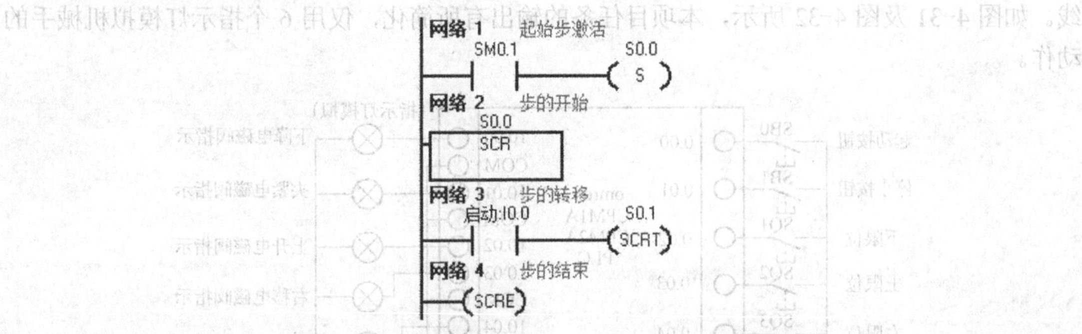

图 4-29 起始步的顺控指令转换格式（S7-200 PLC）

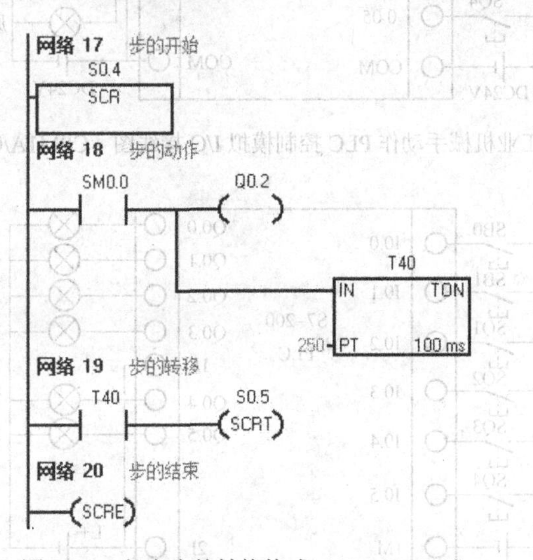

图 4-30 任意步的转换格式（S7-200 PLC）

可以看出，顺控指令编程包括步的开始、步的动作、步的转移和步的结束几部分。需要注意的是，在整个工作过程的所有步中，不连续的步有可能出现相同的输出动作，出现此种情况，应避免在编程中出现输出线圈重复输出，即出现逻辑冲突。这时可以考虑采用传送指令编程解决，或者将顺控程序中的动作执行程序取出，即把输出动作程序取出，放在所有顺控段之后统一编程。当然对于连续若干步都有的重复动作，也可在顺控段中用置位/复位指令编程激活动作或取消动作。

项目实施

1. 所需器材

（1）PLC（可编程序逻辑控制器）实训台　　1台

（2）PC（个人计算机）　　1台

（3）编程电缆　　1根

（4）连接导线　　若干

2. 连线

根据控制要求，确定输入、输出的点数，合理进行输入、输出的分配，并进行实训连线。如图4-31及图4-32所示，本项目任务的输出有所简化，仅用6个指示灯模拟机械手的动作。

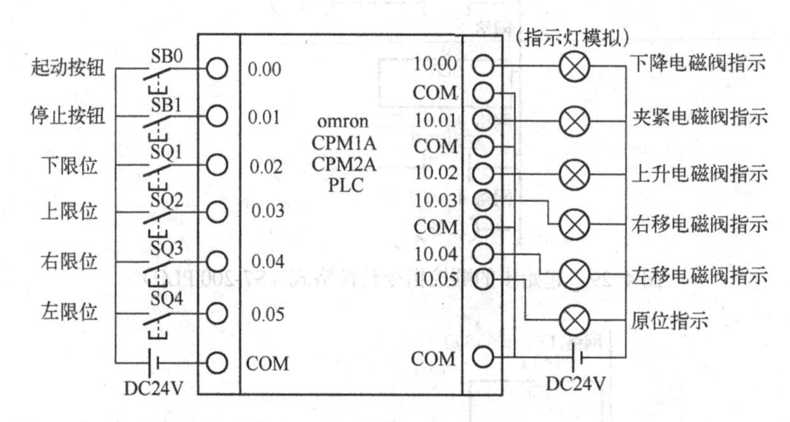

图4-31　工业机械手动作PLC控制模拟I/O接线图（CPM1A/CPM2A PLC）

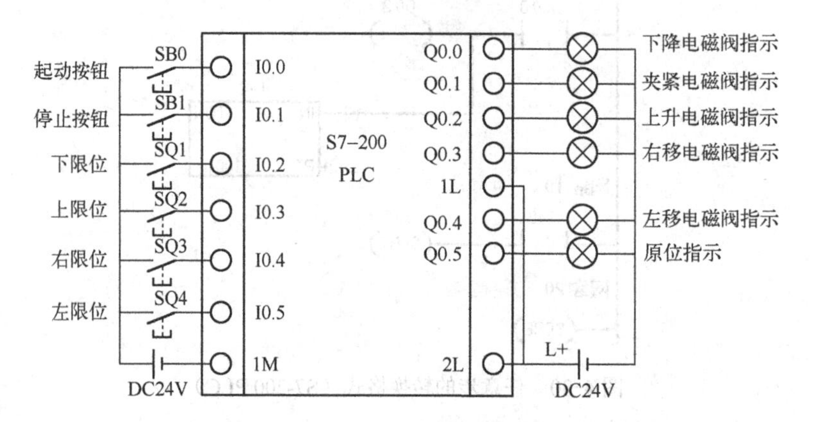

图4-32　工业机械手动作PLC控制模拟I/O接线图（S7-200 PLC）

PLC 的输入、输出地址分配见表 4-2。

表 4-2　PLC 控制输入/输出地址分配

输入			输出		
输入设备	CPM2A 输入	S7-200 输入	输出设备	CPM2A 输出	S7-200 输出
起动按钮	0.00	I0.0	下降电磁阀	10.00	Q0.0
停止按钮	0.01	I0.1	夹紧电磁阀	10.01	Q0.1
下限位开关	0.02	I0.2	上升电磁阀	10.02	Q0.2
上限位开关	0.03	I0.3	右移电磁阀	10.03	Q0.3
右限位开关	0.04	I0.4	左移电磁阀	10.04	Q0.4
左限位开关	0.05	I0.5	原位指示	10.05	Q0.5

3．程序运行调试

（1）在断电状态下，连接好相关电缆。

（2）在 PC 上运行 CX-Programmer 编程软件或 STEP 7-Micro/WIN 编程软件。

（3）选择对应的 PLC 型号，设置通信参数，画出 SFC 图。参考 SFC 图如图 4-33 所示。

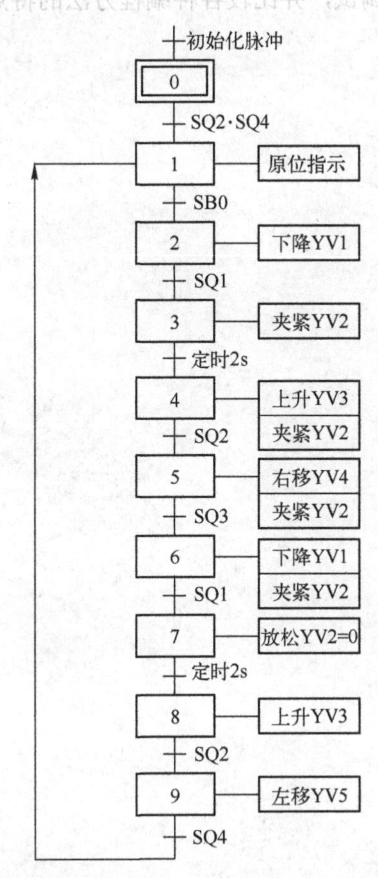

图 4-33　工业机械手动作模拟参考 SFC 图

（4）编辑梯形图控制程序，下载程序至 PLC。

（5）将 PLC 设为运行状态。

（6）调试程序，找出程序的不足与错误并修改，直至程序调试正确为止。

4．完成项目报告

（1）根据项目引入控制要求，确定输入、输出数量，列出 I/O 分配表。

（2）画出系统控制 SFC 图。

（3）试用两种编程方式编制梯形图控制程序。

（4）程序调试过程中，碰到了哪些问题？是如何解决的？

4.4.5 项目拓展——比较步进顺控指令编程与其他编程方式的异同

1）对于 CPM2A PLC，分别用基本指令编程方式、锁存指令编程方式、置位/复位指令编程方式、移位寄存器编程方式、移位指令编程方式或步进指令编程方式实现本项目的控制要求，在实训设备上完成调试，并比较各种编程方法的特点。

2）对于 S7-200 PLC，分别用通用逻辑指令编程方式、触发器指令编程方式、置位/复位指令编程方式、移位寄存器编程方式、移位指令编程方式或顺控指令编程方式实现本项目的控制要求，在实训设备上完成调试，并比较各种编程方法的特点。

单元5　电动机的变频调速控制

项目 5.1　BOP 面板点动起动、可逆运转与调速控制

项目引入

1．控制要求

图 5-1 是 MM420 变频器基本操作面板，要求通过操作面板实现对交流异步电动机的控制。控制要求如下。

1）点动：按住jog键电动机运转，松开jog键电动机停转（电源频率为 5Hz）；

2）起动：按Ⅰ键电动机起动（电源频率为 5Hz），按▲键电动机升速，最高转速为 P1082 所设置的 80 Hz 对应的转速；按▼键电动机降速，最低转速为 P1080 所设置的 2Hz 对应的转速；

3）改变电动机旋转方向：电动机起动后，不论转速对应在哪个频率上，只要按⤺键电动机将停转后自动反向起动，运转在原频率对应的转速上；

4）停转：按0键电动机停止旋转。

图 5-1　MM420 变频器基本操作面板

2．学习目标

该项目完成后，使学生逐步熟悉变频器的面板操作，能初步根据实际应用对变频器的各种功能参数进行简单设置。

知识链接

5.1.1　MM420 变频器简介

MM420（MicroMaster420）系列变频器是德国西门子公司生产的广泛应用于工业场合的多功能标准变频器。它采用高性能的矢量控制技术，提供低速高转矩输出和良好的动态特性，同时具备超强的过载能力，以满足不同场合的广泛应用。西门子 MM420 系列用于控制三相交流电动机速度。该系列有多种型号可供用户选用，从单相电源电压、额定功率 120W 到三相电源电压、额定功率 11kW。MM420 变频器电路框图如图 5-2 所示。

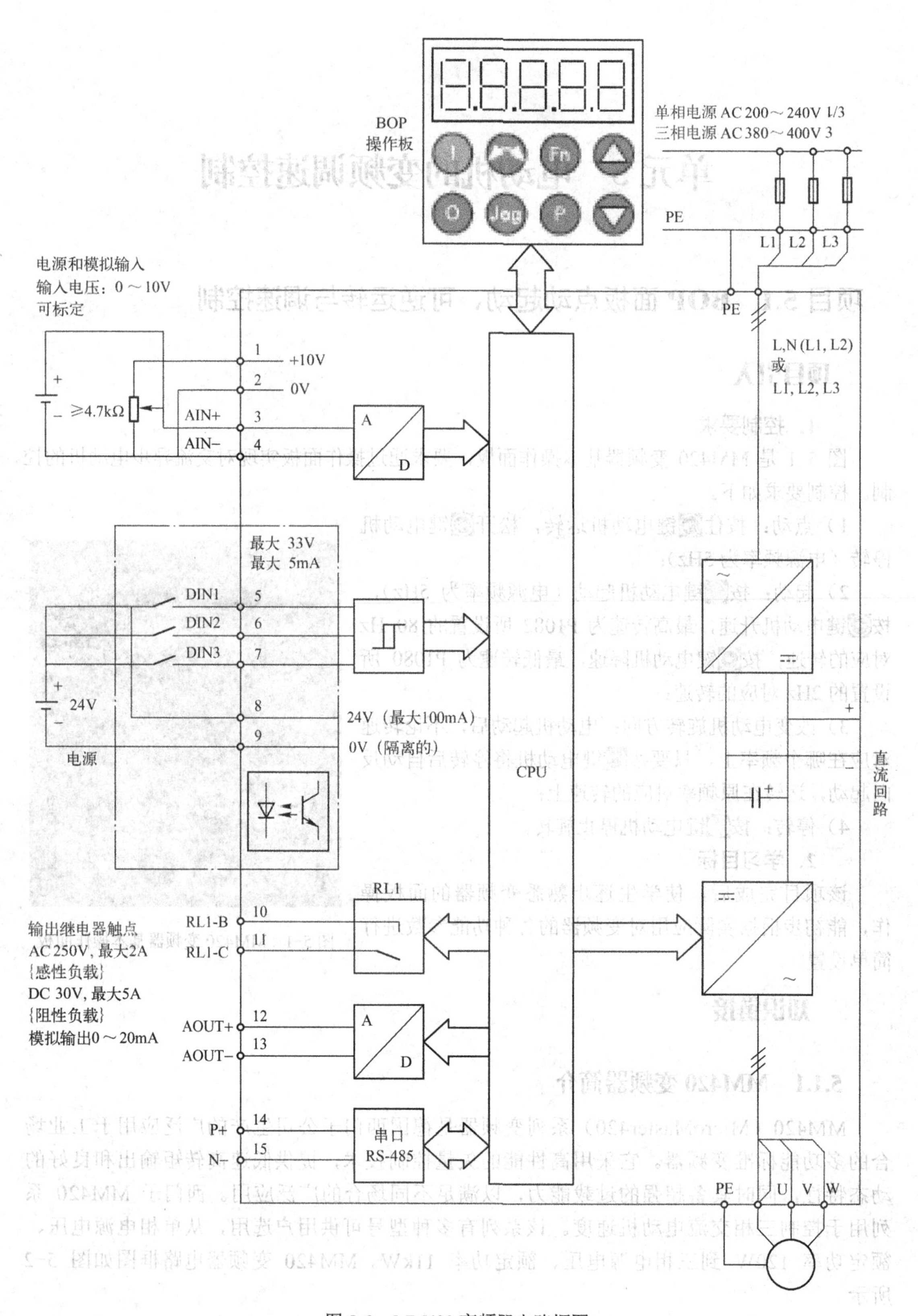

图 5-2　MM420 变频器电路框图

进行主电路接线时，变频器模块面板上的 L1、L2 插孔接单相电源，接地插孔接保护地线；三个电动机插孔 U、V、W 连接到三相电动机（千万不能接错电源，否则会损坏变频器）。

MM420 变频器模块面板上引出了 MM420 的数字输入点：DIN1（端子 5）；DIN2（端子 6）；DIN3（端子 7）；内部电源 24V（端子 8）；内部电源 0V（端子 9）。数字输入量端子可连接到 PLC 的输出点（端子 8 接一个输出公共端，例如 2L）。当变频器命令参数 P0700=2（外部端子控制）时，可由 PLC 控制变频器的启动/停止以及变速运行等。

5.1.2 MM420 变频器的操作面板

图 5-1 是基本操作面板（BOP）的外形图。利用 BOP 可以改变变频器的各个参数。BOP 具有七段显示的 5 位数字，可以显示参数的序号和数值、报警和故障信息，以及设定值和实际值。参数的信息不能用 BOP 存储。

基本操作面板（BOP）上的按钮及其功能见表 5-1。

表 5-1　BOP 上的按钮及其功能

显示/按钮	功　能	功能的说明
r0000	状态显示	LCD 显示变频器当前的设定值
I	启动变频器	按此键启动变频器。以默认值运行时此键是被封锁的。为了使此键的操作有效，应设定 P0700 = 1
0	停止变频器	OFF1：按此键，变频器将按选定的斜坡下降速率减速停车，默认值运行时此键被封锁；为了允许此键操作，应设定 P0700 = 1； OFF2：按此键两次（或长按一次）电动机将在惯性作用下自由停车。此功能总是“使能”的
	改变电动机的转动方向	按此键可以改变电动机的转动方向，电动机的反向时，用负号表示或用闪烁的小数点表示。默认值运行时此键是被封锁的，为了使此键的操作有效应设定 P0700 = 1
jog	电动机点动	在变频器无输出的情况下按此键，将使电动机起动，并按预设定的点动频率运行。释放此键时，电动机停车。如果电动机正在运行，按此键将不起作用
	增加数值	按此键即可增加面板上显示的参数数值
	减少数值	按此键即可减少面板上显示的参数数值
P	访问参数	按此键即可访问参数
Fn	功能	此键用于浏览辅助信息。 变频器运行过程中，在显示任何一个参数时按下此键并保持不动 2s，将显示以下参数值（在变频器运行中从任何一个参数开始）： 1．直流回路电压（用 *d* 表示一单位：V） 2．输出电流（A） 3．输出频率（Hz） 4．输出电压（用 *o* 表示一单位 V） 5．由 P0005 选定的数值（如果 P0005 选择显示上述参数中的任何一个（3、4 或 5），这里将不再显示） 连续多次按下此键将轮流显示以上参数。 **跳转功能** 在显示任何一个参数（rXXXX 或 PXXXX）时短时间按下此键，将立即跳转到 r0000,还可以接着修改其他的参数。跳转到 r0000 后，按此键将返回原来的显示点

5.1.3 MM420 变频器的参数设置

（1）参数号和参数名称

参数号是指该参数的编号。参数号用 0000～9999 的 4 位数字表示。在参数号的前面冠以一个小写字母“r”时，表示该参数是“只读”的参数。其他所有参数号的前面都冠以一个大写字母“P”。这些参数的设定值可以直接在标题栏的“最小值”和“最大值”范围内进行修改。

[下标] 表示该参数是一个带下标的参数，并且指定了下标的有效序号。

（2）更改参数数值的例子

用 BOP 可以修改和设定系统参数，使变频器具有期望的特性，例如斜坡时间，最小和最大频率等。选择的参数号和设定的参数值在 5 位数字的 LCD 上显示。

更改参数值的步骤可大致归纳为：①查找所选定的参数号；②进入参数值访问级，修改参数值；③确认并存储修改好的参数值。

图 5-3 说明如何改变参数 P0004 的数值。按照图中说明的方法，可以用 BOP 设定常用的参数。

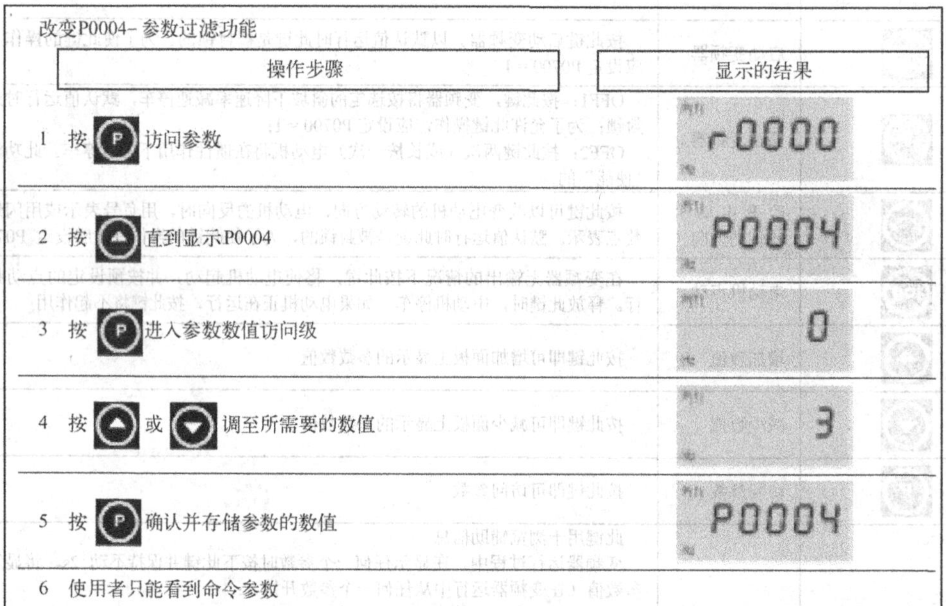

改变P0004- 参数过滤功能

操作步骤	显示的结果
1 按 P 访问参数	r0000
2 按 ▲ 直到显示P0004	P0004
3 按 P 进入参数数值访问级	0
4 按 ▲ 或 ▼ 调至所需要的数值	3
5 按 P 确认并存储参数的数值	P0004
6 使用者只能看到命令参数	

图 5-3 改变参数 P0004 数值的步骤

参数 P0004（参数过滤器）的作用是根据所选定的一组功能，对参数进行过滤（或筛选），并集中对过滤出的一组参数进行访问，从而可以更方便地进行调试。P0004 可能的设定值见表 5-2，默认的设定值为 0。

表 5-2　参数 P0004 的设定值

设定值	所指定参数组意义	设定值	所指定参数组意义
0	全部参数	12	驱动装置的特征
2	变频器参数	13	电动机的控制
3	电动机参数	20	通信
7	命令，二进制 I/O	21	报警/警告/监控
8	模-数转换和数-模转换	22	工艺参量控制器（例如 PID）
10	设定值通道/ RFG（斜坡函数发生器）		

假设参数 P0004 设定值=0，需要把设定值改变为 7。

（3）常用参数的设置

表 5-3 列出了 MM420 变频器中某型号电动机上常用到的变频器参数设置值，若想要设置更多的参数，可参考相关用户手册。

表 5-3　常用部分参数设置值

序号	参数号	设置值	说明
1	P0010	30	
2	P0970	1	恢复出厂值，约 1～60s
3	P0003	3	参数专家级
4	P0004	7	命令，二进制 I/O
5	P0010	1	快速调试
6	P0304	380	电动机的额定电压
7	P0305	1.12	电动机的额定电流
8	P0307	0.18	电动机的额定功率
9	P0310	50	电动机的额定频率
10	P0311	1430	电动机的额定速度
11	P1000	3	选择频率设定值
12	P1080	0	电动机最小频率
13	P1082	50.00	电动机最大频率
14	P1120	2	斜坡上升时间
15	P1121	2	斜坡下降时间
16	P3900	1	结束快速调试

（4）部分常用参数设置说明（更详细的参数设置说明可参考相关用户手册）

1）参数 P0003 用于定义用户访问参数组的等级，设置范围为 0～4，其中：

“1”为标准级：可以访问最经常使用的参数；

“2”为扩展级：允许扩展访问参数的范围，例如变频器的 I/O 功能；

“3”为专家级：只供专家使用；

“4”为维修级：只供授权的维修人员使用——具有密码保护。

该参数默认设置为等级 1（标准级），SRS-ME05 装备中预设置为等级 3（专家级），目的是允许用户可访问 1、2 级的参数及参数范围和定义用户参数，并对复杂的功能进行编程。用户可以修改设置值，但建议不要设置为等级4（维修级）。

2）参数 P0010 是调试参数过滤器，对与调试相关的参数进行过滤，只筛选出那些与特定功能组有关的参数。P0010 的可能设定值为：0（准备），1（快速调试），2（变频器），29（下载），30（工厂的默认设定值）；默认设定值为0。

当选择 P0010=1 时，进行快速调试；若选择 P0010=30，则进行把所有参数复位为工厂的默认设定值的操作。应注意的是，在变频器投入运行之前应将本参数复位为 0。

3）将变频器复位为工厂的默认设定值的步骤。

为了把变频器的全部参数复位为工厂的默认设定值，应按照下面的数值设定参数：① 设定 P0010 = 30；② 设定 P0970 = 1。这时便开始参数的复位。变频器将自动地把它的所有参数都复位为它们各自的默认设置值。

如果用户在参数调试过程中遇到问题，并且希望重新开始调试，实践证明这种复位操作方法是非常有用的。复位为工厂默认设置值的时间，大约要 10～60s。

项目实施

1. 所需器材

（1）MM420 变频器挂箱　　1 台

（2）三相交流异步电动机　　1 台

（3）安装变频器挂箱的实训台　　1 台

（4）连接导线　　若干

2. 连线

根据项目控制要求，进行变频器与电动机的实训连线，如图 5-4 所示。

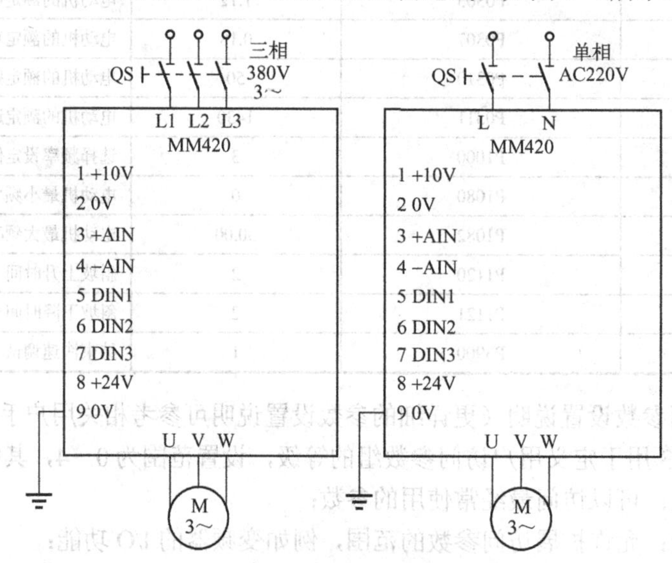

图 5-4　变频器和电动机的接线示意图

3. 实训步骤及调试

实训步骤及参数设置见表 5-4。

表 5-4　实训步骤及参数设置

步骤	参数号	值	设定值含义及说明	附注
1	P0010	30	恢复工厂默认设置	
2	P0970	1	全部参数复位	复位时间约 1～60s
3	P0003	1	参数标准级	
4	P0010	1	快速调试	
5	P0100	0	电动机功率以 kW 表示	
6	P0304	380	电动机额定电压为 380V	
7	P0305	1.12	电动机额定电流为 1.12A	电动机参数设定
8	P0307	0.18	电动机额定功率为 0.18kW	
9	P0310	50	电动机频率为 50Hz	
10	P0311	1430	电动机转速 1430r/min	
11	P0010	0	变频器处于准备状态	
12	P0003	1	设用户访问为标准级	
13	P0700	1	选择命令源：由键盘（MOP）输入设定值	
14	P1000	1	由键盘（MOP）输入设定值	
15	P1080	2	电动机运行的最低频率（Hz）	
16	P1082	80	电动机运行的最高频率（Hz）	
17				退出参数设置
18				准备运行

进行控制调试，找出不足或错误并修改，直至调试正确为止。

4．完成项目报告

（1）归纳整理本次实训各项资料，包括原理图、接线图和 MM420 变频器的参数设置。

（2）记录实训步骤，观察实训结果。

（3）调试过程中，碰到了哪些问题？是如何解决的？

5.1.4　项目拓展——MM420 变频器频率设定与调速

变频器对电动机的控制要求如下。

1）正向点动：按住jog键电动机正向运转（10Hz），松开jog键电动机停转。

2）反向点动：按键后，按住jog键电动机反向运转（10Hz），松开jog键电动机停转。

3）起动：按键电动机起动，转速为 P1040 所设置的 40Hz 对应的转速，按键电动机升速，最高转速为 P1082 所设置的 50 Hz 对应的转速；按键电动机降速，最低转速为 P1080 所设置的 0Hz 对应的转速。

4）改变电动机旋转方向：电动机起动后，不论转速对应在哪个频率上，只要按键电动机将停转后自动反向起动，运转在原频率对应的转速上。

5）停转：按键电动机停止旋转。

6）修改相关参数：修改参数 P1080=5、P1082=80、P1058=15、P1059=20 任一个或几个，观察电动机运行状态。

操作步骤及参数设置见表 5-5。

表 5-5　操作步骤及参数设置表

步骤	参数号	值	设定值含义说明	附　注
1	P0010	30	恢复工厂默认设置	
2	P0970	1	全部参数复位	约 1～60s
				电动机参数设置
3	P0003	1	设用户访问级为标准级	
4	P0004	7	命令，二进制 I/O	
5	P0700	1	选择命令源：由键盘（MOP）输入设定值	
6	P0003	1	设用户访问级为标准级	
7	P0004	10	设定值通道和斜坡函数发生器	
8	P1000	1	由键盘（MOP）设定值	
9	P1080	0	电动机运行的最低频率（Hz）	
10	P1082	50	电动机运行的最高频率（Hz）	
11	P0003	2	设定用户访问级为扩展级	
12	P0004	10	设定值通道和斜坡函数发生器	
13	P1040	40	设定键盘控制的频率（Hz）	
14	P1058	10	正向点动频率（Hz）	
15	P1059	10	反向点动频率（Hz）	
16				Fn：退出参数设置
17				按 P：准备运行

项目 5.2　外接端子控制可逆运转及电位器调速

项目引入

1．控制要求

通过变频器外接端子及操作面板实现对交流异步电动机的可逆运转控制，其接线图如图 5-5 所示。控制要求如下。

1）电动机正转：合上开关 S1（5 和 8 接通），数字输入口 DIN1 为 ON，电动机起动正向运转。转速由外接电位器 R_P 调节，模拟信号在 0～10V 之间变化，对应变频器频率在 0～50 Hz 之间变化，电动机转速在 0～1440 r/min 之间变化。

2）停转：断开开关 S1，电动机停止旋转。

3）电动机反转：合上开关 S2（6 和 8 接通），数字输入口 DIN2 为 ON，电动机起动反向运转。转速仍由外接电位器 R_P 调节，运行状态与正转相同。

4）停转：断开开关 S2，电动机停止旋转。

2．学习目标

该项目完成后，使学生进一步熟悉变频器的面板操作，能通过外接电位器进行调速控制，会通过变频器外接端子实现电动机的可逆运转控制，能通过基本操作面板对变频器的各种功能参数进行简单设置。

知识链接

5.2.1　变频器外接端子实现模拟量控制电动机平滑调速

项目中变频器外部端子接线如图 5-5 所示，通过电位器实现端子 3 和端子 4 之间接入不同的模拟电压，范围为 0～10V。需要说明的是，此模拟电压也可不用电位器产生，而用 PLC 编程实现需要的模拟量输出，此时 PLC 必须具有模拟电压输出功能，有的 PLC 主机单元本身就有模拟量输出，有的则需要在主机单元旁增加相应的模拟量扩展模块，才能通过编程实现模拟量的输出。

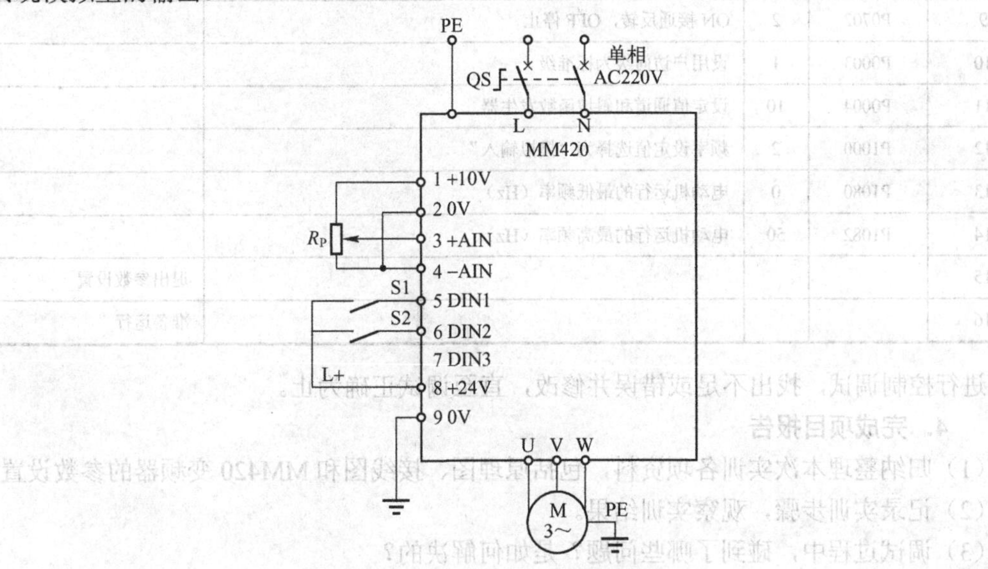

图 5-5　变频器和电动机的接线示意图

项目实施

1．所需器材

（1）MM420 变频器挂箱　　1 台

（2）三相交流异步电动机　　1 台

（3）安装变频器挂箱的实训台　　1 台

（4）有按钮及开关的实训挂箱　　1 台

（5）连接导线　　若干

2．连线

根据项目控制要求，进行变频器与电动机的实训连线，并在变频器输入端接上电位器和按钮，如图 5-5 所示。

3．实训步骤及调试

实训步骤及参数设置见表5-6。

表5-6 实训步骤及参数设置表

步骤	参数号	值	设定值含义说明	附 注
1	P0010	30	恢复工厂默认设置	
2	P0970	1	全部参数复位	约1～60s
3	P0003	1	设用户访问为标准级	
4	P0004	7	命令和数字I/O	
5	P0700	2	选择命令源：由端子排输入	
6	P0003	2	设用户访问级为扩展级	
7	P0004	7	命令和数字I/O	
8	P0701	1	ON接通正转，OFF停止	
9	P0702	2	ON接通反转，OFF停止	
10	P0003	1	设用户访问级为标准级	
11	P0004	10	设定值通道和斜坡函数发生器	
12	P1000	2	频率设定值选择为“模拟输入”	
13	P1080	0	电动机运行的最低频率（Hz）	
14	P1082	50	电动机运行的最高频率（Hz）	
15				退出参数设置
16				准备运行

进行控制调试，找出不足或错误并修改，直至调试正确为止。

4．完成项目报告

（1）归纳整理本次实训各项资料，包括原理图、接线图和MM420变频器的参数设置。

（2）记录实训步骤，观察实训结果。

（3）调试过程中，碰到了哪些问题？是如何解决的？

5.2.2 项目拓展——变频器外接按钮控制电动机正、反转及停车

变频器对电动机的控制要求如下。

1）电动机正转：按下自锁按钮SB1（5和8接通），数字输入口DIN1为ON，电动机按P1120所设置的15s斜坡上升时间正向起动，经15s后稳定运行在P1040所设置的40Hz频率相对应的转速上。

2）正转停止：松开自锁按钮SB1，数字输入口DIN1为OFF，电动机按P1121所设置的15s斜坡下降时间停止旋转。

3）电动机反转：按下自锁按钮SB2（6和8接通），数字输入口DIN2为ON，电动机仍按15s斜坡上升时间反向起动，经15s后稳定运行在P1040所设置的40Hz频率相对应的转速上。

4）反转停止：放开自锁按钮SB2，数字输入口DIN2为OFF，电动机按P1121所设置的15s斜坡下降时间停止旋转。

实训步骤及参数设置见表 5-7。

表 5-7　实训步骤及参数设置表

步骤	参数号	值	设定值含义说明	附　注
1	P0010	30	恢复工厂默认设置	
2	P0970	1	全部参数复位	约 10s
3	P0004	10	设定值通道和斜坡函数发生器	
4	P0003	1	设用户访问级为标准级	
5	P0004	7	命令和数字 I/O	
6	P0700	2	选择命令源：由端子排输入	
7	P0003	2	设定用户访问级为扩展级	
8	P0004	7	命令和数字 I/O	
9	P0701	1	ON 接通正转，OFF 停止	
10	P0702	2	ON 接通反转，OFF 停止	
11	P0003	1	设用户访问级为标准级	
12	P0004	10	设定值通道和斜坡函数发生器	
13	P1000	1	由键盘（MOP）设定值	
14	P1080	0	电动机运行的最低频率（Hz）	
15	P1082	50	电动机运行的最高频率（Hz）	
16	P1120	15	斜坡上升时间	
17	P1121	15	斜坡下降时间	
18	P0003	2	设用户访问级为扩展级	
19	P1040	40	设定键盘控制的频率（Hz）	
20				退出参数设置 准备运行

项目 5.3　变频器与 PLC 多档速控制

项目引入

1．控制要求

通过变频器与 PLC 共同实现对交流异步电动机的多档速控制，其接线图如图 5-6 所示。控制要求如下。

1）电动机以 15Hz 的频率运转：按下按钮 SB0（变频器端子 5 和 8 接通），数字输入口 DIN1 为 ON，电动机起动运转，控制频率为 15Hz。电动机运转方向由按钮 SB2 和 SB3 控制，按下按钮 SB2，PLC 输出 Q0.2 为 ON（变频器端子 7 和 8 接通），数字输入口 DIN3 为 ON，电动机反转；按下按钮 SB3，PLC 输出 Q0.2 为 OFF（变频器端子 7 和 8 断开），数字输入口 DIN3 为 OFF，电动机正转。

2）电动机以 65Hz 的频率运转：按下按钮 SB1（变频器端子 6 和 8 接通），数字输入口 DIN2 为 ON，电动机起动运转，控制频率为 65Hz。电动机运转方向也由按钮 SB2 和 SB3 控制，按下按钮 SB2，PLC 输出 Q0.2 为 ON（变频器端子 7 和 8 接通），数字输入口 DIN3 为 ON，电动机反转；按下按钮 SB3，PLC 输出 Q0.2 为 OFF（变频器端子 7 和 8 断开），数字输入口 DIN3 为 OFF，电动机正转。

3）停转：按下按钮 SB4，不管电动机原来是正转还是反转，电动机均停止旋转。

2．学习目标

该项目完成后，使学生进一步熟悉变频器的面板操作，能通过 PLC 对变频器进行调速及可逆运转控制，进一步熟练通过基本操作面板对变频器的各种功能参数进行简单设置。

知识链接

5.3.1 变频器外接端子实现数字量控制电动机多档调速

本项目中变频器外部端子接线如图 5-6 所示，通过 PLC 输出 3 个数字量信号接入变频器端子 5、端子 6 和端子 7，实现多档选择及正、反转运行。多档是指变频器预先设定的多个不同频率。此 3 个端子也可接 3 个按钮直接实现多档调速及正、反转控制。档位的数量由输入数字变量的排列组合数及变频器设定的参数决定。

项目实施

1．所需器材

（1）MM420 变频器挂箱　　1 台

（2）三相交流异步电动机　　1 台

（3）西门子 S7-200 PLC 实训台　　1 台

（4）有按钮及开关的实训挂箱　　1 台

（5）连接导线　　若干

2．连线

根据项目控制要求，进行 PLC、变频器、电动机的实训连线，并在变频器输入端接上按钮。如图 5-6 所示。

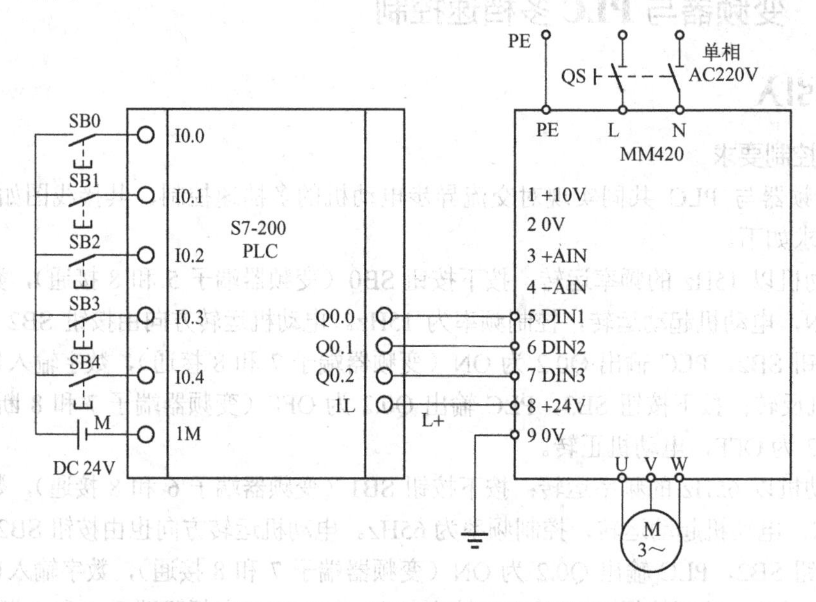

图 5-6　S7-200 PLC、变频器和电动机的接线示意图

3. 实训步骤及调试

（1）变频器操作步骤

训练操作步骤及参数设置见表 5-8。

表 5-8　实训操作步骤及参数设置

步骤	参数号	值	设定值含义说明	附　注
1	P0010	30	恢复工厂默认设置	
2	P0970	1	全部参数复位	约 1～60s
3	P0003	2	设用户访问级为扩展级	
4	P0700	2	选择命令源：由端子排输入	
5	P0701	16	数字输入 1，固定频率设定值	端子 5 和 8 接通
6	P0702	16	数字输入 2，固定频率设定值	端子 6 和 8 接通
7	P0703	12	数字输入 3，反转	端子 7 和 8 接通
8	P1000	3	频率设定值选择，固定频率设定	
9	P1001	15	固定频率设定 1（Hz）	5 和 8 接通运行
10	P1002	65	固定频率设定 2（Hz）	6 和 8 接通运行
11	P1082	65	电动机运行的最高频率（Hz）	
12				退出参数设置
13				准备运行

（2）PLC 控制梯形图

变频器的数字量输入点 DIN1～DIN3 的信号由 S7-200 PLC 送入，PLC 输出端子 Q0.0～Q0.2 三个输出连接对应变频器的 DIN1～DIN3 点。这样通过控制 PLC 输出端子 Q0.0～Q0.2 就可以控制变频器，从而实现电动机的多档调速控制。图 5-7 所示为 PLC 控制梯形图。

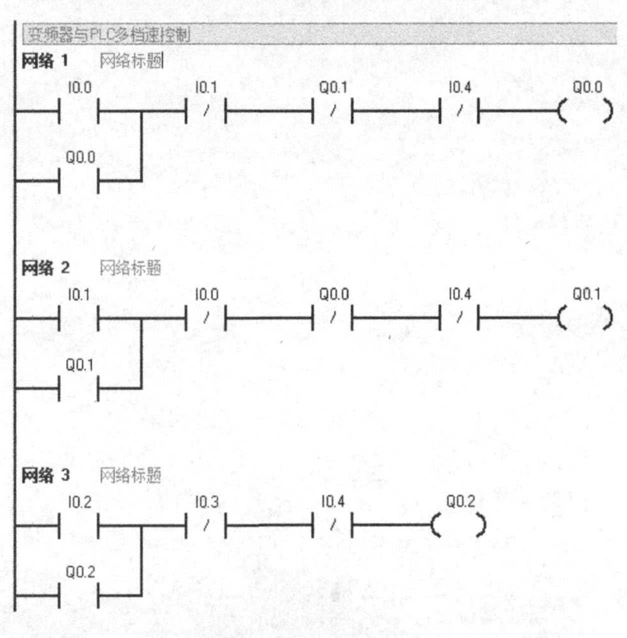

图 5-7　PLC 控制变频器实现多档调速控制梯形图

通过 PLC 输入端的按钮，实现变频器对电动机的调速控制，在调试中找出不足或错误并修改，直至调试符合控制要求。

4. 完成项目报告

（1）归纳整理本次实训资料，包括原理图、I/O 接线图和 MM420 变频器的参数设置。

（2）记录实训步骤，观察实训结果。

（3）调试过程中，碰到了哪些问题？是如何解决的？

5.3.2 项目拓展——通过 PLC 及 MM420 实现电动机三个频率的调速控制

若要通过 PLC 实现三个频率的电动机三档调速控制，该如何实现呢？请读者自行分析。

单元 6　PLC 的综合应用

项目 6.1　抢答器的 PLC 控制

项目控制要求

一个四路抢答器系统，采用 PLC 控制，抢答器的输出为一个七段数码管和一个蜂鸣器，输入是四个不带自锁的按钮。控制要求：任何一路（组）抢先按下自己面前的抢答按钮时，七段数码管显示器能及时显示出该组的编号并使蜂鸣器发出声响，同时互锁其他三路抢答器，使其他组的抢答器按键按下无效，抢答器设有复位开关，只有复位以后才能进行新一轮的抢答，复位开关由幕后控制。

由前面的项目可知，七段数码管由七段发光二极管 LED 组合起来显示数字“0～9”，如图 6-1 所示，其中小数点段的 LED 管在本项目中无需点亮，接线时可以不必考虑。数字“0～9”的显示，是通过点亮不同的数码段 a～g 来实现的。比如“a 段、b 段、d 段、e 段、g 段”这 5 段点亮，则显示数字“2”，其他数字的显示在此不再赘述，可参考本书单元 3 项目 3.7 的内容。

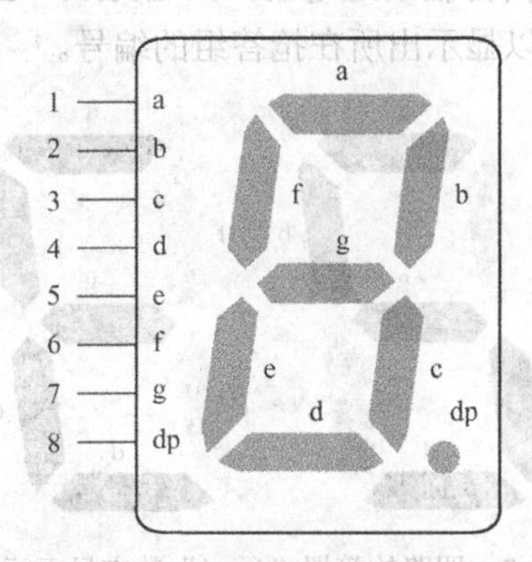

图 6-1　七段数码管示意图

I/O 地址分配

现在来分析一下 PLC 控制抢答器需要的输入和输出点数。对于四路抢答器，其抢答组的编号“1～4”四个数码必须由不同的笔画段组合显示出来，而且每个笔画段都会被用到，因此除了小数点“dp”以外的“a～g”七段都要接 PLC 的输出端，加上蜂鸣器也需要一个输出端子。所以该控制任务中必须由 PLC 提供 8 个输出端子用于控制数码管的 7 个笔画段和蜂鸣器。同样，由于有 4 路抢答按钮信号和 1 路复位按钮信号必须送入 PLC 内部进行逻辑处理，因此必须由 PLC 提供 5 个输入端子来接收各路抢答按钮信号和总复位按钮信号。因此，PLC 需要提供 5 个输入和 8 个输出共 13 个端子连接 13 个输入、输出设备。根据上述输入/输出端子分析即可得到表 6-1 所示的 OMRON CPM2A PLC 的 I/O 地址分配表。其他型号 PLC 分配表从略。

表 6-1　四路抢答器 CPM2A PLC 控制系统的 I/O 地址分配表

输　入		输　出	
输入设备	PLC 地址编号	输出设备	PLC 地址编号
复位按钮 SB0	0.00	蜂鸣器 SPEAK	10.00
1 号抢答器按钮 SB1	0.01	a 段	10.01
2 号抢答器按钮 SB2	0.02	b 段	10.02
3 号抢答器按钮 SB3	0.03	c 段	10.03
4 号抢答器按钮 SB4	0.04	d 段	10.04
		e 段	10.05
		f 段	10.06
		g 段	10.07

由于数码管的每一个笔画段不为某一个数字专用，而是每个数字都可能用到，如图 6-2 所示的“1～4”四个数字就可以看出，用数码管显示这 4 个数字时所有的笔画段都被用到了。编程的时候由于只有四路抢答信号，因此不可能用一路抢答信号去控制一个笔画段，而必须将所在编号的抢答信号用内部辅助继电器（如 200.00～200.03）保存起来，再用该中间过渡信号去控制相应的笔画段以显示出所在抢答组的编号。

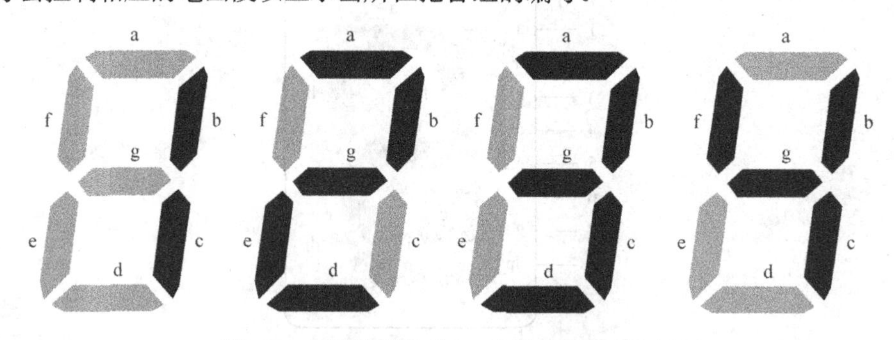

图 6-2　四路抢答器“1～4”数字显示示意图

项目实施

1. 所需器材

（1）PLC（可编程序逻辑控制器）实训台　　1 台

（2）PC（个人计算机）　　1 台

（3）编程电缆　　1 根

（4）连接导线　　若干

2. 连线

根据控制要求，确定输入、输出的点数，合理进行输入、输出的分配，并进行实训连线，如图 6-3 所示。

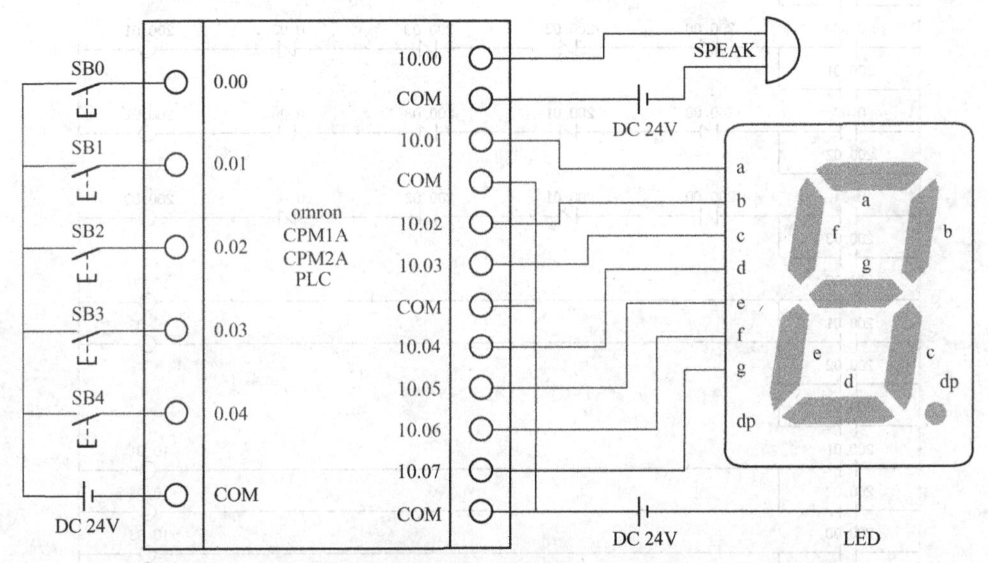

图 6-3　PLC 抢答器控制模拟的输入/输出接线图（CPM1A/CPM2A PLC）

用 S7-200 PLC 实现的抢答器控制的输入、输出接线图请读者分析绘制。

3. 程序运行调试

（1）在断电状态下，连接好相关电缆。

（2）在 PC 上运行 CX-Programmer 编程软件或 STEP 7-Micro/WIN 编程软件。

（3）选择对应的 PLC 型号，设置通信参数。

（4）编辑梯形图控制程序，下载程序至 PLC。

（5）将 PLC 设为运行状态。

（6）调试程序，找出程序的不足与错误并修改，直至程序调试正确为止。

4. 完成项目报告

（1）根据项目引入控制要求，确定输入、输出数量，列出 I/O 分配表。

（2）试用两种编程方式编制梯形图控制程序。

（3）程序调试过程中，碰到了哪些问题？是如何解决的？

编程参考

如图 6-4 所示，采用通用逻辑指令（基本指令）编程就可实现四路抢答器的控制。CPM2A PLC 的内部辅助继电器“200.00～200.03”为各路抢答选手产生的各自的抢答信号，这其中只要有一个抢答信号产生，其他抢答信号均无法产生。例如，第 2 路选手首先按下抢答按钮，输入继电器 0.02 为 ON，200.01 变为 ON，第 2 路抢答信号产生，其他 3 路抢答信号均被 200.01 切断。

用 S7-200 PLC 实现抢答器控制的梯形图请读者分析绘制。

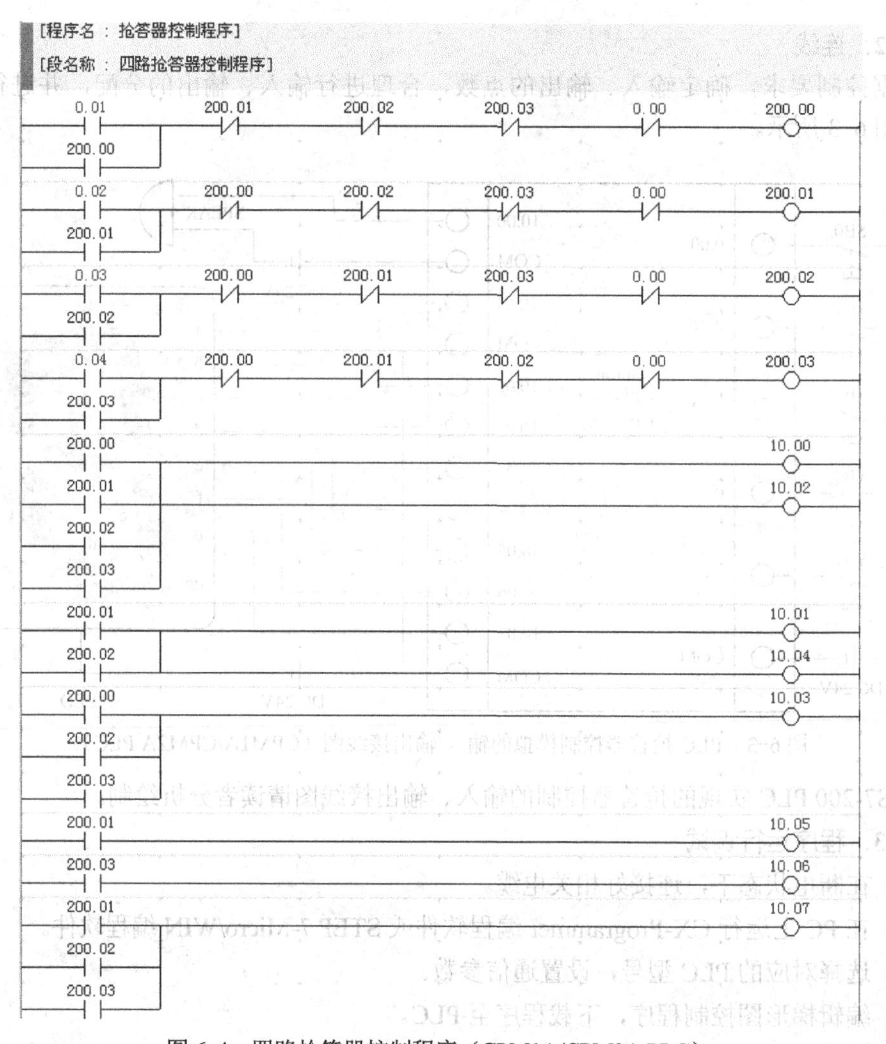

图 6-4　四路抢答器控制程序（CPM1A/CPM2A PLC）

项目拓展

1）上述四路抢答器的控制程序可以不使用通用逻辑指令编程，应如何实现？

2）如果控制要求中增加抢答犯规功能，例如先将一个“允许抢答”的信号加入到 PLC 的输入端，且每次抢答都必须在“允许抢答”的条件下才可进行，输出端也要增加一个犯规警示蜂鸣器，同时不管谁犯规，其对应的数字都要显示出来。这又该如何实现呢？

项目 6.2　步进电动机的 PLC 控制模拟

项目控制要求

1. 步进电动机的工作原理

步进电动机也称为脉冲电动机，它可以直接接收来自计算机或 PLC 产生的数字脉冲，使电动机旋转相应的角度。步进电动机在要求快速起停、精确定位的场合作为执行部件，得到了广泛的应用。

某四相步进电动机的工作方式有以下几种。

单相四拍工作方式下，其电动机绕组 A、B、C、D 四相的正转通电顺序为 A→B→C→D→A…；反转通电顺序为 D→C→B→A…。

四相八拍工作方式下，电动机正转时绕组的通电顺序为：A→AB→B→BC→C→CD→D→DA→A…，反转时绕组的通电顺序为：A→AD→D→DC→C→CB→B→BA→A…。

双四拍工作方式下，电动机正转时绕组的通电顺序为：AB→BC→CD→DA→AB…，反转时绕组的通电顺序为：AD→DC→CB→BA→AD…。

步进电动机的工作有如下特点：若给以步进脉冲，电动机就旋转，若不给以步进脉冲，电动机就不旋转；步进脉冲的频率越高，步进电动机转得越快，反之则越慢；改变各相的通电方式，可以改变电动机的工作方式；改变通电顺序，可以控制电动机的正、反转。

2．步进电动机的控制要求

要求为上述四相步进电动机的单相四拍工作方式编制 PLC 控制程序，并在实训台上完成调试，并总结编程的规律，完成项目拓展的练习任务。

步进电动机控制按钮有：正转设定按钮、反转设定按钮；快转设定按钮、慢转设定按钮；起动按钮、停止按钮。输出就是 A、B、C、D 四相。

程序运行后，首先按下起动按钮，然后选择正转或反转按钮，最后选择快转或慢转按钮，电动机便会按照按钮的选择来控制运行。步进电动机在运行过程中可实时改变电动机的转速、正反转，也可按下停止按钮结束电动机的工作。

I/O 地址分配

现在来分析一下四相步进电动机的 PLC 控制需要的输入和输出点数。根据步进电动机控制要求，四相步进电动机共有 6 个输入设备（控制按钮），4 个输出设备（A、B、C、D 四相绕组）。所以该控制任务中必须由 PLC 提供 6 个输入端子用于接 6 个控制按钮，需要 4 个输出端子接 A、B、C、D 四相绕组。根据上述输入/输出端子分析即可得到表 6-2 所示的 CPM2A PLC 的 I/O 地址分配表。其他型号 PLC 的分配表从略。

表 6-2　四相步进电动机 CPM2A PLC 控制系统的 I/O 地址分配

输　入		输　出	
输入设备	PLC 地址编号	输出设备	PLC 地址编号
起动按钮 SB0	0.00	A 相绕组	10.00
停止按钮 SB1	0.01	B 相绕组	10.01
正转设定按钮 SB2	0.02	C 相绕组	10.02
反转设定按钮 SB3	0.03	D 相绕组	10.03
快转设定按钮 SB4	0.04		
慢转设定按钮 SB5	0.05		

项目实施

1．所需器材

（1）PLC（可编程序逻辑控制器）实训台　　1台

（2）PC（个人计算机）　　1台

（3）编程电缆　　1根

（4）连接导线　　若干

2．连线

根据控制要求，进行实训连线，如图6-5所示，图中输入设备为6个按钮，输出设备为实训台上的4个模拟指示灯，用指示灯点亮的规律来模拟步进电动机四相绕组得电规律。

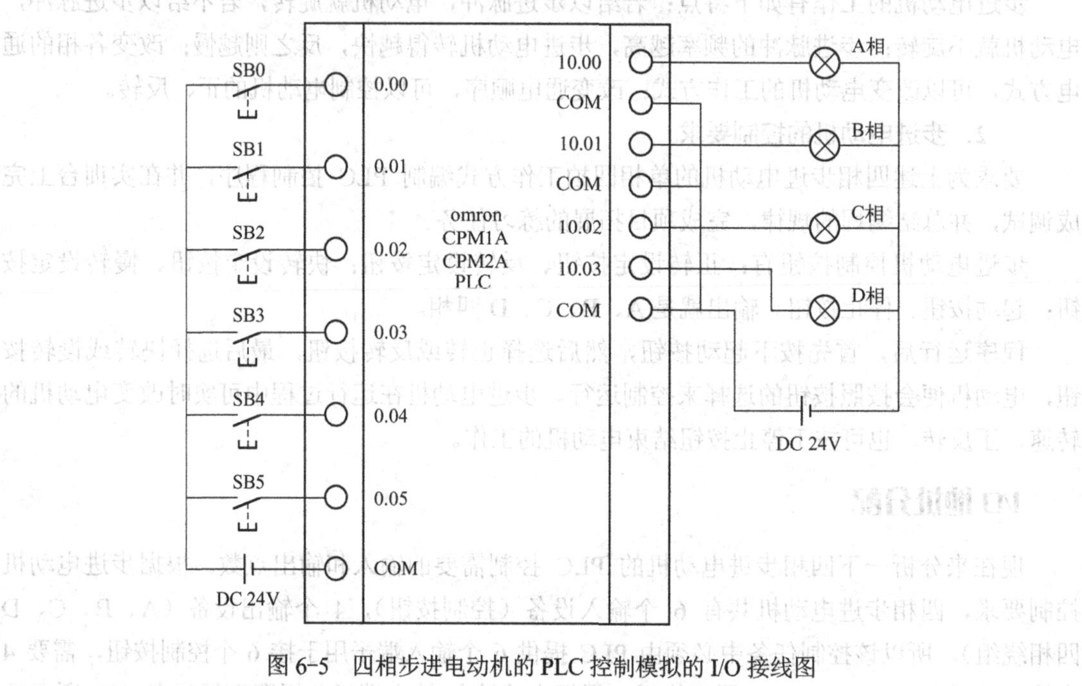

图6-5　四相步进电动机的PLC控制模拟的I/O接线图

用S7-200 PLC实现控制的输入、输出接线图请读者分析绘制。

3．程序运行调试

（1）在断电状态下，连接好相关电缆。

（2）在PC上运行CX-Programmer编程软件或STEP 7-Micro/WIN编程软件。

（3）选择对应的PLC型号，设置通信参数。

（4）编辑梯形图控制程序，下载程序至PLC。

（5）将PLC设为运行状态。

（6）调试程序，找出程序的不足与错误并修改，直至程序调试正确为止。

4．完成项目报告

（1）根据项目引入控制要求，确定输入、输出数量，列出I/O分配表。

（2）试用两种以上的编程方法编制梯形图控制程序。

（3）程序调试过程中，碰到了哪些问题？是如何解决的？

编程参考

对于 CPM1A/CPM2A PLC，这里将整个控制程序分成三个程序段，分别为：各控制按钮产生各自的控制信号程序段、实现电动机快转和慢转的模拟脉冲产生程序段、电动机单相四拍动作控制程序段。

如图 6-6 所示，各控制按钮通过 KEEP 指令产生各自的控制信号，由这些控制信号实现相应的控制功能。

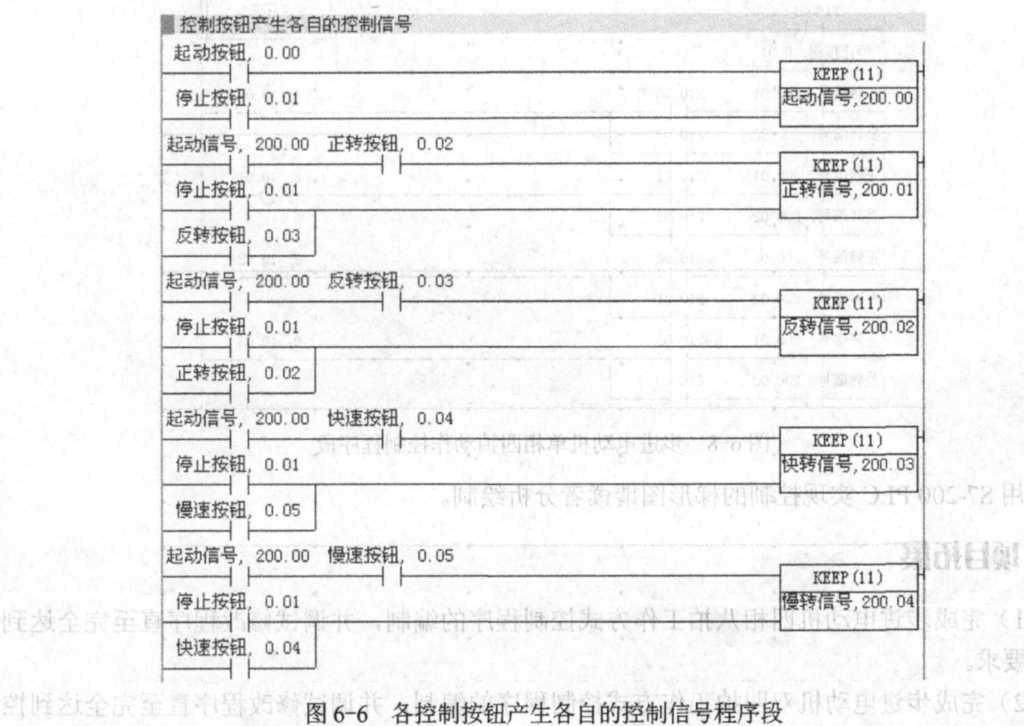

图 6-6　各控制按钮产生各自的控制信号程序段

如图 6-7 所示，通过两个普通定时器产生两个不同周期的脉冲，以实现电动机快速和慢速运行的模拟切换控制。需要说明的是，用普通定时器编制的脉冲程序对步进电动机来讲仅仅是模拟演示，实际场合需要的脉冲频率要远远高出用普通定时器产生的最高频率，故实际场合控制步进电动机的步进脉冲需要通过其他方式获得。

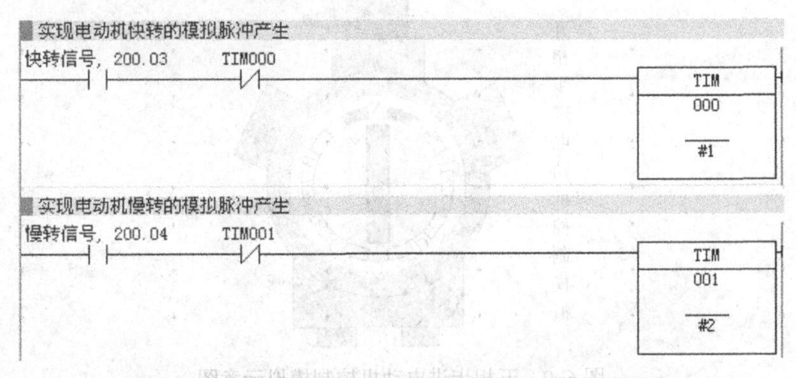

图 6-7　实现电动机快转和慢转的模拟脉冲产生程序段

图 6-8 为步进电动机单相四拍动作控制的程序段，用上述脉冲产生程序段产生的脉冲结合移位寄存器指令或其他移位指令来实现。要改变移位快慢的频率值，只要改变定时器设定值即可。

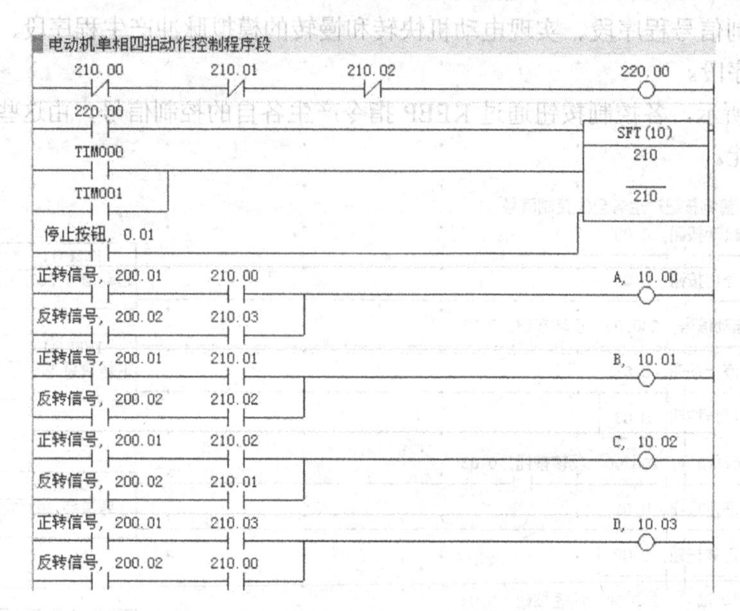

图 6-8　步进电动机单相四拍动作控制程序段

用 S7-200 PLC 实现控制的梯形图请读者分析绘制。

项目拓展

1）完成步进电动机四相八拍工作方式控制程序的编制，并调试修改程序直至完全达到控制要求。

2）完成步进电动机双四拍工作方式控制程序的编制，并调试修改程序直至完全达到控制要求。

3）完成五相步进电动机单、双十拍控制（五相十拍），电动机正转时绕组的通电顺序为：A→AB→B→BC→C→CD→D→DE→E→EA→A…，反转时绕组的通电顺序为：A→AE→E→ED→D→DC→C→CB→B→BA→A…，如图 6-9 所示，试编制模拟控制梯形图程序。

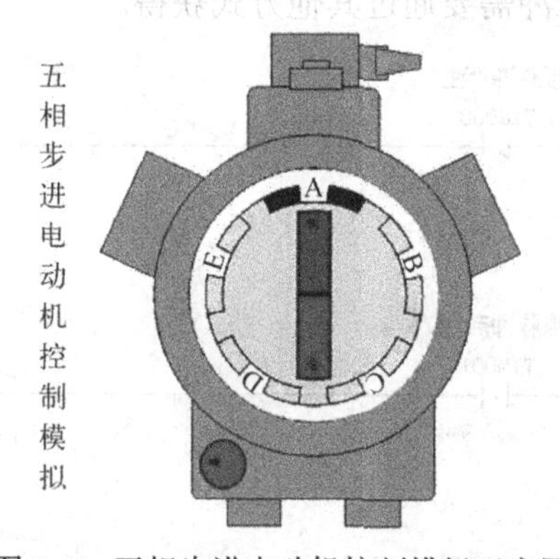

图 6-9　五相步进电动机控制模拟示意图

项目 6.3　全自动洗衣机的 PLC 控制模拟

项目控制要求

1. 控制要求

全自动洗衣机的实物示意图如图 6-10 所示。

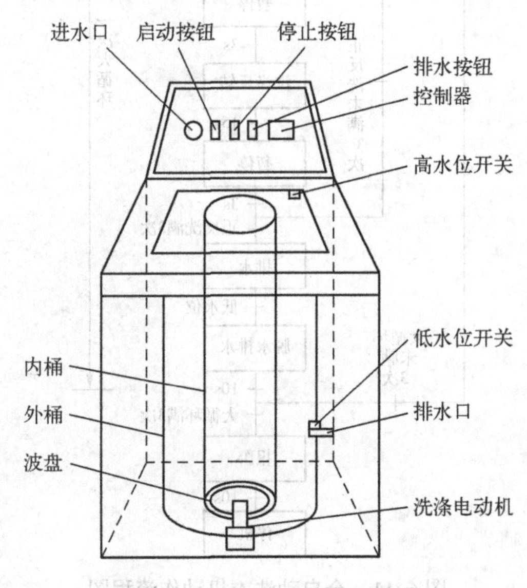

图 6-10　全自动洗衣机示意图

全自动洗衣机的洗衣桶（外桶）和脱水桶（内桶）是以同一中心安放的。外桶固定，作盛水用。内桶可以旋转，作脱水（甩水）用。内桶的四周有很多小孔，使内外桶的水流相通。该洗衣机的进水和排水分别由进水电磁阀和排水电磁阀来执行。进水时，通过电控系统使进水电磁阀打开，经进水管将水注入外桶。排水时，通过电控系统使排水电磁阀打开，将水由外桶排出到机外。洗涤正转、反转由洗涤电动机驱动波盘的正、反转来实现，此时脱水桶并不旋转。脱水时，通过电控系统将离合器合上，由洗涤电动机带动内桶正转进行甩干。高、低水位开关分别用来检测高、低水位。启动按钮用来启动洗衣机工作。停止按钮用来实现手动停止进水、排水、脱水及报警。排水按钮用来实现手动排水。

该全自动洗衣机的要求可以用动作流程图来表示，如图 6-11 所示。PLC 投入运行，系统处于初始状态，准备好启动。启动时开始进水，水满（即水位到达高水位）时停止进水并开始正转洗涤。正转洗涤 15s 后暂停，暂停 3s 后开始反转洗涤。反转洗涤 15s 后暂停，暂停 3s 后若正、反转洗涤未满 3 次，则返回从正转洗涤开始的动作；若正、反转洗涤满 3 次时，则开始排水。排水水位若下降到低水位时，开始脱水并继续排水。脱水 10s 即完成一次从进水到脱水的工作循环过程。若未完成 3 次大循环，则返回从进水开始的全部动作，进行下一次大循环；若完成了 3 次大循环，则进行洗完报警。报警 10s 结束全部过程，自动停机。此外，还可以按排水按钮以实现手动排水；按停止按钮以实现手动停止进水、排水、脱水及报警。

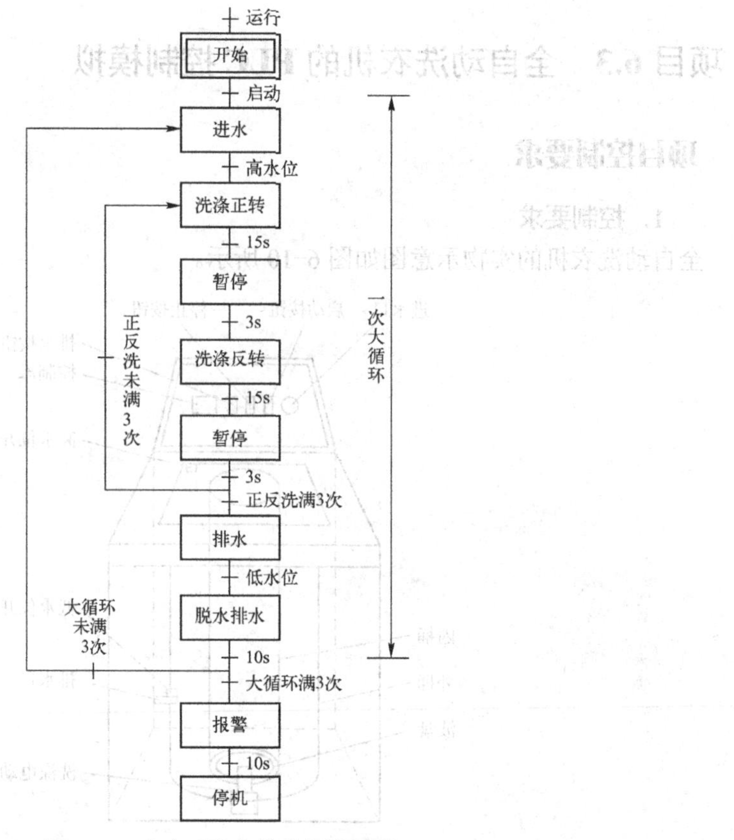

图 6-11　全自动洗衣机动作流程图

2．学习目标

该项目可培养学生综合运用所学知识解决问题的能力，尤其是运用学过的顺序功能图的相关知识完成项目任务，做到巧妙运用 SFC 编程方法中多种不同的编程方式实现项目控制要求。

I/O 地址分配

根据项目控制要求的分析，全自动洗衣机共有 5 个输入设备，6 个输出设备。所以该控制项目中必须由 PLC 提供 5 个输入端子用于连接 5 个输入设备（3 个按钮，2 个开关），需要 6 个输出端子接 6 个输出设备。根据上述输入/输出端子分析即可得到表 6-3 所示的 CPM2A PLC 的 I/O 地址分配表。

表 6-3　全自动洗衣机 CPM2A PLC 控制模拟的 I/O 地址分配表

输　入		输　出	
输入设备	PLC 地址编号	输出设备	PLC 地址编号
启动按钮 SB0	0.00	进水电磁阀	10.00
停止按钮 SB1	0.01	电动机正转接触器	10.01
排水按钮 SB2	0.02	电动机反转接触器	10.02
高水位开关 SL1	0.03	排水电磁阀	10.03
低水位开关 SL2	0.04	脱水电磁离合器	10.04
		报警蜂鸣器	10.05

项目实施

1．所需器材

（1）PLC（可编程序逻辑控制器）实训台　　1台

（2）PC（个人计算机）　　1台

（3）编程电缆　　1根

（4）连接导线　　若干

2．连线

根据控制要求，确定输入、输出的点数，合理进行输入、输出的分配，并进行模拟实训连线，如图6-12所示，图中输入设备有5个，输出设备使用实训台上的6个模拟指示灯，用指示灯点亮的规律模拟全自动洗衣机输出设备得电的规律。

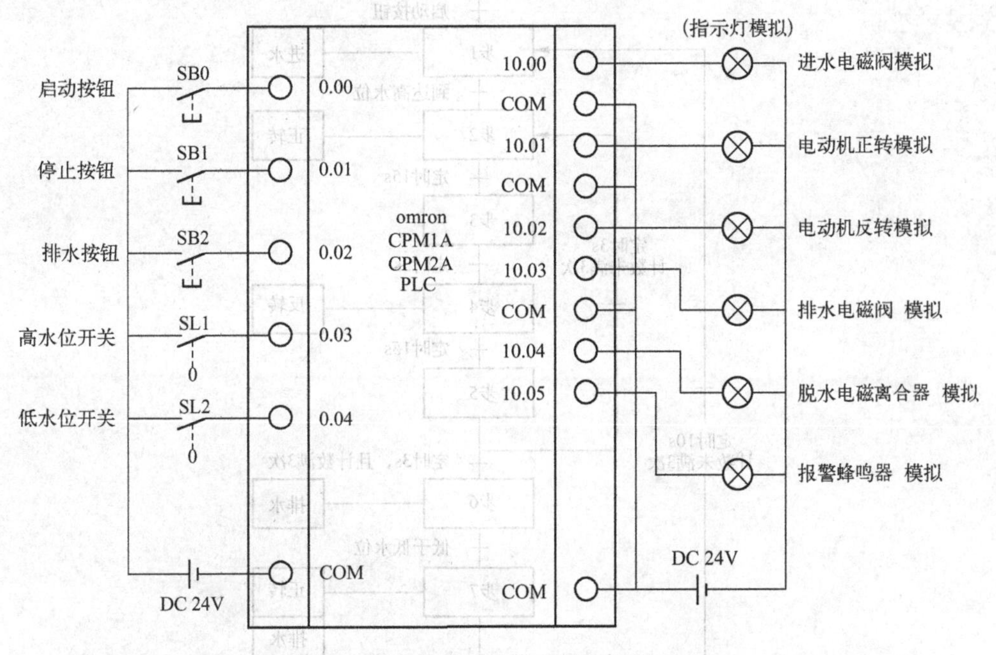

图6-12　全自动洗衣机的PLC控制模拟的输入输出接线图（CPM1A/CPM2A PLC）

在实际连线时，需要根据具体的设备规格要求及使用的负载电源类型进行接线。

用S7-200 PLC实现控制的输入、输出接线图请读者分析绘制。

3．程序运行调试

（1）在断电状态下，连接好相关电缆。

（2）在PC上运行CX-Programmer编程软件或STEP 7-Micro/WIN编程软件。

（3）选择对应的PLC型号，设置通信参数。

（4）编辑梯形图控制程序，下载程序至PLC。

（5）将PLC设为运行状态。

（6）调试程序，找出程序的不足与错误并修改，直至程序调试正确为止。

4. 完成项目报告

(1)根据项目引入控制要求，确定输入、输出数量，列出 I/O 分配表。

(2)试用两种以上的编程方法编制梯形图控制程序。

(3)程序调试过程中，碰到了哪些问题？是如何解决的？

编程参考

根据项目提供的全自动洗衣机动作流程图，可以很容易地画出全自动洗衣机的 PLC 控制 SFC 图，如图 6-13 所示。SFC 图中并未包含洗衣机停机控制及手动排水控制，需要另外编辑程序段完成相应控制要求。

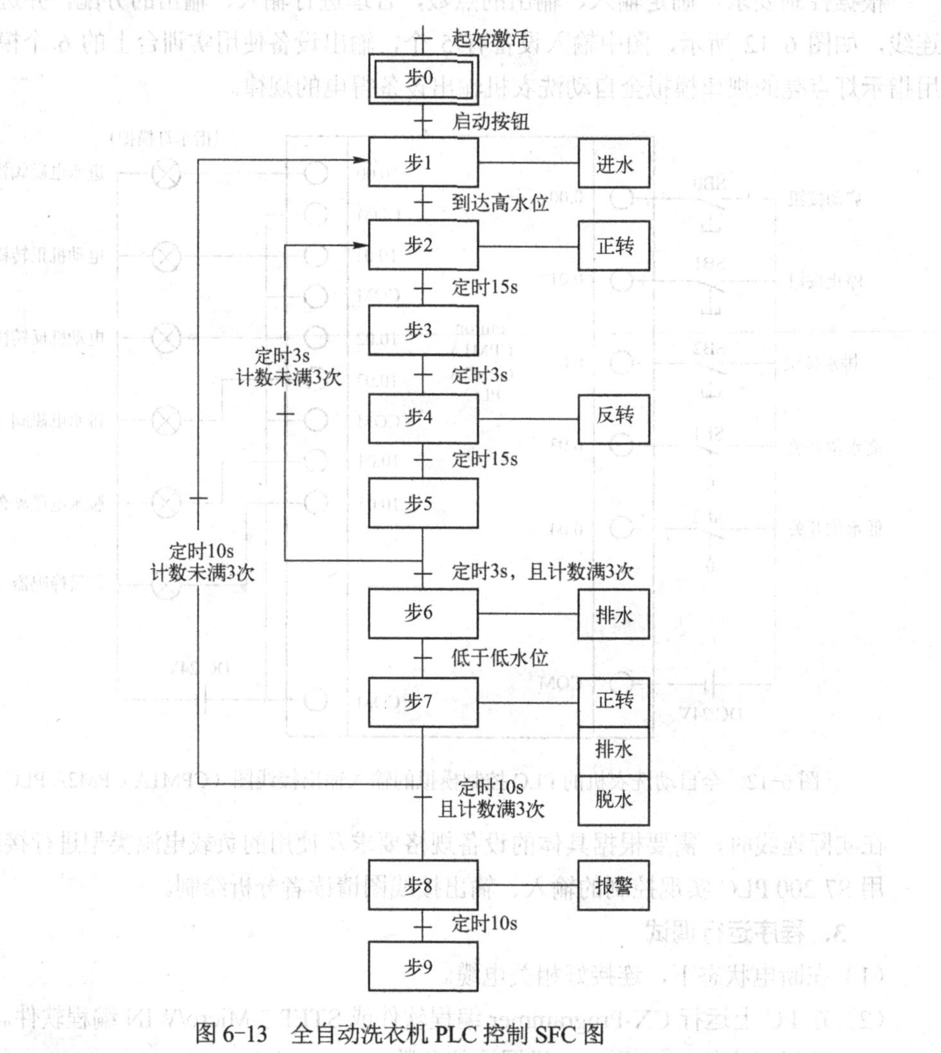

图 6-13 全自动洗衣机 PLC 控制 SFC 图

之前曾讲过 5～7 种编程方式将 SFC 图转换成梯形图程序。OMRON PLC 中，采用基本指令编程方式、KEEP 指令编程方式、SET/RSET 指令编程方式以及各种移位指令的编程方式，通常需要先编制“步的转换”程序段，然后编制“动作执行”程序段，最后编制停机等其他控制要求的程序段。而采用步进指令编程方式属于步进控制专用编程指令，其编程思路及格式与上述几种有区别。S7-200 PLC 的情况与 OMRON PLC 类似，具体可参考本书单元 4 的学习内容，建议先采用通用逻辑指令的编程方式编制程序。调试过程中，可先将时间设定值缩小，以节约调试时间，等调试成功后，再将时间设定值恢复为原先要求的值。

项目拓展

尝试用 SFC 图的其他编程方式完成项目控制要求，并注意不同编程方式间的区别，逐步掌握编程技巧和编程规律。

项目 6.4　加热反应炉的 PLC 控制模拟

项目控制要求

1. 控制要求

加热反应炉控制示意图如图 6-14 所示，反应炉的工艺过程如下。

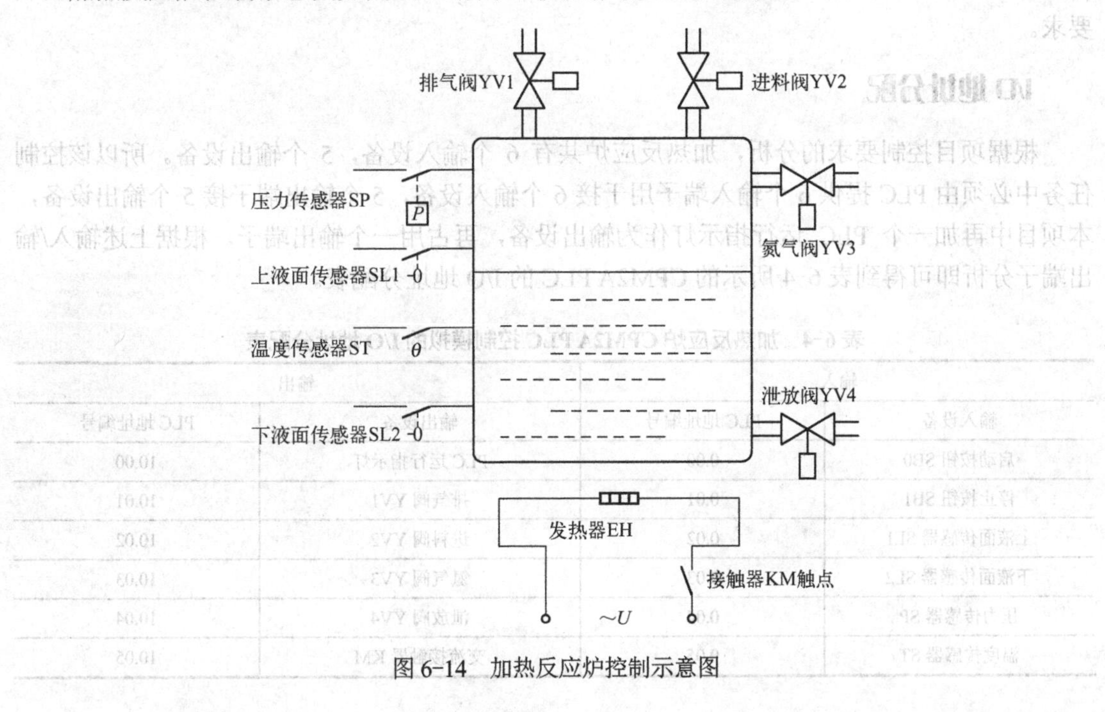

图 6-14　加热反应炉控制示意图

（1）送料控制

1）系统检测下液面 SL2、炉内温度 ST、炉内压力 SP 是否都小于给定值（注：给定值均转换为逻辑结果，作为开关量送至 PLC 输入端）。

2）若以上检测均小于给定值，则开启排气阀 YV1 和进料阀 YV2。

3）当液位上升到上液面 SL1 时，应关闭排气阀 YV1 和进料阀 YV2。

4）延时 20s，开启氮气阀 YV3，氮气进入反应炉，炉内压力开始上升。

5）当压力上升到给定值时，即 SP=“1”时，关闭氮气阀，并接通交流接触器 KM 的线圈。

（2）加热反应控制

1）交流接触器 KM 线圈得电，其常开触点接通加热炉发热器 EH 的电源，加热开始，炉内温度升高。

2）当温度升高到给定值时，即 ST=“1”时，交流接触器线圈 KM 失电，其触点断开切断加热炉发热器 EH 的电源。

3）再延时 10min，加热过程结束，开始排气。

（3）泄放控制

1）打开排气阀 YV1，排气开始，炉内压力下降，使炉内压力降到预定的最低值，即 SP=“0”时，排气仍继续，并开始泄放。

2）打开泄放阀 YV4，当炉内溶液降到下液面，即 SL2=“0”时，关闭泄放阀和排气阀。系统恢复到原始状态，准备进入下一循环。

2．学习目标

该项目可培养学生综合运用所学知识解决问题的能力，尤其是运用学过的顺序功能图的相关知识完成项目任务，做到合理运用 SFC 编程方法中多种不同的编程方式实现项目控制要求。

I/O 地址分配

根据项目控制要求的分析，加热反应炉共有 6 个输入设备，5 个输出设备。所以该控制任务中必须由 PLC 提供 6 个输入端子用于接 6 个输入设备，5 个输出端子接 5 个输出设备，本项目中再加一个 PLC 运行指示灯作为输出设备，再占用一个输出端子。根据上述输入/输出端子分析即可得到表 6-4 所示的 CPM2A PLC 的 I/O 地址分配表。

表 6-4　加热反应炉 CPM2A PLC 控制模拟的 I/O 地址分配表

输入		输出	
输入设备	PLC 地址编号	输出设备	PLC 地址编号
启动按钮 SB0	0.00	PLC 运行指示灯	10.00
停止按钮 SB1	0.01	排气阀 YV1	10.01
上液面传感器 SL1	0.02	进料阀 YV2	10.02
下液面传感器 SL2	0.03	氮气阀 YV3	10.03
压力传感器 SP	0.04	泄放阀 YV4	10.04
温度传感器 ST	0.05	交流接触器 KM	10.05

项目实施

1．所需器材

（1）PLC（可编程序逻辑控制器）实训台　　1 台

（2）PC（个人计算机）　　1 台

（3）编程电缆　　1 根

（4）连接导线　　若干

2．连线

根据控制要求，确定输入、输出的点数，合理进行输入、输出的分配，并进行模拟实训连线，如图 6-15 所示，图中输入设备有 6 个，输出设备使用实训台上的 6 个模拟指示灯，用指示灯点亮的规律模拟加热反应炉的输出设备得电的规律。在实际连线时，需要根据具体的设备规格要求进行接线。

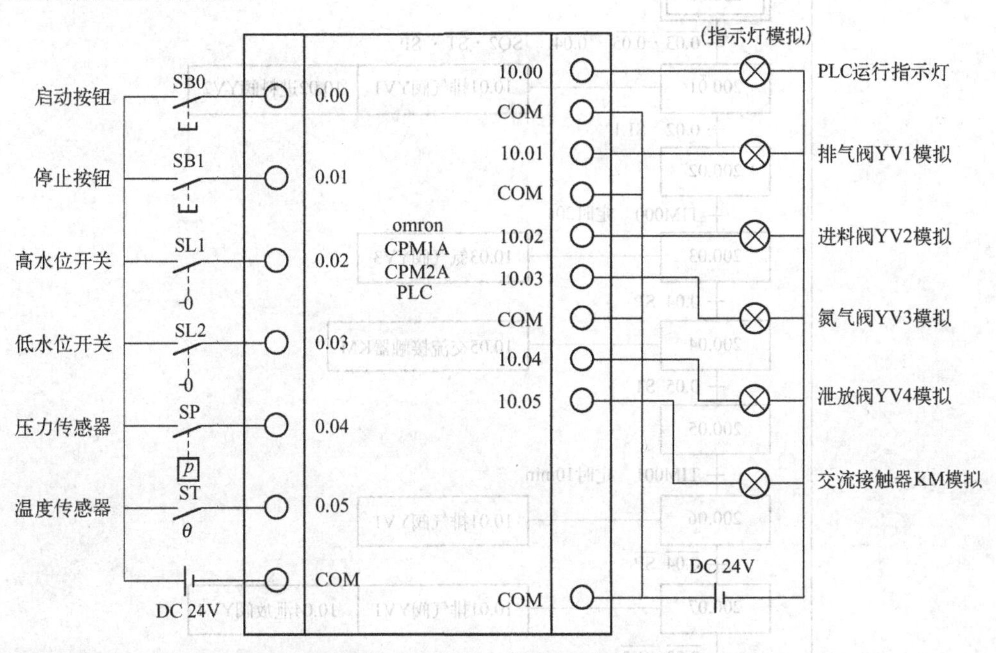

图 6-15　加热反应炉的 PLC 控制模拟的输入/输出接线图（CPM1A/CPM2A PLC）

用 S7-200 PLC 实现控制的输入、输出接线图请读者分析绘制。

3．程序运行调试

（1）在断电状态下，连接好相关电缆。

（2）在 PC 上运行 CX-Programmer 编程软件或 STEP 7-Micro/WIN 编程软件。

（3）选择对应的 PLC 型号，设置通信参数。

（4）编辑梯形图控制程序，下载程序至 PLC。

（5）将 PLC 设为运行状态。

（6）调试程序，找出程序的不足与错误并修改，直至程序调试正确为止。

4．完成项目报告

（1）根据项目引入控制要求，确定输入、输出数量，列出 I/O 分配表。

（2）试用两种以上的编程方法编制梯形图控制程序。

（3）程序调试过程中，碰到了哪些问题？是如何解决的？

编程参考

根据所选 PLC 的类型及加热反应炉的控制要求，画出加热反应炉的 PLC 控制 SFC 图，如图 6-16 所示。SFC 图中并未包含反应炉停机控制，需要另外编辑程序段完成相应控制要求。图中初始步的激活直接用启动按钮 SB0 实现，当然也可用初始化脉冲激活，不过 SFC 图会稍有变化，如何变化？大家不妨自己思考一下。

用 S7-200 PLC 实现控制的 SFC 图及梯形图请读者分析绘制。

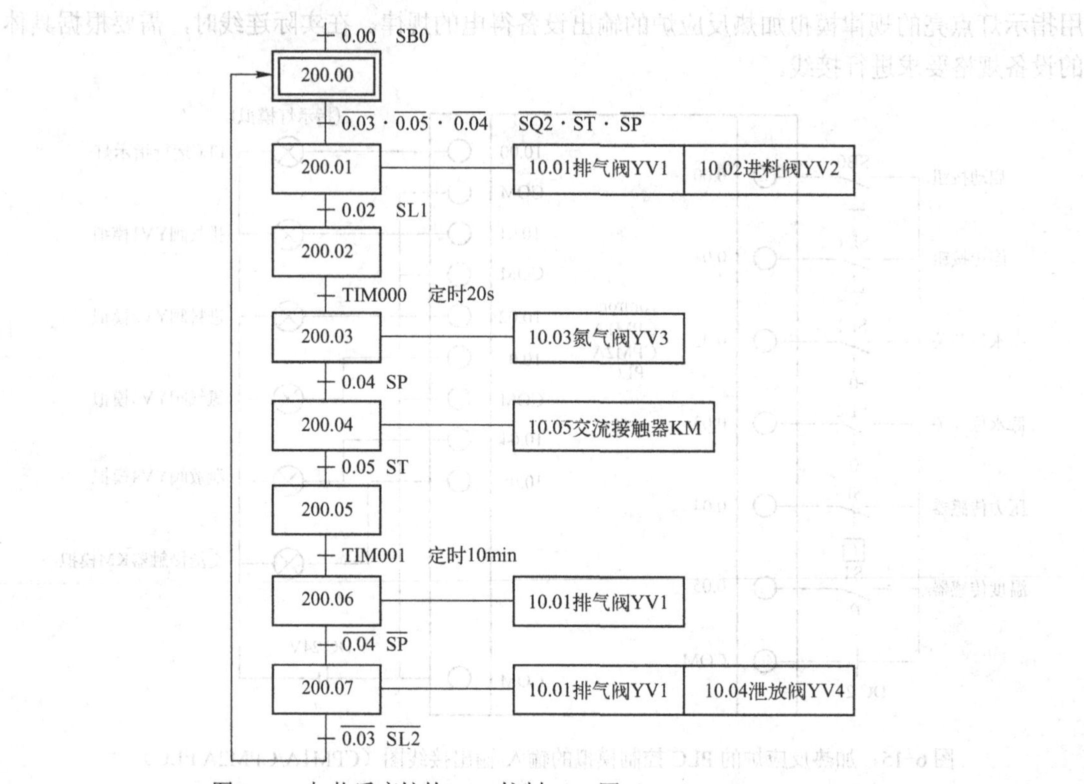

图 6-16 加热反应炉的 PLC 控制 SFC 图（CPM1A/CPM2A PLC）

项目拓展

尝试用多种不同的编程方式完成项目控制要求，并注意不同编程方式间的区别，逐步掌握编程技巧。

项目 6.5 多种液体混合装置的 PLC 控制模拟

项目控制要求

1. 控制要求

多种液体混合装置控制示意图如图 6-17 所示。本装置为两种液体混合装置，SL1、SL2、SL3 为三个液面传感器，液体 A、B 阀门与混合液阀门由电磁阀 YV1、YV2、YV3 控制，KM 为搅匀电动机，控制要求如下。

初始操作：装置运行，液体 A、B 阀门关闭，混合液阀门打开放液，放至液面 SL3 以下时，再过 20s 将容器排空后关闭。

启动操作：按下启动按钮 SD，液体 A 阀门打开，液体 A 流入容器。当液面到达 SL2

时，关闭液体 A 阀门，打开液体 B 阀门，液体 B 流入容器。当液面到达 SL1 时，关闭液体 B 阀门，搅匀电动机工作。6min 后停止搅动，混合液阀门打开，开始排出混合液体。当液面下降到 SL3 时，SL3 由接通变为断开。再过 20s 后，容器放空，混合液阀门关闭，开始下一周期。

停止操作：按下停止按钮 ST 后，各阀门停止工作，系统停在初始状态，等待重新启动。

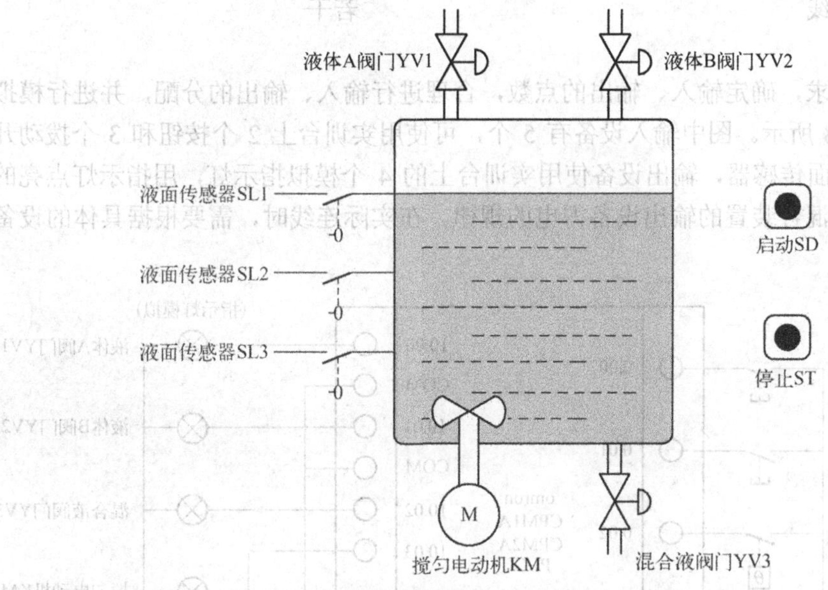

图 6-17　多种液体混合装置控制示意图

2. 学习目标

该项目可培养学生综合运用所学知识解决问题的能力，尤其是运用学过的顺序功能图的相关知识完成项目任务，做到合理运用 SFC 编程方法中多种不同的编程方式实现项目控制要求。

I/O 地址分配

根据项目控制要求的分析，多种液体混合装置共有 5 个输入设备，4 个输出设备。所以该控制项目中必须由 PLC 提供 5 个输入端子用于连接 5 个输入设备，4 个输出端子连接 4 个输出设备。根据上述输入/输出端子分析即可得到表 6-5 所示的 CPM2A PLC 的 I/O 地址分配表。

表 6-5　多种液体混合装置 CPM2A PLC 控制模拟的 I/O 地址分配表

输入		输出	
输入设备	PLC 地址编号	输出设备	PLC 地址编号
启动按钮 SB0	0.00	液体 A 阀门 YV1	10.00
停止按钮 SB1	0.01	液体 B 阀门 YV2	10.01
液面传感器 SL1	0.02	混合液阀门 YV3	10.02
液面传感器 SL2	0.03	搅匀电动机 KM	10.03
液面传感器 SL3	0.04		

项目实施

1．所需器材

（1）PLC（可编程序逻辑控制器）实训台　　1 台

（2）PC（个人计算机）　　1 台

（3）编程电缆　　1 根

（4）连接导线　　若干

2．连线

根据控制要求，确定输入、输出的点数，合理进行输入、输出的分配，并进行模拟实训连线，如图 6-18 所示。图中输入设备有 5 个，可使用实训台上 2 个按钮和 3 个拨动开关，拨动开关模拟液面传感器，输出设备使用实训台上的 4 个模拟指示灯，用指示灯点亮的规律来模拟多种液体混合装置的输出设备得电的规律。在实际连线时，需要根据具体的设备规格要求进行接线。

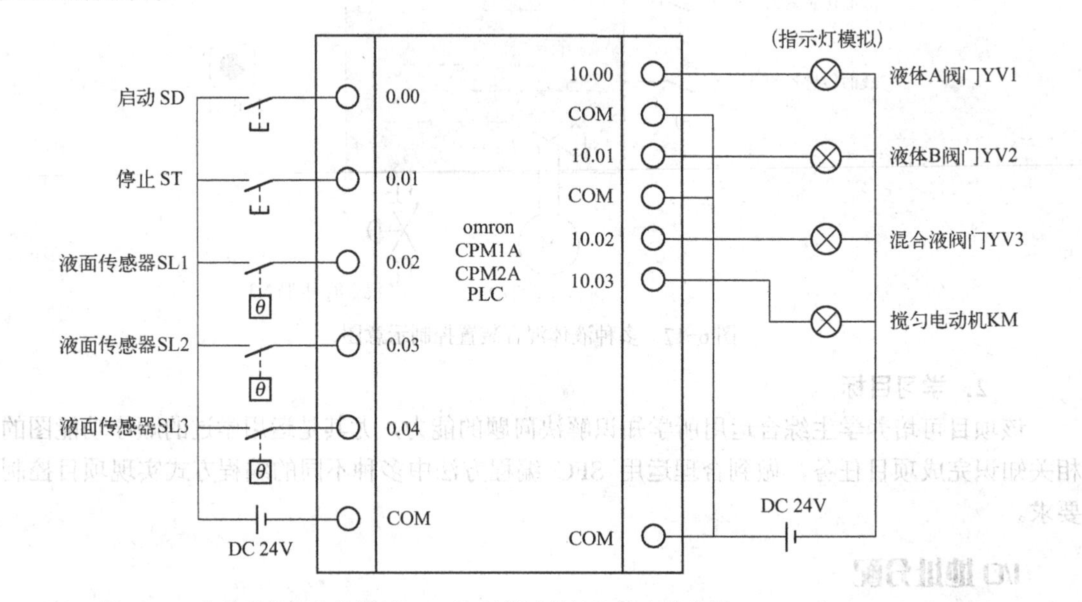

图 6-18　多种液体混合装置的 PLC 控制模拟的输入输出接线图（CPM1A/CPM2A PLC）

用 S7-200 PLC 实现控制的输入、输出接线图请读者分析绘制。

3．程序运行调试

（1）在断电状态下，连接好相关电缆。

（2）在 PC 上运行 CX-Programmer 编程软件或 STEP 7-Micro/WIN 编程软件。

（3）选择对应的 PLC 型号，设置通信参数。

（4）编辑梯形图控制程序，下载程序至 PLC。

（5）将 PLC 设为运行状态。

（6）调试程序，找出程序的不足与错误并修改，直至程序调试正确为止。

4．完成项目报告

（1）根据项目引入控制要求，确定输入、输出数量，列出 I/O 分配表。

（2）试用两种以上的编程方法编制梯形图控制程序。

（3）程序调试过程中，碰到了哪些问题？是如何解决的？

编程参考

根据多种液体混合装置的控制要求，画出混合装置的 PLC 控制 SFC 图，如图 6-19 所示。当然 SFC 图的画法并不唯一，图中 PLC 的内部元件 210.00 是由停止按钮产生的停止信号。停止信号并不立即停止控制系统中的所有动作，而是要等控制系统完成整个周期才停止在 200.01 这个等待步，等待按下启动按钮，系统又重新自动工作。在系统控制过程中，若没有按下停止按钮，则系统自动进入下一个循环，即循环到 200.02 这一步，而不需要再按下启动按钮。

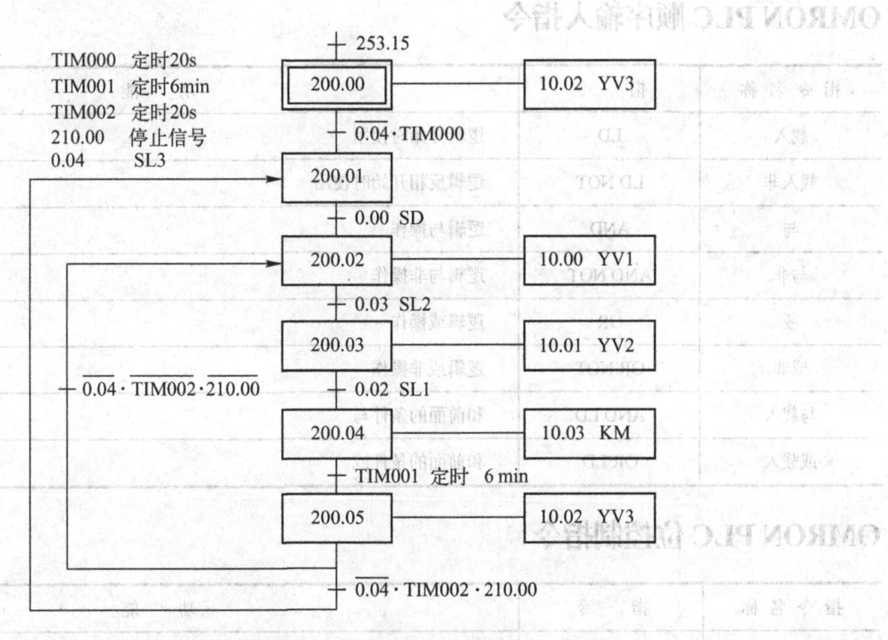

图 6-19　多种液体混合装置的 PLC 控制 SFC 图

项目拓展

尝试用多种不同的编程方式完成项目任务控制要求，并注意不同编程方式间的区别，逐步掌握编程技巧。

用 S7-200 PLC 实现控制的 SFC 图及梯形图请读者分析绘制。

附　录

附录 1　OMRON CPM1A/CPM2A PLC 常用指令简介

OMRON PLC 顺序输入指令

指令名称	指　令	功　能
载入	LD	逻辑开始时使用
载入非	LD NOT	逻辑反相开始时使用
与	AND	逻辑与操作
与非	AND NOT	逻辑与非操作
或	OR	逻辑或操作
或非	OR NOT	逻辑或非操作
与载入	AND LD	和前面的条件与
或载入	OR LD	和前面的条件或

OMRON PLC 位控制指令

指令名称	指　令	功　能
输出	OUT	将逻辑运算的结果送输出继电器
取反指令	OUT NOT	将逻辑运算的结果取反后送输出继电器
置位	SET	使指定触点 ON
复位	RSET	使指定触点 OFF
保持	S R KEEP(11) B	KEEP(11)基于 S 和 R 保持指定位 B 的状态，S 为置位输入，R 为复位输入
上升沿微分	DIFU(13) B	在逻辑运算结果上升沿时指定位 B 在一个扫描周期内 ON
下降沿微分	DIFD(14) B	在逻辑运算结果下降沿时指定位 B 在一个扫描周期内 ON

OMRON PLC 定时器/计数器指令

指令名称	指令	功能
定时器	TIM N SV	接通延时定时器（减算），N 为定时器号，设定时间 SV 范围为 0～999.9s（0.1s 为单位）
计数器	CNT N SV	减法计数器，N 为计数器号，设定值 SV 在 0000～9999 之间
可逆计数器	II DI R CNTR N SV	执行加、减计数，N 为计数器号，设定值 SV 在 0～9999 之间，II 由 OFF 变 ON 时当前值（PV）加 1，DI 由 OFF 变 ON 时当前值（PV）减 1，II 与 DI 同时由 OFF 变 ON 时当前值（PV）不变，R 为复位信号

OMRON PLC 比较指令

指令名称	指令	功能
比较	CMP(20) S1 S2	通道 S1 数据、常数，与通道 S2 数据、常数进行比较，根据比较结果分别设置比较标志 255.05（>）、255.06（=）、255.07（<）为 ON

OMRON PLC 传送指令

指令名称	指令	功能
传送	MOV(21) S D	将 S 通道的数据、常数传送到 D 通道中去（S→D）

OMRON PLC 移位指令

指令名称	指令	功能
移位	IN SP R SFT(10) D1 D2	R 为 ON 时，D1→D2 数据全部清零 R 为 OFF 时，移位信号（SP）由 OFF 变 ON 时，从通道 D1、通道 D2 的数据向高位移一位，末位补入 IN
1 位左移	ASL(25) D	把通道 D 数据向左移 1 位 15 00 CY ← D ← 0

（续）

指令名称	指　令	功　能
1位右移	ASR(26) D	把通道D数据向右移1位 15　00 0→ D →CY
1位循环左移	ROL(27) D	把通道D数据包括进位位循环左移1位 15　00 CY← D ←
1位循环右移	ROR(28) D	把通道D数据包括进位位循环右移1位 15　00 → D →CY
左右移位	SFTR(84) C D1 D2	根据控制数据（C）的内容把D1、D2通道的数据进行左右移位
二进制减算	SBB(51) S1 S2 D	将S1通道数据、常数与S2通道数据、常数进行二进制减算（S1-S2-CY→D、CY）

OMRON PLC工程步进顺控指令

指令名称	指令	功能
步进控制领域定义	STEP(08)	步进控制（工程步进流程）的终了。这个指令以后执行的是常规梯形图程序控制
	STEP(08) S	步进控制（工程步进流程）的开始
步进控制步进	SNXT(09) S	前一个工程复位、下一个工程开始

注：CPM1A/CPM2A PLC其他编程指令可参阅相应编程手册。

附录 2　CPM1A/CPM2A PLC 存储区分配及功能表

CPM1/CPM1A PLC 存储区分配及功能表

数据区		字	位	功能
IR 区[①]	输入区	IR 000～IR 009 （10 字）	IR 00000～IR 00915 （160 位）	这些位被分配到外部 I/O 端
	输出区	IR 010～IR 019 （10 字）	IR 01000～IR 01915 （160 位）	
	工作区	IR 200～IR 231 （32 字）	IR 20000～IR 23115 （512 位）	在程序中可任意地使用工作位
SR 区		SR 232～SR 255 （24 字）	SR 23200～SR 25515 （384 位）	这些位适用于特殊功能，如标志和控制位
TR 区			TR 0～TR 7 （8 位）	这些位用来临时存储程序分支的 ON/OFF 状态
HR 区[②]		HR 00～HR 19 （20 字）	HR 0000～HR 1915 （320 位）	当电源断开及运行开始或结束时，这些位用于存储数据或保持它们 ON/OFF 状态。它们的使用方法和工作位一样
AR 区[②]		AR 00～AR 15 （16 字）	AR 0000～AR 1515 （256 位）	这些位适用于特殊功能，如标志和控制位
LR 区[①]		LR 00～LR 15 （16 字）	LR 0000～LR 1515 （256 位）	用于和另一个 PLC 进行 1:1 PLC 链接
定时器/计数器区[②]		TC 000～TC 127　（定时器/计数器编号）[③]		定时器和计数器使用 TIM、TIMH(15)、CNT 和 CNTR(12)指令。定时器和计数器使用相同的编号
DM 区	读/写[②]	DM 0000～DM 0999 DM 1022～DM 1023 （1002 字）		仅以字单元形式访问 DM 区数据。当断开电源及开始或停止运行时，可保持字的数值。在程序中允许读/写数据区内容
	出错记录	DM 1000～DM 1021 （22 字）		用来存储发生错误的时间和出现错误的出错记录。当出错记录功能未使用时，这些字可用作一般读/写 DM
	只读[④]	DM 6144～DM 6599 （456 字）		程序中不能重新写入
	PC 设置[④]	DM 6600～DM 6655 （56 字）		用来存储控制 PC 运行的各种参数

注：

① 未用于它们地址分配功能的 IR 和 LR 位可用作工作位。

② HR 区、AR 区、定时器/计数器区和读/写 DM 区的内容由一个电容器供电。供电时间因周围环境温度不同而不同，但在 25℃时电容器能为存储单元供电 20 天。如果电源关断时间长于供电时间，存储单元内容将被清除并且 AR1314 将置 ON（当数据不再由内置电容器保持时，此标志置 ON）。

③ 当访问一个 PV（当前值）时，TC 号用作字数据；当访问完成标志时，它们用作位数据。

④ DM6144～DM6655 中的数据不能由程序重复写入，但它们可由一个编程设备修改。

CPM2A/CPM2C PLC 存储区分配

数据区		字	位	功能
IR 区①	输入区	IR 000～IR 009 （10 字）	IR 00000～IR 00915 （160 位）	这些位被分配到外部 I/O 端
	输出区	IR 010～IR 019 （10 字）	IR 01000～IR 01915 （160 位）	
	工作区	IR 020～IR 049 IR 200～IR 227 （58 字）	IR 02000～IR 04915 IR 20000～IR 22715 （928 位）	在程序中可任意地使用工作位
SR 区		SR 228～SR 255 （28 字）	SR 22800～SR 25515 （448 位）	这些位适用于特殊功能，如标志和控制位
TR 区			TR 0～TR 7 （8 位）	这些位用来临时存储程序分支的 ON/OFF 状态
HR 区②		HR 00～HR 19 （20 字）	HR 0000～HR 1915 （320 位）	当电源断开及运行开始或结束时，这些位用于存储数据或保持它们 ON/OFF 状态。它们的使用方法和工作位一样
AR 区②		AR 00～AR 23 （24 字）	AR 0000～AR 2315 （384 位）	这些位适用于特殊功能，如标志和控制位
LR 区①		LR 00～LR 15 （16 字）	LR 0000～LR 1515 （256 位）	用于和另一个 PLC 进行 1:1 PLC 链接
定时器/计数器区②		TC 000～TC 255 （定时器/计数器编号）③		定时器和计数器使用 TIM、TIMH(15)、CNT、CNTR(12)、TMHH(-)和 TIML(-)指令。定时器和计数器使用相同的编号
DM 区	读/写②	DM 0000～DM 1999 DM 2022～DM 2047 （2026 字）		仅以字单元形式访问 DM 区数据。当断开电源及开始或停止运行时，可保持字的数值。在程序中允许读/写数据区内容
	出错记录	DM 2000～DM 2021 （22 字）		用来存储发生错误的时间和出现错误的出错记录。当出错记录功能未使用时，这些字可用作一般读/写 DM
	只读④⑤	DM 6144～DM 6599 （456 字）		程序中不能重新写入
	PC 设置④⑤	DM 6600～DM 6655 （56 字）		用来存储控制 PC 运行的各种参数

注：

① 未用于它们地址分配功能的 IR 和 LR 位可用作工作位。

② HR 区、AR 区、定时器/计数器区和读/写 DM 区的内容由 CPU 单元的电池供电。如果电池被拆卸或失效，这些区的内容将丢失并且恢复默认值（在没有电池的 CPM2C CPU 单元里，这些存储区由一个电容器供电）。

③ 当访问一个用作字操作数的 TC 号时，可访问定时器或计数器的 PV；当用作一个位操作数时，可访问它的完成标志。

④ DM6144～DM6655 中的数据不能由程序重复写入，但它们可由一个编程设备修改。

⑤ 程序和 DM6144～DM6655 中的数据存储在闪存中。

附录 3　OMRON PLC 特殊辅助继电器编号及功能表

CPM1A 特殊辅助继电器编号及功能表

通道号	继电器号	功能	
232～235		宏指令输入引数 不使用宏指令的时候，可作为内部辅助继电器使用	
236～239		宏指令输出引数 不使用宏指令的时候，可作为内部辅助继电器使用	
240	00～15	中断 0 设定值	输入中断使用计数模式时的设定值（0000～FFFF），输入中断不使用计数模式时能作为内部辅助继电器使用
241	00～15	中断 1 设定值	
242	00～15	中断 2 设定值	
243	00～15	中断 3 设定值	
244	00～15	中断 0 当前值-1	输入中断使用计数模式时的计数器当前值-1(0000～FFFF)
245	00～15	中断 1 当前值-1	
246	00～15	中断 2 当前值-1	
247	00～15	中断 3 当前值-1	
248～249	00～15	高速计数器的当前值区域 不使用高速计数器时，可作为内部辅助断电器使用	
250	00～15	模拟电位器 0	模拟设定值存入区域 存入值（0000～0200）BCD 码
251	00～15	模拟电位器 1	
252	00	高速计数器复位标志	
	01～07	不可使用	
	08	外设通信口复位时为 ON（使用总线时无效） 完成后自动回到 OFF 状态	
	09	不可使用	
	10	PC 系统设定区域（DM6600～6655）初始化的时候成为 ON，完成后自动返回到 OFF（仅编程模式时有效）	
	11	强制置位/复位的保持标志 OFF：编程-监视模式切换时，解除强制置位/复位触点 ON：编程-监视模式切换时，保持强制置位/复位触点	
	12	I/O 保持标志 OFF：运行开始，停止时，输入/输出、内部辅助继电器、链接继电器的状态被复位；ON 时被保持	
	13	不可使用	
	14	错误日志复位时为 ON（完成后自动返回 OFF）	
	15	不可使用	
253	00～07	故障发生时保存错误代码（2 位标号）存储 故障诊断（FAL/FALS）指令执行时 FAL 号也被存储 FAL（00）指令执行，用故障解除操作复位（成为 00）	
	08	不可使用	
	09	扫描定时器到达时（扫描周期超过 100ms）成为 ON	
	10～12	不可使用	
	13	常为 ON	

（续）

通道号	继电器号	功能
253	14	常 OFF
	15	运行开始时 1 个扫描周期为 ON
254	00	1min 脉冲（30s ON/30s OFF）
	01	0.02s 时钟脉冲（0.01s ON/0.01s OFF）
	02	负数标志（N）
	03～05	不可使用
	06	微分监视完成标志（微分监视完成时为 ON）
	07	STEP 指令中一个行程开始时，仅一个扫描周期为 ON
	08～15	不可使用
255	00	0.1s 时钟脉冲（0.05s ON/0.05s OFF）
	01	0.2s 时钟脉冲（0.1s ON/0.1s OFF）
	02	1.0s 时钟脉冲（0.5s ON/0.5s OFF）
	03	ER 标志（执行指令时，出错发生时为 ON）
	04	CY 标志（执行指令时，结果有进位发生时为 ON）
	05	>标志（比较结果大于时为 ON）
	06	=标志（比较结果等于时为 ON）
	07	<标志（比较结果小于时为 ON）
	08～15	不可使用

CPM2A PLC 特殊辅助继电器编号及功能表

通道号	继电器号	功能	
228～229	00～15	脉冲输出 PV 0	
230～231	00～15	脉冲输出 PV 1	
232～235	00～15	宏指令输入引数 不使用宏指令的时候，可作为内部辅助继电器使用	
236～239	00～15	宏指令输出引数 不使用宏指令的时候，可作为内部辅助继电器使用	
240	00～15	中断 0 设定值	输入中断使用计数模式时的设定值（0000～FFFF），输入中断不使用计数模式时能作为内部辅助继电器使用
241	00～15	中断 1 设定值	
242	00～15	中断 2 设定值	
243	00～15	中断 3 设定值	
244	00～15	中断 0 当前值-1	输入中断使用计数模式时的计数器当前值-1(0000～FFFF)
245	00～15	中断 1 当前值-1	
246	00～15	中断 2 当前值-1	
247	00～15	中断 3 当前值-1	
248～249	00～15	高速计数器的当前值区域（可作内部辅助断电器使用）	
250	00～15	模拟电位器 0	模拟设定值存入区域 存入值（0000～0200）BCD 码
251	00～15	模拟电位器 1	
252	00	高速计数器复位标志	
	01～03	不可使用	
	04	脉冲输出 0 PV 复位位	

（续）

通道号	继电器号	功　能
252	05	脉冲输出 1 PV 复位位
	06～07	不可使用
	08	外设通信口复位时为 ON（使用总路线时无效），完成后自动回到 OFF 状态
	09	不可使用
	10	PC 系统设定区域（DM6600～6655）初始化的时候为 ON，完成后自动返回 OFF（仅编程模式时有效）
	11	强制置位/复位的保持标志 OFF：编程-监视模式切换，解除强制置位/复位触点 ON：编程-监视模式切换，保持强制置位/复位触点
	12	I/O 保持标志 OFF：运行开始，停止时，输入/输出、内部辅助继电器、链接继电器的状态被复位；ON 时被保持
	13	不可使用
	14	错误日志复位时为 ON（完成后自动返回 OFF）
	15	不可使用
253	00～07	故障发生时保存错误代码（2 位标号）存储 故障诊断（FAL/FALS）指令执行时 FAL 号也被存储 FAL（00）指令执行时，用故障解除操作复位（成为 00）
	08	电池错误标志
	09	扫描定时器到达时（扫描周期超过 100ms）成为 ON
	10～11	不可使用
	12	更改 RS-232C 设置标志
	13	常 ON
	14	常 OFF
	15	运行开始时 1 个扫描周期为 ON
254	00	1min 脉冲（30s ON/30s OFF）
	01	0.02s 时钟脉冲（0.01s ON/0.01s OFF）
	02	负数标志（N）
	03	不可使用
	04	上溢标志
	05	下溢标志
	06	微分监视完成标志（微分监视完成时为 ON）
	07	STEP 指令中一个行程开始时，仅一个扫描周期为 ON
	08～15	不可使用
255	00	0.1s 时钟脉冲（0.05s ON/0.05s OFF）
	01	0.2s 时钟脉冲（0.1s ON/0.1s OFF）
	02	1.0s 时钟脉冲（0.5s ON/0.5s OFF）
	03	ER 标志（执行指令时，出错发生时为 ON）
	04	CY 标志（执行指令时结果有进位发生时为 ON）
	05	>标志（比较结果大于时为 ON）
	06	=标志（比较结果等于时为 ON）
	07	<标志（比较结果小于时为 ON）
	08～15	不可使用

附录 4　CPM2A PLC 指令一览表

指令类别	助记符	微分型	指令名称
基本指令	LD		装载
	LD　NOT		装载非
	OUT		输出
	OUT　NOT		输出非
	AND		与，常开触点串联
	AND　NOT		与非，常闭触点串联
	OR		或，常开触点并联
	OR　NOT		或非，常闭触点并联
	AND　LD		与装载，触点组相串联
	OR　LD		或装载，触点组相并联
	SET		置位
	RSET		复位
	KEEP（11）		保持
	DIFU（13）		上升沿微分
	DIFD（14）		下降沿微分
	NOP（00）		空操作
	END（01）		结束
分支指令	IL（02）		联锁
	ILC（03）		联锁解除
跳转指令	JMP（04）		跳转
	JME（05）		跳转结束
定时器/计数器指令	TIM		定时器 0.1ms
	TIMH（15）		高速定时器 0.01ms
	TMHH（-）		超高速定时器 1ms
	TIML（-）		长定时器
	CNT		计数器
	CHTR		可逆计数器
比较指令	CMP（20）		单字比较
	CMPL（60）		双字比较
	BCMP（68）	@	块比较
	TCMP（85）	@	表比较
	ZCP（-）		单字区域比较
	ZCPL（-）		双字区域比较
数据传送指令	MOV（21）	@	传送
	MVN（22）	@	取反传送
	XFER（70）	@	块传送
	BSET（71）	@	块设置

（续）

指令类别	助记符	微分型	指令名称
数据传送指令	XCHG（73）	@	数据交换
	DIST（80）	@	单字分配
	COLL（81）	@	数据调用
数据传送指令	MOVB（82）	@	位传送
	MOVD（83）	@	数字传送
数据移位指令	SFT（10）		移位寄存器
	SFTR（84）	@	可逆移位寄存器
	WSFT（16）	@	字移位
	ASL（25）	@	算术左移
	ASR（26）	@	算术右移
	ROL（27）	@	循环左移
	ROR（28）	@	循环右移
	SLD（74）	@	一位数字左移
	SRD（75）	@	一位数字右移
	ASFT（17）	@	异步移位寄存器
递增递减指令	INC（38）	@	递增
	DEC（39）	@	递减
十进制运算指令	ADD（30）	@	十进制加法运算
	SUB（31）	@	十进制减法运算
	ADDL（54）	@	十进制双字加法运算
	SUBL（55）	@	十进制双字减法运算
	MUL（32）	@	十进制乘法运算
	DIV（33）	@	十进制除法运算
	MULL（56）	@	十进制双字乘法运算
	DIVL（57）	@	十进制双字除法运算
二进制运算指令	ADB（50）	@	二进制加法运算
	SBB（51）	@	二进制减法运算
	MLB（52）	@	二进制乘法运算
	DVB（53）	@	二进制除法运算
数据转换指令	BIN（23）	@	BCD→BIN
	BCD（24）	@	BIN→BCD
	BINL（58）	@	双字 BCD→双字 BIN
	BCDL（59）	@	双字 BIN→双字 BCD
	NEG（-）	@	二进制补码
	MLPX（76）	@	4→16 译码器
	DMPX（77）	@	16→4 编码器
	ASC（86）	@	ASCⅡ转换
	HEX（-）	@	ASCⅡ→十六进制

（续）

指令类别	助记符	微分型	指令名称
逻辑运算指令	COM（29）	@	字求反运算
	ANDW（34）	@	字逻辑与运算
	ORW（35）	@	字逻辑或运算
	XORW（36）	@	字逻辑异或运算
	XNRW（37）	@	字逻辑同或运算
特殊运算指令	BCNT（67）	@	位计数器
表格数据指令	SRCH（-）	@	数据搜索
	MAX（-）	@	取最大值
	MIN（-）	@	取最小值
	SUM（-）	@	求和
表格数据指令	FCS（-）	@	帧校验
数据控制指令	PID（-）		PID 控制
	SCL（66）	@	比例转换
	SCL2（-）	@	比例转换 2
	SCL3（-）	@	比例转换 3
	AVG（-）		求平均值
子程序指令控制	SBS（91）	@	子程序调用
	SBN（92）		子程序定义
	RET（93）		子程序返回
	MCRO（99）		宏定义
中断控制指令	INT（89）	@	中断控制
	STIM（69）	@	间隔定时器
高速计数器控制指令	CTBL（63）	@	比较表登录
	INI（61）	@	工作模式控制
	PRV（62）	@	读高速计数器当前值
脉冲输出控制指令	PULS（65）	@	设置脉冲
	SPED（64）	@	速度输出
	ACC（-）	@	加速控制
	PWM（-）	@	可变占空比脉冲输出
	SYNC（-）	@	同步脉冲控制
步进指令	STEP（08）		单步指令
	SNXT（09）		步进指令
I/O 单元指令	IORF（97）	@	I/O 刷新
	SDEC（78）	@	七段译码器
串行通信指令	TXD（48）	@	发送
	RXD（47）	@	接收
	STUP（-）	@	改变 RS-232C 设置
信息显示指令	MSG（46）	@	信息显示
时钟指令	SEC（-）	@	小时→秒
	HMS（-）	@	秒→小时
故障诊断指令	FAL（06）	@	故障报警
	FALS（07）		严重故障报警
进位标志指令	STC（40）	@	设置进位
	CTC（41）	@	清除进位

附录 5 S7-200 PLC 存储器范围及特性

表 5-1 S7-200 PLC 存储器范围及特性

描　述	CPU221	CPU222	CPU224	CPU226	CPU226XM
用户程序大小	2K 字	2K 字	4K 字	4K 字	8K 字
用户数据大小	1K 字	1K 字	2.5K 字	2.5K 字	5K 字
输入映像寄存器	I0.0～I15.7	I0.0～I15.7	I0.0～I15.7	I0.0～I15.7	I0.0～I15.7
输出映像寄存器	Q0.0～Q15.7	Q0.0～Q15.7	Q0.0～Q15.7	Q0.0～Q15.7	Q0.0～Q15.7
模拟量输入（只读）	—	AIW0～AIW30	AIW0～AIW62	AIW0～AIW62	AIW0～AIW62
模拟量输出（只写）	—	AQW0～AQW30	AQW0～AQW62	AQW0～AQW62	AQW0～AQW62
变量存储器（V）	VB0～VB2047	VB0～VB2047	VB0～VB5119	VB0～VB5119	VB0～VB10239
局部存储器（L）[1]	LB0～LB63	LB0～LB63	LB0～LB63	LB0～LB63	LB0～LB63
位存储器（M）	M0.0～M31.7	M0.0～M31.7	M0.0～M31.7	M0.0～M31.7	M0.0～M31.7
特殊存储器（SM） 只读	SM0.0～SM179.7 SM0.0～SM29.7	SM0.0～SM299.7 SM0.0～SM29.7	SM0.0～SM549.7 SM0.0～SM29.7	SM0.0～SM549.7 SM0.0～SM29.7	SM0.0～SM549.7 SM0.0～SM29.7
定时器 有记忆接通延时 1ms 有记忆接通延时 10ms 有记忆接通延时 100ms 接通/关断延时 1ms 接通/关断延时 10ms 接通/关断延时 100ms	256(T0～T255) T0,T64 T1～T4，T65～T68 T5～T31,T69～T95 T32,T96 T33～T36，T97～T100 T37～T63,T101～T255	256(T0～T255) T0,T64 T1～T4，T65～T68 T5～T31,T69～T95 T32,T96 T33～T36,T97～T100 T37～T63,T101～T255	256(T0～T255) T0,T64 T1～T4，T65～T68 T5～T31,T69～T95 T32,T96 T33～T36,T97～T100 T37～T63,T101～T255	256(T0～T255) T0,T64 T1～T4，T65～T68 T5～T31,T69～T95 T32,T96 T33～T36,T97～T100 T37～T63,T101～T255	256(T0～T255) T0,T64 T1～T4，T65～T68 T5～T31,T69～T95 T32,T96 T33～T36,T97～T100 T37～T63,T101～T255
计数器	C0～C255	C0～C255	C0～C255	C0～C255	C0～C255
高速计数器	HC0,HC3～HC5	HC0,HC3～HC5	HC0～HC5	HC0～HC5	HC0～HC5
顺序控制继电器（S）	S0.0～S31.7	S0.0～S31.7	S0.0～S31.7	S0.0～S31.7	S0.0～S31.7
累加寄存器	AC0～AC3	AC0～AC3	AC0～AC3	AC0～AC3	AC0～AC3
跳转/标号	0～255	0～255	0～255	0～255	0～255
调用/子程序	0～63	0～63	0～63	0～63	0～127
中断程序	0～127	0～127	0～127	0～127	0～127
正/负跳变	256	256	256	256	256
PID 回路	0～7	0～7	0～7	0～7	0～7
端口	端口 0	端口 0	端口 0	端口 0,1	端口 0,1

[1]LB60～LB63 为 STEP 7-Micro/WIN32 3.0 版本或以后版本软件保留

表 5-2　S7-200 CPU 操作数范围

存取方式		CPU221	CPU222	CPU224，CPU226	CPU226XM
位存取（字节.位）	I	0.0~15.7	0.0~15.7	0.0~15.7	0.0~15.7
	Q	0.0~15.7	0.0~15.7	0.0~15.7	0.0~15.7
	V	0.0~2047.7	0.0~2047.7	0.0~5119.7	0.0~10239.7
	M	0.0~31.7	0.0~31.7	0.0~31.7	0.0~31.7
	SM	0.0~179.7	0.0~299.7	0.0~549.7	0.0~549.7
	S	0.0~31.7	0.0~31.7	0.0~31.7	0.0~31.7
	T	0~255	0~255	0~255	0~255
	C	0~255	0~255	0~255	0~255
	L	0.0~59.7	0.0~59.7	0.0~59.7	0.0~59.7
字节存取	IB	0~15	0~15	0~15	0~15
	QB	0~15	0~15	0~15	0~15
	VB	0~2047	0~2047	0~5119	0~10239
	MB	0~31	0~31	0~31	0~31
	SMB	0~179	0~299	0~549	0~549
	SB	0~31	0~31	0~31	0~31
	L	0~63	0~63	0~63	0~255
	AC	0~3	0~3	0~3	0~255
字存取	IW	0~14	0~14	0~14	0~14
	QW	0~14	0~14	0~14	0~14
	VW	0~2046	0~2046	0~5118	0~10238
	MW	0~30	0~30	0~30	0~30
	SMW	0~178	0~298	0~548	0~548
	SW	0~30	0~30	0~30	0~30
	T	0~255	0~255	0~255	0~255
	C	0~255	0~255	0~255	0~255
	LW	0~58	0~58	0~58	0~58
	AC	0~3	0~3	0~3	0~3
	AIW	无	0~30	0~62	0~62
	AQW	无	0~30	0~62	0~62
双字存取	ID	0~12	0~12	0~12	0~12
	QD	0~12	0~12	0~12	0~12
	VD	0~2044	0~2044	0~5116	0~10236
	MD	0~28	0~28	0~28	0~28
	SMD	0~176	0~296	0~546	0~546
	SD	0~28	0~28	0~28	0~28
	LD	0~56	0~56	0~56	0~56
	AC	0~3	0~3	0~3	0~3
	HC	0,3,4,5	0,3,4,5	0~5	0~5

附录 6　S7-200 PLC 特殊内存（SM）位

特殊内存位提供各种状态和控制功能，也用作一种在 S7-200 和用户程序之间通信的方式。特殊内存位可以被用作位、字节、字或双字。其内容如下。

SMB0：状态位

SMB1：状态位 428

SMB2：自由端口接收字符

SMB3：自由端口奇偶校验错误

SMB4：队列溢出

SMB5：I/O 状态

SMB6：CPU 标识寄存器

SMB7：保留

SMB8～SMB21：I/O 模块标识号和错误寄存器

SMW22～SMW26：扫描时间

SMB28 和 SMB29：模拟调整

SMB30 和 SMB130：自由端口控制寄存器

SMB31 和 SMW32：永久性内存（E^2PROM）写控制

SMB34 和 SMB35：用于定时中断的时间间隔寄存器

SMB36～SMB65：HSC0、HSC1 和 HSC2 寄存器

SMB66～SMB85：PTO/PWM 寄存器

SMB86～SMB94，SMB186～SMB194：接收信息控制

SMW98：扩展 I/O 总线出错

SMB131～SMB165：HSC3、HSC4 和 HSC5 寄存器

SMB166～SMB185：PTO0、PTO1 配置文件定义表

SMB186～SMB194：接收信息控制（参见 SMB86～SMB94）

SMB200～SMB549：智能模块状态

（1）SMB0 包含八个状态位，它们在每个扫描循环的结束由 S7-200 PLC 更新。

特殊内存字节 SMB0（SM0.0～SM0.7），SM 位说明（只读）如下。

SM0.0：此位始终接通。

SM0.1：此位在首次扫描周期接通。一个用途是调用初始化子例行程序。

SM0.2：如果保留性数据丢失，此位在一个扫描循环内变为接通。此位可以用作错误内存位或用作调用特殊启动顺序的机制。

SM0.3：当从通电条件进入 RUN（运行）模式时，此位变为一个扫描循环接通。此位可以用作在开始操作前提供机器预热时间。

SM0.4：此位提供时钟脉冲，对于 1min 的工作循环，30s 接通，30s 断开。它提供容易使用的延迟，或者 1min 时钟脉冲。

SM0.5：此位提供时钟脉冲，对于 1s 的工作循环，0.5s 接通，0.5s 断开。它提供容易使用的延迟，或者 1s 时钟脉冲。

SM0.6：此位是扫描循环时钟，在一个扫描循环接通，然后在下一个扫描循环断开。此位可以用作扫描计数器输入。

SM0.7：此位反映了模式开关的位置（断开是 TERM（终端）位置，接通是 RUN（运行）位置）。如果当开关在 RUN（运行）位置时使用此位启用自由端口模式，与编程设备的正常通信可以通过切换到 TERM（终端）位置来启用。

（2）SMB1 为状态位，它包含各种电位出错指示器。这些位在执行时间由指令置位和重设。

特殊内存字节 SMB1（SM1.0～SM1.7），SM 位说明（只读）如下。

SM1.0：当操作结果为零时，此位通过执行某些指令而接通。

SM1.1：当引起溢出或当检测到非法的数字值时，此位通过执行某些指令而接通。

SM1.2：当通过算术运算产生负结果时，此位接通。

SM1.3：当尝试除以零时，此位接通。

SM1.4：当“添加到表格”指令试图填满表格时，此位接通。

SM1.5：当 LIFO 或 FIFO 指令尝试从空表读取时，此位接通。

SM1.6：当进行尝试转换非 BCD 码到二进制时，此位接通。

SM1.7：当 ASCII 数值无法转换为有效的十六进制数值时，此位接通。

（3）SMB2 是自由端口接收字符缓冲区。在自由端口模式下接收的每个字符放在此位置中，以便梯形程序方便地存取。

提示:

SMB2 和 SMB3 在端口 0 和端口 1 之间共享。当接收端口 0 上的字符导致执行附加在那个事件（中断事件 8）的中断例行程序时，SMB2 包含端口 0 上接收的字符，而 SMB3 包含该字符的奇偶校验状态。当接收端口 1 上的字符导致执行附加在那个事件（中断事件 25）的中断例行程序时，SMB2 包含端口 1 上接收的字符，而 SMB3 包含该字符的奇偶校验状态。

特殊内存字节 SMB2

SM 字节说明（只读）如下。

SMB2：此字节包含在自由端口通讯期间从端口 0 或端口 1 接收的每个字符。

（4）SMB3 用于自由端口模式并包含奇偶校验错误位，当在接收的字符上检测到奇偶校验出错时该位就被置位。当检测到奇偶校验出错时，SM3.0 接通。使用此位放弃信息。

特殊内存字节 SMB3（SM3.0～SM3.7），SM 位说明（只读）如下。

SM3.0 来自端口 0 或端口 1 的奇偶校验错误（0＝ 无错；1＝ 检测到错误）

SM3.1～SM3.7 保留

（5）SMB4 包含中断队列溢出位，一个状态指示器显示中断是启用还是禁用，以及发送器闲置内存位。队列溢出位指示中断发生率大于可以被处理率，或中断用全局中断禁用指令禁用。

特殊内存字节 SMB4（SM4.0～SM4.7），SM 位说明（只读）如下。

SM4.0：当通信中断队列溢出时，此位接通。

SM4.1：当输入中断队列溢出时，此位接通。

SM4.2：当定时中断队列溢出时，此位接通。

SM4.3：当检测到运行系统程序问题时，此位接通。

SM4.4：此位反映全局中断启用状态。当中断启用时，它接通。

SM4.5：当发送器闲置时（端口 0），此位接通。

SM4.6：当发送器闲置时（端口 1），此位接通。

SM4.7：当有东西被强制时，此位接通。

（在中断例行程序中只使用状态位 4.0、4.1 和 4.2。当队列被清空时，这些状态位重设，并且控制返回到主程序。）

（6）SMB5 包含关于在 I/O 系统中检测出的出错条件的状态位。这些位提供检测出的 I/O 错误总览。

特殊内存字节 SMB5（SM5.0～SM5.7），SM 位说明（只读）如下。

SM5.0：如果显示任何 I/O 错误，此位接通。

SM5.1：如果太多的数字 I/O 点连接到 I/O 总线，此位接通。

SM5.2：如果太多的模拟 I/O 点连接到 I/O 总线，此位接通。

SM5.3：如果太多的智能 I/O 模块连接到 I/O 总线，此位接通。

SM5.4～SM5.7 保留。

（7）SMB6 是 S7-200 CPU 的标识寄存器。SM6.4～SM6.7 识别 S7-200 CPU 的型号。SM6.0～SM6.3 保留作为将来使用。

特殊内存字节 SMB6，SM 位说明（只读）如下

格式为

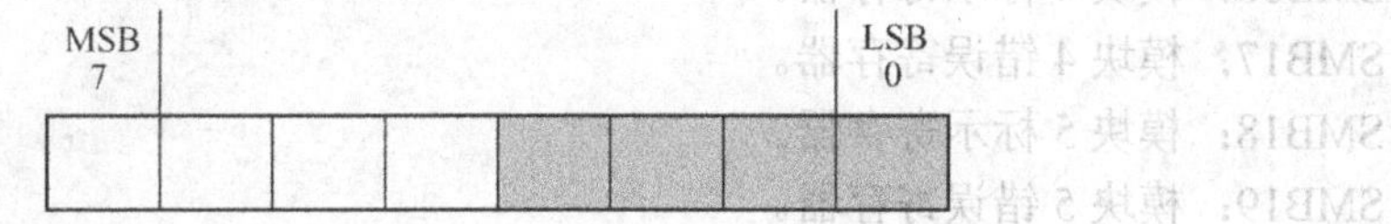

CPU 表示寄存器

SM6.0～SM6.3：保留。

SM6.4～SM6.7：xxxx = 0000 = CPU 222。

0010 = CPU 224。

0110 = CPU 221。

1001 = CPU 226/CPU 226XM。

（8）SMB7 保留作为将来使用。

（9）SMB8～SMB21：I/O 模块标识号和错误寄存器。SMB8～SMB21 以字节对组织用于扩充模块 0 到 6。每个对的偶数字节是模块标识寄存器。这些字节识别模块类型、I/O 类型以及输入和输出的数目。每个对的奇数字节是模块错误寄存器。这些字节提供在 I/O 检测出的该模块的任何错误的指示。

特殊内存字节 SMB8～SMB21，SM 字节说明（只读）如下

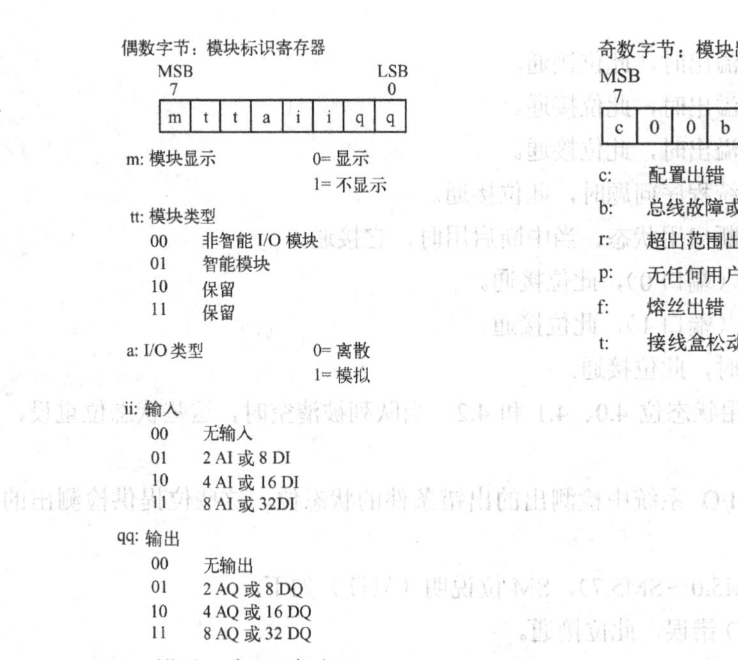

SMB8：模块 0 标识寄存器。

SMB9：模块 0 错误寄存器。

SMB10：模块 1 标识寄存器。

SMB11：模块 1 错误寄存器。

SMB12：模块 2 标识寄存器。

SMB13：模块 2 错误寄存器。

SMB14：模块 3 标识寄存器。

SMB15：模块 3 错误寄存器。

SMB16：模块 4 标示寄存器。

SMB17：模块 4 错误寄存器。

SMB18：模块 5 标示寄存器。

SMB19：模块 5 错误寄存器。

SMB20：模块 6 标示寄存器。

SMB21：模块 6 错误寄存器。

（10）SMW22～SMW26：扫描时间。SMW22、SMW24 和 SMW26 提供扫描时间信息分别为最小扫描时间、最大扫描时间和最后扫描时间（以 ms 为单位）。

特殊内存字 SMW22～SMW26，SM 字说明（只读）如下。

SMW22：最后扫描循环的扫描时间（以 ms 为单位）。

SMW24：从进入 RUN（运行）模式开始记录的最小扫描时间（以 ms 为单位）。

SMW26：从进入 RUN（运行）模式开始记录的最大扫描时间（以 ms 为单位）。

（11）SMB28 和 SMB29：模拟调整。SMB28 保持表示模拟调整 0 位置的数字值；SMB29 保持表示模拟调整 1 位置的数字值。

特殊内存字节 SMB28 和 SMB29，SM 字节说明（只读）如下。

SMB28：此字节存储以模拟调整 0 输入的数值。在每次停止/运行扫描中，此数值更新一次。

SMB29：此字节存储以模拟调整 1 输入的数值。在每次停止/运行扫描中，此数值更新一次。

附录 7　S7-200 PLC STL 指令表（按类别排列）

STL	功　能	STL	功　能	STL	功　能
LD	位装载	OB<=	或字节小于等于比较	AR>=	与实数大于等于比较
A	位与	LDB>	装载字节大于比较	OR>=	或实数大于等于比较
O	位或	AB>	与字节大于比较	LDR<=	装载实数小于等于比较
LDN	位装载非	OB>	或字节大于比较	AR<=	与实数小于等于比较
AN	位与非	LDB<	装载字节小于比较	OR<=	或实数小于等于比较
ON	位或非	AB<	与字节小于比较	LDR>	装载实数大于比较
LDI	位立即装载	OB<	或字节小于比较	AR>	与实数大于比较
AI	位立即与	LDW=	装载整数等于比较	OR>	或实数大于比较
OI	位立即或	AW=	与整数等于比较	LDR<	装载实数小于比较
LDNI	位立即装载非	OW=	或整数等于比较	AR<	与实数小于比较
ANI	位立即与非	LDW<>	装载整数不等于比较	OR<	或实数小于比较
ONI	位立即或非	AW<>	与整数不等于比较	LDS=	装载字符串等于比较
NOT	位非	OW<>	或整数不等于比较	AS=	与字符串等于比较
EU	正跳变检测	LDW>=	装载整数大于等于比较	OS=	或字符串等于比较
ED	负跳变检测	AW>=	与整数大于等于比较	LDS<>	装载字符串不等于比较
ALD	栈装载与	OW>=	或整数大于等于比较	AS<>	与字符串不等于比较
OLD	栈装载或	LDW<=	装载整数小于等于比较	OS<>	或字符串不等于比较
LPS	逻辑推入栈	AW<=	与整数小于等于比较	BTI	字节转换成整数
LDS	装入堆栈	OW<=	或整数小于等于比较	ITB	整数转换成字节
LRD	逻辑读栈	LDW>	装载整数大于比较	ITD	整数转换成双字整数
LPP	逻辑栈弹出	AW>	与整数大于比较	ITS	整数转换成字符串
=	位输出	OW>	或整数大于比较	DTI	双字整数转换成整数
=I	位立即输出	LDW<	装载整数小于比较	DTR	双字整数转换成实数
S	置位	AW<	与整数小于比较	DTS	双字整数转换成字符串
SI	立即置位	OW<	或整数小于比较	ROUND	实数四舍五入转换成双整数
R	复位	LDD=	装载双字整数等于比较	TRUNC	实数截尾转换成双整数
RI	立即复位	AD=	与双字整数等于比较	RTS	实数转换成字符串
AENO	与 ENO	OD=	或双字整数等于比较	BCDI	BCD 码转换成整数
NOP	空操作	LDD<>	装载双字整数不等于比较	IBCD	整数转换成 BCD 码
TODR	读实时时钟	AD<>	与双字整数不等于比较	ITA	整数转换成 ASCII 码字符
TODW	设定实时时钟	OD<>	或双字整数不等于比较	DTA	双整数转换成 ASCII 码字符
TODRX	扩展读实时时钟	LDD>=	装载双字整数大于等于比较	RTA	实数转换成 ASCII 码字符
TODWX	扩展写实时时钟	AD>=	与双字整数大于等于比较	ATH	ASCII 码字符转换成 HEX 码
XMT	发送信息	OD>=	或双字整数大于等于比较	HTA	HEX 码转换成 ASCII 码字符
RCV	接收信息	LDD<=	装载双字整数小于等于比较	STI	字符串转换成整数
NETR	网络读	AD<=	与双字整数小于等于比较	STD	字符串转换成双字整数
NETW	网络写	OD<=	或双字整数小于等于比较	STR	字符串转换成实数
GPA	获取端口地址	LDD>	装载双字整数大于比较	DECO	译码
SPA	设置端口地址	AD>	与双字整数大于比较	ENCO	编码
LDB=	装载字节等于比较	OD>	或双字整数大于比较	SEG	七段数字显示译码

（续）

STL	功　能	STL	功　能	STL	功　能
AB=	与字节等于比较	LDD<	装载双字整数小于比较	CTU	增计数器
OB=	或字节等于比较	AD<	与双字整数小于比较	CTD	减计数器
LDB<>	装载字节不等于比较	OD<	或双字整数小于比较	CTUD	增减计数器
AB<>	与字节不等于比较	LDR=	装载实数等于比较	HDEF	高速计数器定义
OB<>	或字节不等于比较	AR=	与实数等于比较	HSC	高速计数器
LDB>=	装载字节大于等于比较	OR=	或实数等于比较	PLS	高速脉冲输出
AB>=	与字节大于等于比较	LDR<>	装载实数不等于比较	+R	实数加法
OB>=	或字节大于等于比较	AR<>	与实数不等于比较	-R	实数减法
LDB<=	装载字节小于等于比较	OR<>	或实数不等于比较	*R	实数乘法
AB<=	与字节小于等于比较	LDR>=	装载实数大于等于比较	/R	实数除法

STL	功　能	STL	页　码
SQRT	开平方根函数	BIW	字节传送立即写
SIN	正弦函数	FOR	循环开始
COS	余弦函数	NEXT	循环结束
TAN	正切函数	JMP	跳转
LN	自然对数函数	LBL	标号
EXP	指数函数	LSCR	SCR 段开始（载入 SCR 段）
PID	PID 回路	SCRT	SCR 段转移
+I	有符号整数加法	SCRE	SCR 段结束
+D	有符号双字整数加法	CSCRE	有条件 SCR 段结束
-I	有符号整数减法	CRET	子程序有条件返回
-D	有符号双字整数减法	END	主程序有条件结束
MUL	完全整数乘法	STOP	暂停
*I	有符号整数乘法	WDR	看门狗复位
*D	有符号双字整数乘法	DLED	诊断 LED
DIV	整数完全除法	SLB	字节左移
/I	有符号整数除法	SLW	字左移
/D	有符号双字整数除法	SLD	双字左移
INCB	无符号字节增 1	SRB	字节右移
INCW	有符号整数增 1	SRW	字右移
INCD	有符号双字整数增 1	SRD	双字右移
DECB	无符号字节减 1	RLB	字节循环左移
DECW	有符号整数减 1	RLW	字循环左移
DECD	有符号双字整数减 1	RLD	双字循环左移
CRETI	从中断有条件返回	RRB	字节循环右移
ENI	全局中断允许	RRW	字循环右移
DISI	全局中断禁止	RRD	双字循环右移
ATCH	连接中断	SHRB	寄存器移位
DTCH	分离中断	SLEN	求字符串长度
CEVNT	清除中断事件	SCPY	复制字符串
INVB	字节逻辑取反	SSCPY	复制子字符串
INVW	字逻辑取反	SCAT	连接字符串
INVD	双字逻辑取反	SFND	查找字符串
ANDB	字节逻辑与	CFND	查找字符
ANDW	字逻辑与	FILL	存储器填充

（续）

STL	功　　能	STL	页　　码
ANDD	双字逻辑与	ATT	填表
ORB	字节逻辑或	FND=	查表有无数据等于
ORW	字逻辑或	FND<>	查表有无数据不等于
ORD	双字逻辑或	FND<	查表有无数据小于
XORB	字节逻辑异或	FND>	查表有无数据大于
XORW	字逻辑异或	LIFO	后进先出表取数
XORD	双字逻辑异或	FIFO	先进先出表取数
MOVB	字节传送	TON	接通延时定时器
MOVW	字传送	TONR	有记忆接通延时定时器
MOVD	双字传送	TOF	断开延时定时器
MOVR	实数传送	BITIM	捕捉间隔开始的时间
BMB	字节块传送	CITIM	计算间隔时间
BMW	字块传送	CALL	子程序调用
BMD	双字块传送		
SWAP	字节交换		
BIR	字节传送立即读		

参 考 文 献

[1] 王书福. 可编程序控制器及其应用[M]. 北京：机械工业出版社，2006.

[2] 施利春，李伟. PLC 操作实训[M]. 北京：机械工业出版社，2007.

[3] 陆运华，胡翠华. 图解 PLC 控制梯形图及指令表[M]. 北京：中国电力出版社，2007.

[4] 孙平. 可编程控制器及应用[M]. 北京：机械工业出版社，2003.

[5] 廖常初. 可编程序控制器应用技术[M]. 重庆：重庆大学出版社，1998.

[6] 黄净. 电气控制与可编程序控制器[M]. 北京：机械工业出版社，2005.

[7] 刘小春. 电气控制与 PLC 技术应用[M]. 北京：电子工业出版社，2009.

[8] 殷洪义，吴建华.PLC 原理与实践[M]. 北京：清华大学出版社，2008.

[9] 宋伯生. PLC 编程实用指南[M]. 北京：机械工业出版社，2006.

[10] 吕景泉. 自动化生产线安装与调试[M]. 北京：中国铁道出版社，2009.

[11] 西门子（中国）有限公司自动化与驱动集团. S7-200 可编程序控制器系统手册. 2004.

[12] 西门子（中国）有限公司自动化与驱动集团. MicroMaster 420 通用型变频器使用大全. 2003.

[13] 西门子（中国）有限公司自动化与驱动集团. 深入浅出西门子 S7-200PLC[M]. 北京：北京航空航天大学出版社，2003.